现代农业技术丛书·畜

蛋鸡场标准化示范技术

黄炎坤　主　编

河南科学技术出版社

·郑州·

图书在版编目(CIP)数据

蛋鸡场标准化示范技术/黄炎坤主编．—郑州:河南科学技术出版社,2014.5

ISBN 978-7-5349-4972-2

Ⅰ.①蛋… Ⅱ.①黄… Ⅲ.①卵用鸡-养鸡场-标准化管理 Ⅳ.①S831.4

中国版本图书馆 CIP 数据核字(2014)第 053024 号

出版发行：河南科学技术出版社

地址：郑州市经五路 66 号　　邮编：450002

电话：(0371) 65737028　65788613

网址：www.hnstp.cn

策划编辑：杨秀芳　申卫娟

责任编辑：陈　艳

责任校对：张景琴

封面设计：张　伟

版式设计：栾亚平

责任印制：张　巍

印　　刷：辉县市文教印务有限公司

经　　销：全国新华书店

幅面尺寸：140 mm × 202 mm　　印张：10　　字数：250 千字

版　　次：2014 年 5 月第 1 版　　2014 年 5 月第 1 次印刷

定　　价：19.80 元

编写人员

主　编　黄炎坤

副主编　刘　慧　王鑫磊　朱　海

编　者　张立恒　睢富根　常　江

　　　　王献梅　黄润芸

前　言

2010年《农业部关于加快推进畜禽标准化规模养殖的意见》（农牧发〔2010〕6号）指出：发展畜禽标准化规模养殖是加快生产方式转变、建设现代畜牧业的重要内容。加快推进畜禽标准化规模养殖，有利于增强畜牧业综合生产能力，保障畜产品供给安全；有利于提高生产效率和生产水平，增加农民收入；有利于从源头对产品质量安全进行控制，提升畜产品质量安全水平；有利于有效提升疫病防控能力，降低疫病风险，确保人畜安全；有利于加快牧区生产方式转变，维护国家生态安全；有利于畜禽粪污的集中有效处理和资源化利用，实现畜牧业与环境的协调发展。要求各地畜牧兽医主管部门要围绕重点环节，着力于标准的制修订、实施与推广，达到“六化”，即畜禽良种化、养殖设施化、生产规范化、防疫制度化、粪污处理无害化和监管常态化。2012年2月，中共中央、国务院《关于加快推进农业科技创新持续增强农产品供给保障能力的若干意见》指出，要加快推进区域化布局、标准化生产、规模化种养，提升“菜篮子”产品整体供给保障能力和质量安全水平。

本书按照畜禽养殖场标准化创建活动方案的主要内容进行编写，从“六化标准”进行系统阐述。

1. 畜禽良种化。因地制宜，选用高产优质高效畜禽良种，品种来源清楚、检疫合格。

2. 养殖设施化。养殖场选址布局科学合理，畜禽圈舍、饲养和环境控制等生产设施设备满足标准化生产需要。

3. 生产规范化。制定并实施科学规范的畜禽饲养管理规程，配备与饲养规模相适应的畜牧兽医技术人员，严格遵守饲料、饲料添加剂和兽药使用有关规定，生产过程实行信息化动态管理。

4. 防疫制度化。防疫设施完善，防疫制度健全，科学实施畜禽疫病综合防控措施，对病死畜禽实行无害化处理。

5. 粪污无害化。畜禽粪污处理方法得当，设施齐全且运转正常，实现粪污资源化利用或达到相关排放标准。

6. 监管常态化。依照《中华人民共和国畜牧法》《饲料和饲料添加剂管理条例》《兽药管理条例》等法律法规，对饲料、饲料添加剂和兽药等投入品使用，畜禽养殖档案建立和畜禽标识使用实施有效监管，从源头上保障畜产品质量安全。

在本书的编写过程中，我们以农业部规模化养殖场标准化示范创建活动相关要求为基础，以畜产品质量安全为核心，以规模化蛋鸡场标准化建设和管理为特点，提高硬件建设和软件管理水平，引领我国蛋鸡业走向规范化道路。在本书的编写过程中作者参阅了大量先贤时俊的资料，部分资料和个别图片来自网络，在此一并表示感谢。书中如有不足之处，敬请读者指正。

编者

2013 年 8 月

目　录

第一章　蛋鸡场的选址与布局

蛋鸡场的选址与布局关系到鸡场与外界之间的卫生防疫隔离、鸡场内环境条件的控制、鸡场内环境污染的控制和生产管理的操作。蛋鸡场的选址与布局一旦确定下来就会长期使用，如果设计不合理则会在很长时期内对养鸡生产产生不良影响。

第一节　蛋鸡场的选址

《中华人民共和国畜牧法》第四十条规定禁止在下列区域内建设畜禽养殖场、养殖小区：一是生活饮用水的水源保护区，风景名胜区，以及自然保护区的核心区和缓冲区；二是城镇居民区、文化教育科学研究区等人口集中区域；三是法律、法规规定的其他禁养区域。

在农业部《规模化养殖场标准化示范创建—蛋鸡标准化示范场验收评分标准》中指出，养鸡场场址不得位于《中华人民共和国畜牧法》明令禁止的区域；距离主要交通干线和居民区 500 米以上且与其他家禽养殖场及屠宰场距离 1 000 米以上；符合用地规划。在《养殖设施化》中也提出，养殖场选址应布局科学合理，畜禽圈舍、饲养和环境控制等生产设施设备要满足标准化生产需要。

在蛋鸡场选址的时候必须要考虑上述要求，否则就可能会影响到生产安全，也无法得到政府的各种扶持。

一、防疫隔离要求

养鸡场是一个既容易被污染又容易对周围环境造成污染的地方。这种污染方面对养鸡生产最大的威胁是外来的病原微生物，如果有外来的病原微生物进入鸡场内就可能感染鸡群而导致疫病的发生。

（一）隔离对养鸡场卫生防疫的意义

1. 减少外来人员和车辆带入病原体 把蛋鸡场选择在一个相对僻静的、与外界有良好隔离条件的地方可以减少无关人员和车辆的靠近或进入。人员和车辆都是病原体的携带者，如果人员和车辆频繁靠近或进出鸡场则把外源性病原体带入鸡场内的可能性非常大，尤其是在疫情流行的时期。

2. 保证养鸡场处于相对安全的环境中 与外界有良好的隔离能够使鸡场的环境相对安全，一方面能够使场区内保持安静，减少鸡群受惊吓，减少应激反应；另一方面能够减少各种外界因素对生产安全造成的干扰。此外，也能够减少生产过程中产生的污染对外界的影响。

3. 防止外源性污染的影响 鸡场处在一个与外界隔离良好的环境中，能够减少外环境中的各种污染（如空气污染、水污染等）对鸡群健康产生的不良影响。

（二）鸡场选址对隔离的要求

在蛋鸡场场址选择的时候，与其他养殖场、交通干线、人员和车辆密集的场所、水源地、其他污染型企业之间的距离是非常重要的评价指标；如果不符合要求，则可能产生相互的污染问题，在标准化建设方面是否决性项目。

1. 与村庄、集市等人员车辆密集地区的距离 要求蛋鸡场

与村庄、集市等人员车辆密集地区要保持500米以上的距离，目的是为了减少人员流动对鸡场可能造成的疫病威胁和其他安全问题。同时，也能够减少鸡场产生的污染物对人们的生活造成的不良影响。

2. 与交通主干道的距离　蛋鸡场与交通主干道之间要有300米以上的距离。交通主干道通常是指国道和省道以及车流量大的公路，由于车流量大、行驶的车辆出发地和目的地范围广，途中经过的地区是否为疫区都是未知的，车辆以及运载的货物很有可能携带病原微生物。如果鸡场与交通主干道之间的距离小，车辆及货物表面携带的病原微生物可能会随粉尘飘进鸡场而危及鸡群健康。此外，车辆行驶过程中产生的噪声（尤其是汽车鸣喇叭声），也会对鸡群造成应激。

3. 与其他养殖场和屠宰场的距离　蛋鸡场与其他养殖场和屠宰场之间的距离不小于1 000米。养殖场在生产过程中产生大量的粪便、污水和病死畜禽，这些污染物对于其他畜禽来说都是严重的污染源，其中携带有大量的病原体。

由养殖场中产生的污染物会随空气流动、水的流动以及野生动物的活动而将病原体扩散到周围环境中，如果养殖场周围有良好的隔离条件（如河沟、林带、山坡等），则病原体的扩散范围可能不超过500米，如果隔离条件差，其扩散范围有可能超过500米。一般认为，在正常情况下，其扩散范围不超过1 000米。能够保证与其他养殖场之间有1 000米以上的距离则对本场畜禽生产是相对安全的。

屠宰场同样是产生微生物污染的重要场所。送宰的畜禽有可能携带有病原体，屠宰过程中产生的血污、肠道内容物等也可能是通过各种途径扩散到周围环境中，同样会对周围的养殖场造成威胁。

4. 与其他工矿企业的距离　其他工矿企业包括各种化工厂、

造纸厂、机械厂、矿山等，前者生产过程中可能会产生大量的废气、废水，后者不仅产生废物，还可能产生大的噪声。曾经有一个蛋鸡场与煤场相邻而导致鸡的肺部变黑、生产性能降低、死亡增多的问题；也曾有采矿爆破的时候造成鸡只惊群而导致产蛋率下降、吓死鸡的问题；还有造纸厂废水污染地下水而影响鸡群健康的情况。一般要求蛋鸡场与其他工矿企业的距离不小于1 000米。

举例：黄山德青源蛋种鸡场鸟瞰图，供参考（图1-1）。

图1-1　黄山德青源蛋种鸡场鸟瞰

二、用地规划要求

搞好规模养殖用地规划是落实耕地保护制度、规范土地管理的需要，是发展规模化标准化养殖、改善农村生活环境的需要，是提高养殖效益、增加农民收入的需要。在规划布局畜禽规模养殖用地时，要坚持鼓励利用废弃和荒山荒坡等未利用地、尽可能不占或少占耕地的原则，充分考虑规模化畜禽养殖发展的需要，预留用地空间，提供用地条件，积极推行标准化规模化养殖，合理确定用地标准，节约集约用地。

（一）养殖用地的申报程序

第一，企业或畜牧业合作经济组织写出用地申请，设计平面

布置图，经被用地村村支部书记或村委会主任签字同意并加盖村委会公章，国土资源所把关盖章后报乡镇政府，经单位主要领导审核同意后签字并加盖单位公章。

第二，养殖户与被用地村委会签订土地承包合同。合同包括项目名称、建设地点、用地面积、养殖数量、使用年限、土地用途、耕地复垦、交还和违约责任等有关土地使用条件。

第三，由村镇建设站、国土资源所、防控所审查土地性质，制定建设标准，根据申请实地放线。

第四，开工建设。

第五，建设达到计划投资额 70% 后，兴办规模化畜禽养殖的单位或个人持土地承包合同、个人申请、平面布置图，到乡镇防控所、国土资源所办理畜牧备案、土地备案手续。

（二）规模化畜禽养殖用地的相关规定

第一，按照村镇总体规划要求，立足实际，把畜禽养殖用地纳入村土地利用总体规划。

第二，要尽量利用废弃地、荒地等未利用土地进行畜禽养殖，不占或少占耕地，严禁占用基本农田。

第三，自国土资源所、防控所放线之日起，要求在规定时间内必须完成土建设施。土建设施完成后，一定时间内必须达到规定养殖规模。

第四，兴办规模化畜禽养殖的单位、个人不得擅自改变土地用途。未经批准擅自将畜禽养殖用地改为非农业建设用地的，将严格依法进行处理。

第五，兴办规模化畜禽养殖的单位、个人要认真履行耕地复垦义务，停止养殖后，要及时恢复原有土地等级标准和耕作条件，用于农业耕种。

第六，项目建成后，国土资源所和防控所要按照经常性巡查和定期检查相结合的办法，切实做好养殖服务和监管工作。

第七，严禁以养殖名义圈地进行非农业建设。

（三）用地规模

蛋鸡场由于生产性质、规模、鸡笼类型、养殖方式不同其用地规模有很大差别。

以一个采用两段式饲养方式、使用3层阶梯式鸡笼饲养的蛋鸡场为例，如果存栏成年产蛋鸡10万只，需要占地38～45亩；如果产蛋鸡笼使用6层叠层式，则需要占地25～30亩。

养鸡场必须把土地使用相关手续保存好以备查验。

三、地势要求

总体要求是地势高燥、通风良好。

鸡群对潮湿的环境很不适应，在较高的地方建鸡场一方面可以保持舍内的相对干燥，另一方面生产污水、雨水也能顺利排放，防止在场区内蓄积甚至向舍内倒灌。尤其是在平原地区选择场址必须在岗上。

养鸡场建设在山区及丘陵地区场址应选在地势较为平坦的向阳山坡，不宜在坡底及沟口建场，谷地也不适宜（这样的地方或通风不良或冬季风速过大，夏秋季节也易受水患）。南坡向阳，场区接受阳光充足，杀菌效果好，也易于保持干燥，冬季温度也较高。

所选场址的土质应是未受污染、透气透水性强、抗压性强的。这样的土质地面，有利于卫生防疫，建筑物的基础也不易变形。除黏土外其他土质都是适宜的。

四、环境保护要求

（一）远离生活饮用水的水源保护区

根据国家环境保护局、卫生部、建设部、水利部、地矿部1989年发布的《饮用水水源保护区污染防治管理规定》中第十

一条规定，禁止向水域倾倒工业废渣、城市垃圾、粪便及其他废弃物。第十二条规定在一级保护区内禁止从事种植、放养禽畜，严格控制网箱养殖活动。

国务院法制办2012年7月5日在中国政府法制信息网上公布了《畜禽养殖污染防治条例（征求意见稿)》，其中规定为加强对特殊区域的环境保护，在饮用水水源保护区、风景名胜区等区域禁止建设畜禽养殖场、养殖小区。征求意见稿规定，制定畜牧业发展规划要充分考虑环境承载能力和污染防治要求；畜禽养殖污染防治规划由环保部门会同农业部门制定，要充分考虑畜禽养殖生产布局，明确污染防治目标、任务、重点区域、设施建设、防治措施等内容。该征求意见稿还规定，新改扩建畜禽养殖场、养殖小区要依法进行环评，环评文件要包括废弃物综合利用方案和措施，同时授权环保部商农业部确定需要进行环评的养殖场、养殖小区的范围和规模。养殖场、养殖小区要建设废弃物贮存设施，并根据需要配套建设无害化处理和综合利用设施或委托其他单位代为处理畜禽养殖废弃物。

（二）与风景名胜区以及自然保护区的核心区和缓冲区保持距离

畜牧法中要求在风景名胜区，以及自然保护区的核心区和缓冲区等处，禁止建设养殖场、养殖小区。许多省市都划定了禁养区，并要求畜禽养殖场、养殖小区的污水排放和废弃物处理，要符合国家和本市规定的标准。

近年来，大多数省市规定建设规模化畜禽养殖场应充分考虑环境容量，科学划定畜禽养殖禁养区、限养区、适养区。各地可根据实际情况，在禁养区外划定畜禽养殖存栏总量控制区域，以及其他限制性养殖区域。畜禽养殖存栏总量超过控制总量的区域，不得新建、扩建规模化畜禽养殖场。非禁养区畜禽养殖场，必须符合城乡总体规划和环境功能区划要求。

第二节　蛋鸡场的基础设施条件

一、水源与供水设施

（一）水源要求

1. 水的消耗　养鸡场内水的消耗包括：鸡只饮水、鸡舍与道路冲洗用水、人员用水、绿化用水、消毒用水、夏季降温用水等。每只成年蛋鸡每天的耗水量约 300 毫升，如果考虑其他用水量，鸡场每天的供水应该按照每只鸡 1 升计算。

2. 取水源地　鸡场用水主要是使用地下水，通过水井取水。如果鸡场及周围没有垃圾填埋场、被污染的河流，土壤中不含过量的某些元素，地下水相对而言是比较安全的。使用水井取水需要注意水井的位置，应尽量远离鸡舍和贮粪场、排污沟，井台要高出地面 50 厘米以上，以防地面水流入井内。井的深度 70 ~ 120 米。

地表水（池塘、水库、沟河等）容易受污染，不能直接作为鸡群的饮用水。如果作为鸡场用水的水源（池塘、水库）则必须经过沉淀、消毒和过滤处理。

一些在山沟采用放养方式的蛋鸡场可以考虑使用流动的溪水直接供鸡群饮用，但是必须是没有被污染的。

3. 水质要求　养鸡场建设水质应良好，细菌及矿物质总含量不应超标，以免影响鸡群健康和供水系统正常的运行。一般情况下，适合于人类的饮用水同样也适用于鸡群。鸡饮用水一定要洁净、无色、无味、无杂物，符合国家饮用水的卫生标准（表1 －1）。

表1-1　饮用水卫生标准

污染物、矿物质或离子	平均水平	可接受的最高水平
细菌总数	0	100CFU/毫升
大肠杆菌	0	50CFU/毫升
pH 值	6.8~7.5	6~8
总硬度	60~80 毫克/升	100 毫克/升
钙	60 毫克/升	
氯化物	14 毫克/升	250 毫克/升
镁	14 毫克/升	125 毫克/升
硝酸盐	10 毫克/升	25 毫克/升
铅	0	0.02 毫克/升

鸡的味觉传感器只有两个，咸和苦。自然界中大多数有毒物质都与苦味或生物碱有关。因此，如果饮水中含有苦味（如水的碱度偏高时），则鸡只饮水量势必就会减少，这也许是一种自然的反应。在水中加入酸化剂时，这种情况也有可能被掩盖。请不要过度使用有机酸，如柠檬酸或醋酸，这些有机酸也可以使鸡只的饮水量减少。

鸡对水中的钙和钠有很强的耐受力，而对于铁和锰，耐受力却非常低。铁和锰可以使水有苦的金属味道，而铁还可以支持某些细菌微生物如假单胞菌或大肠杆菌在水中繁殖。

硬度表示水中钙离子和镁离子的含量，这些物质的最大问题是容易形成水垢。水垢可以使管道内容积变小从而影响乳头饮水器的正常使用。同时还可以降低消毒剂和清洁剂的效力。水软化剂可以用来降低水硬度。

普通饮水中含有的重金属离子（如铅、铁、汞、镍、镉、砷、锑等）和氧化还原物质、酸碱离子等都会同某些药物产生不可逆的复杂化学反应，特别是对不稳定的头孢类药物、阿莫西林、氨苄青霉素、多西环素、土霉素等，其干扰作用更为明显；

高硬度水也会与四环素类抗生素等药物产生反应，使药效降低。当药物与金属离子发生不可逆的结合反应后，使药物在没有进入机体之前便已经被破坏、失活，从而大大降低了药物在水中起到治疗作用的药物浓度，最终导致临床治疗效果不明显。

水中的病原体有细菌性的和病毒性的或寄生虫。如果水源有问题或者鸡只生产性能较差，建议对饮水进行细菌检测。例如大肠杆菌总数和需氧菌总数。大肠杆菌一般来源于有机物，如腐烂的植物，绝大多数情况下来自于温血动物的肠道。一旦有害细菌或大量的非致病菌存在于水源中，那么鸡只的生产性能将会受到威胁。通常以检验水中细菌总数和大肠杆菌总数来间接判断饮用水受污染的程度，一般要求每毫升家禽饮用水中细菌总个数不超过1 000 个，大肠杆菌个数不超过 10 个。

国家标准委和卫生部联合发布了《生活饮用水卫生标准》（GB 5749—2006）强制性国家标准，该标准可以用于蛋鸡场的饮水卫生标准。

（二）供水设施

1. 用水贮存建筑 包括水泵、水塔或水池。目前很多鸡场使用的是无塔供水设施（图 1－2）。

无塔供水设备采用气压式供水。利用密封罐体，使局部增压达到供水目的。具体工作顺序是由水泵将水通过逆止阀压入罐体使罐内气体受到压缩，压力逐渐增大。当压力达到指定上限时电接点压力表通过控制柜使泵机自动停止。设备中的水压高于外界压力，自动送至供水管网。当罐体内水位下降，气压减小到指定的下限位置时，电接点压力表通过控制柜使水泵重新启动。如此反复，使设备不停供水。当罐内气体不足时，补气阀可自动补气。

存栏成年蛋鸡 5 万只的鸡场需要安装水罐容量为 20 ~25 吨无塔供水设备，可以根据需要分成两个井。

图1-2　供水设备（左为水塔，右为无塔供水设备）

2. 供水管网　供水管网是连接用水贮存设备与用水末端之间的水管管线。室外部分尽量埋在地下，以保证其冬季不受冻、夏季不被暴晒，同时也不影响通行和美观。室内部分要安装过滤器。

3. 净化设备

（1）过滤设备。过滤设备主要是在进入鸡舍内的总水管上安装过滤器，一个过滤器可以有多个滤芯（图1-3），滤芯要定期清理以保证过滤效果。使用过滤器能够将水中的多数杂质滤掉。

图1-3　自来水过滤器及滤芯

（2）沉淀设备。一些地区的地下水中含有较多的杂质，这些水在从地下抽取出来后应该先经过沉淀池之后再送往鸡舍等用水场所。沉淀池可以通过采用物理法、化学法对水进行处理，使绝大多数杂质沉淀在池内，并定期清理。

二、电力供应

1. 蛋鸡场的用电项目 用电项目包括通风用风机、鸡舍照明和场区与生活办公区照明、孵化、育雏室加热、取水、消毒、自动供料和清粪等设备运行、饲料加工、办公等项目。其中，人员生活和办公、孵化、通风、鸡舍照明、供水和饲料加工用电要优先保证。

2. 蛋鸡场的用电量 由于不同的蛋鸡场生产项目不同，如有的有附属孵化厂、饲料加工车间等，有的没有，因此在用电量方面有很大差异。以一个生产项目完整的存栏成年蛋鸡 5 万只的鸡场为例，需要安装容量为 200～300 千瓦的变压器。

除一般的供电措施外，规模稍大点的鸡场以及孵化场都应有自备电源（发电机）以应急。自动化程度越高的鸡场对电力的依赖性越大。

三、交通条件

鸡场每年都有大量的生产原料和废弃物及产品等需要运进运出，需要有较为平坦、结实的道路。同时对于种鸡场或规模较大的商品鸡场要常与外界保持联系。因此，把鸡场场址选在过于偏僻、交通和通信不便的地区也会影响鸡场的经营活动。

考虑鸡场的交通条件要兼顾方便运输和与外界相对隔离两个方面。鸡场与交通干线的距离不少于 300 米，否则影响隔离效果。从鸡场到交通干线之间要有专用道路，以方便物质和产品的运输。专用道路的宽度应能够满足货运卡车的通行和转弯，能够

满足车辆交会时的需要。

第三节　蛋鸡场的场区布局

目前，在蛋鸡养殖中存在不同的生产工艺，有的蛋鸡场包含有育雏室、青年鸡舍和产蛋鸡舍，有的只有育雏育成鸡舍（饲养12周龄之前的鸡群）和成年鸡舍（饲养12周龄以后的鸡群），有的场则是专业性养殖场，只饲养脱温鸡（12周龄之前的鸡）或成年鸡（12周龄之后到产蛋结束淘汰的鸡）；有的种鸡场配套有孵化厂，有的则无孵化厂。这种生产工艺的差异，在鸡场规划布局方面也存在很大的不同。

一、隔离要求

（一）与外界的隔离

1. 目的　与外界保持良好的隔离是为了减少外界的病原体接近或进入蛋鸡场，减少其对鸡群的威胁。同时也减少鸡场内产生的污染物对外界环境的污染。

2. 隔离设施

（1）利用自然地形隔离。例如在山区或丘陵地区建鸡场，可以利用自然的沟壑作为与外界隔离的屏障。

（2）利用林地进行隔离。在平原地区也可以利用树林作为与外界隔离的天然条件，鸡场周围如果有大面积的林地则能够改善鸡场的空气质量，减轻外界各种污染对鸡场的影响。

（3）防疫沟。可以在鸡场周围开挖防疫沟作为阻断外来人员、车辆和消除能够飞的动物的屏障。防疫沟的宽度不少于2.5米、深度不少于2米，沟内水的深度不少于1米并定期更换。

（4）围墙。围墙也能够阻止人员、车辆和一些动物进出鸡场。目前，这是使用较多的隔离设施。要求围墙的高度不低于2米。

（5）围网。多用于放养蛋鸡场地周围的隔离，有金属网和尼龙网两种。

（二）场内不同小区间的隔离

1. 目的　一个蛋鸡场内根据房舍的功能会划分成多个小区，各个小区之间建立隔离设施有助于减少相互之间的污染及其他影响。也是防止疾病相互传播的重要基础。

2. 隔离设计

（1）围墙隔离。在生产区与生活办公区、粪污处理区之间必须用围墙进行隔离。

（2）绿化隔离。在各个小区之间和鸡舍之间要通过绿化发挥隔离作用。如在生活办公区与生产区之间要利用中间的空地大量种植树木。各种树木要间种，包括灌木和乔木、落叶树木和常绿树木。让树木阻挡空气中的粉尘、吸附空气中的有害气体和微生物。鸡舍之间通过种植高大乔木既可以发挥夏季的遮阴作用，也可以吸附粉尘、微生物和有害气体。

（3）空间距离。不同小区之间、鸡舍之间要保持一定的隔离距离，减少相互之间的影响。例如小区之间的隔离距离不应小于30米，有窗鸡舍之间的距离不应小于20米，密闭鸡舍之间的距离不应小于12米。

二、分区规划

一个蛋鸡场内的小区大多数包括办公区、生活区、生产区、粪污处理区等；有的大型鸡场把办公区放在城镇中，以方便与外界的交往和业务往来，鸡场内只有生活区、生产区、粪污处理区。鸡场分区要明确，不能为了充分利用土地而出现各个小区混杂不分的情况。

（一）蛋鸡场的功能区

1. 办公区　办公区是鸡场内管理人员办公的场所，也是与外界交流的场所。包括有关负责人和职能部门的办公室（总经理室、技术室、档案室、财务室、人力资源办公室、采购部等）、接待室、会议室、资料室、门卫室等。

办公区要靠近鸡场大门口并与生产区之间有较大的距离和完善的隔离条件，主要是因为外来人员和车辆要尽可能少地对生产区产生影响。一些大型的蛋鸡生产企业把办公区放在城镇中，与鸡场保持数千米或几十千米的距离，不影响鸡场的生产安全，也方便与外界的各种交流，这是大型蛋鸡场分区规划的趋势。

2. 生活区　生活区是鸡场工作人员的生活和休息场所。包括宿舍、餐厅、运动场所、娱乐场所、洗手间、洗衣间等。生活区要能够满足工作人员的基本物质和生理需求，为员工提供良好的生活环境并不断改善生活质量。

3. 生产区　生产区是养鸡场内主要的区域，所占面积最大，与外界的隔离要求最严，生产区与其他各小区之间一般都用围墙隔离。不同生产性质的蛋鸡场其生产区内的规划有很大差异。

如果是商品蛋鸡场，生产区内鸡舍的类型有两种或三种，这主要与生产工艺有关，前者为两段式饲养，后者为三段式饲养。如果是两段式饲养工艺，则鸡场内的鸡舍为育雏—育成一体化鸡舍和育成—成年一体化鸡舍，前者饲养雏鸡和育成前期的鸡群（13 周龄以前），后者饲养育成后期和成年鸡群（14 周龄以后）。如果是三段式饲养工艺，鸡舍则分别是育雏室、育成鸡舍和产蛋鸡舍。同类鸡舍要相对集中在一起形成小区，如育雏育成区、产蛋鸡舍区，不能交叉布局。同类鸡舍之间的距离不少于 15 米，不同类型鸡舍之间的距离不少于 25 米。

如果是蛋种鸡场除需要有与商品鸡场相同的鸡舍外，有的还单独建有种公鸡舍。以前，有的蛋种鸡场可能饲养有祖代种鸡、父母代种鸡和商品代蛋鸡，即一个场内有多个代次的鸡群，这是不符合现代标准化生产要求的；当今的要求是种鸡场内只能是一个场只有一个代次的种鸡。

4. 辅助生产区 主要包括饲料加工车间与库房、工具房、配电室与发电室、供水管理室、物品库、车库等。一般处于办公区与生产区之间，或与办公区平行而与生产区相邻。

5. 污物处理区 在规模化养鸡场内专门用于粪便、污水和病死鸡存放与无害化处理的场所，是鸡场中容易被污染而且也容易对周围环境造成污染的小区。要求与其他各区之间要有较远的距离，以减少其对周围环境的污染。

（二）蛋鸡场的分区规划（图1-4）

1. 办公区 办公区如果单独设置在城镇中则在鸡场内不必考虑，如果设置在鸡场内则应安排在靠近大门内侧，既方便与外界的联系又减少对生产的影响。

2. 生活区 生活区常常与办公区处于同一区域，但是可能会靠近辅助生产区，要尽量不受饲料粉尘、粪便气味和其他废弃物的污染。要处于鸡场内的上风向和地势较高的位置。

3. 生产区 生产区是鸡场占地面积最大的区域，在生产区内要考虑各类鸡舍的布局，布局原则上要照顾到鸡群的防疫和方便生产管理、污物的产生与排放等。

为杜绝各类传染源对鸡群的危害，依地势、风向排列各类鸡舍顺序，若地势与风向在方向上不一致时，则以地势为主。在不同类型的鸡舍之间可用林带相隔，拉开距离使空气自然净化。

由于在生产区内有不同类型的鸡舍，在鸡舍位置规划的时候要考虑各种鸡群对疾病的抵抗力、粪便和污水的产生量、饲料消耗量和产品运输等项目，结合地势和风向，一般把育雏室或育雏育成一体化鸡舍布局在生产区内地势较高或处于上风向的一个角内。

4. 辅助生产区　辅助生产区的建筑物功能类型较多，需要根据具体情况确定其位置。但是都应与鸡舍之间保持有 25 米以上的距离。

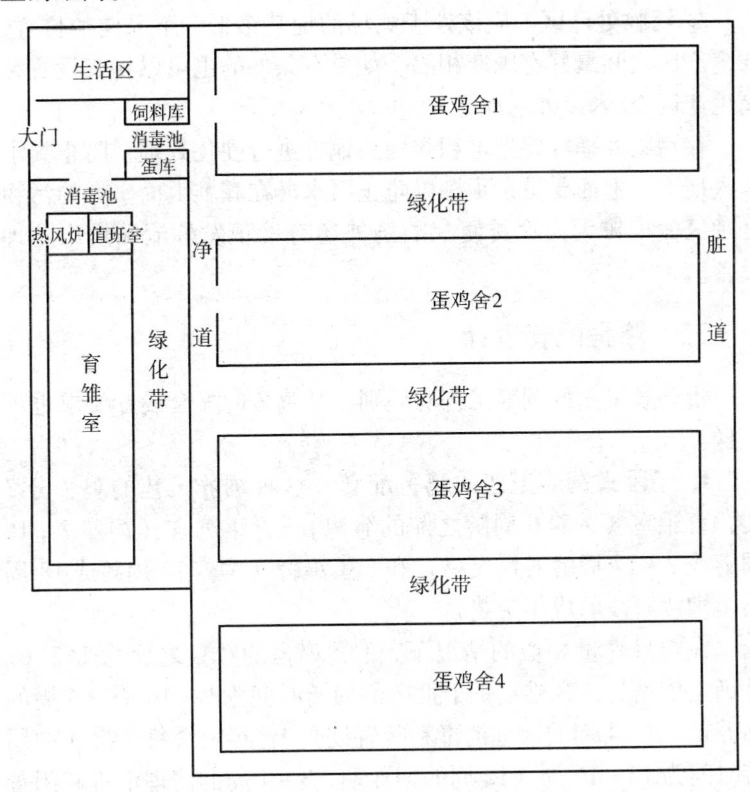

图 1－4　蛋鸡场规划示意

饲料库外侧与办公或生活区以门相连，接收来自外界的各种饲料原料和添加剂；靠生产区一侧以窗户相连，加工后的成品饲料通过窗户送到运料车上再送往各个鸡舍。蛋库的设计位置和要求与料库相同，靠生产区一侧设计窗户用于接收来自产蛋鸡舍的鸡蛋；靠办公或生活区一侧以门相连，作为鸡蛋外运的通道。配电房、水井房和车库的位置则主要结合办公或生活区内的空间而定。孵化室应和所有的鸡舍相隔一定距离，最好设立于整个鸡场之外。

5. 污物处理区 应该处于鸡场的地势最低、下风向的位置，与生产区之间最好有围墙相隔。如果有条件的也可以将其设置在离生产区50米以外的地方。

在污物处理区要把堆积粪便的地方进行硬化处理，防止粪水渗入地下，上面要搭设顶棚以防止雨水淋在粪堆上面。有的污物处理区面积较大，除粪便晾晒场外还有堆积发酵池和烘干处理设备。

三、鸡舍配套设计

蛋鸡场采用的饲养工艺有差别，其鸡舍的配套设计要求也不一样。

1. 三段式饲养工艺的鸡舍配套 这种饲养工艺的鸡舍分3类：育雏室（饲养6周龄之前的雏鸡）、青年鸡舍（饲养7~16周龄或7~17周龄的育成鸡）和产蛋鸡舍（饲养17周龄或18周龄至淘汰阶段的成年蛋鸡）。

在鸡只容量相似的情况下，3类鸡舍的数量之比为1:2:6。其确定依据是：育雏室每个批次的周转时间为9~10周（6周的饲养期、3~4周的清理消毒和闲置期）、青年鸡舍每个批次的周转时间为15~16周（12周的饲养期、3~4周的清理消毒和闲置期）、成年鸡舍每个批次的周转时间为56~57周（约52周的饲养期、4~5周的清理消毒和闲置期）。

2. 二段式饲养工艺的鸡舍配套 这种饲养工艺的鸡舍分2类：育雏育成一体舍（饲养12周龄之前的鸡）、育成产蛋一体舍（饲养13周龄以后的鸡）。

在鸡只容量相似的情况下，两类鸡舍的数量之比为2:7。育

雏育成一体舍每个批次的周转时间约为17周（12周的饲养期、5周的清理消毒和闲置期）、育成产蛋一体舍每个批次的周转时间约为63周（58周的饲养期、约5周的清理消毒和闲置期）。

3. 专门化蛋鸡场的鸡舍　这种饲养工艺的特点是一个场内只有一种鸡舍。如脱温鸡饲养场只饲养10周龄之前的鸡，只有育雏育成一体鸡舍；有的只饲养10周龄以后至70周龄前后的鸡，只有育成产蛋一体鸡舍。

四、鸡场生产区道路

生产区内的道路大体分为净道和污道。净道是供员工日常通行、运送饲料和鸡蛋的通道，其前端通过消毒室与生活区相连，后端与鸡舍的前端相连；污道主要用于清粪车辆的通行，其前端与鸡舍末端的门相连，后端与污物处理区相连。净道和污道不能出现交叉。

净道的宽度一般为3.5～5米，中间略高、两侧略低，以利于雨后排水，净道与鸡舍前端约有3米的距离，通过专用支道与鸡舍前端的门相连；污道宽度一般为3米，能够使清粪车顺利通行，与鸡舍后端的门之间有1.5米左右的距离。

道路的一侧或两侧要有排水沟，用于雨后排出积水，防止场区内积水。

五、鸡场绿化

绿化是衡量环境质量的一项重要指标。各种绿化布置能改善场区的小气候和舍内环境，有利于提高生产率，进行绿化设计必须注意不影响场区通风和鸡舍的自然通风效果。

1. 绿化的作用

（1）调节气温、改善环境。一般情况下，夏季树木遮阴可使鸡舍墙面和屋面上的太阳辐射热大为减少，树木本身也能够利

用阳光进行光合作用而吸收大量的太阳辐射热，茂盛的树冠能够挡住70%～80%的太阳辐射能。夏季树荫下面的气温比裸露地面的温度低3℃。

（2）调节气流。冬季绿化林带可以阻挡寒风的袭击，降低风速，改变气流方向，减轻冷风对鸡舍的侵袭。在林带高度1倍距离内，风速可降低60%，10倍距离时可降低20%。在静风时，绿化林带可促进气流交换，夏季因绿化地内气温较低，可产生微风，有利于鸡舍内外污浊空气和新鲜空气的交换。

（3）净化空气。集约化养鸡场在生产过程中会不断排出大量有害气体，而绿化植物一般可以吸收25%的有害气体，有的植物尤其具有较强的吸附氨气的效能。绿化树木还能在光合作用过程中消耗二氧化碳、放出氧气，从而净化空气，保护环境，充分发挥“天然生物净化器”的作用。

（4）防疫作用。鸡舍内排出的粉尘是病原体的重要载体，是疾病传播的重要媒介。绿化植物能够通过对粉尘的阻挡、过滤和吸附作用，减少空气中的细菌含量。有的植物还能分泌出杀菌的有机物质，能够对黏附到其表面的病原体起到消毒和防疫作用。

（5）增收作用。鸡场内种植树木不仅美化和净化环境，而且能够增加收入。一般的树木在生长10年前后就能够成材，如果种植果树还可以生产水果；种植具有药用价值的树木还可以采集中药材。

2. 绿化用树木

（1）遮阴绿化。这种绿化的目的是为鸡舍遮阴，树木种在鸡舍的前后，一般使用高大乔木，目前使用较多的是泡桐、杨树、悬铃木（法国梧桐）等，在夏季树荫能够将鸡舍屋顶遮挡住。

（2）景观绿化。一般在鸡场的办公区、生活区、道路两侧

进行景观绿化，多数栽植观赏花木或常绿树木。

(3) 隔离绿化。用在围墙内外、不同分区之间，前者多使用速生杨、后者多使用高低搭配的常绿乔木和灌木。

(4) 空地绿化。鸡场内有许多空地，如隔离带、鸡舍之间等，可以种植果树等经济价值较高的树木。有时也与隔离绿化相结合。

3. 绿化的基本要求

(1) 沿围墙的绿化。鸡场周围沿围墙或隔离网、隔离沟的绿化适宜乔木与灌木相结合的绿化方式，能够尽可能多地阻挡风和灰尘进入鸡场。乔木与围墙之间要有2米的距离以减少其根部对墙基的破坏。

(2) 鸡场道路的绿化。道路两侧可以用常绿小乔木或果树进行绿化，起到美化环境的作用。树坑与路面之间要有不少于1米的距离以减少树根对路基的破坏。

(3) 小区之间的隔离绿化。在每个功能小区之间可以用乔木和灌木间隔种植的方式绿化，尽可能多地阻挡气流和粉尘，尽可能多地吸附粉尘和氨气。

(4) 鸡舍前后的绿化。鸡舍南侧适宜种植高大的阔叶乔木以利于在夏季能够起到遮阴的作用；鸡舍北侧可以种植常绿小乔木以便于在冬季起到阻挡寒风的作用。树木与墙壁之间的距离要有2.5米左右。

(5) 鸡舍之间空地的绿化。如果鸡舍之间的距离超过20米，在鸡舍前后绿化树木之间还可以进行绿化。绿化树木以果树或常绿小乔木为宜，减少对窗户通风和采光的影响。

4. 关于绿化的争议　一些养鸡场不栽种树木进行绿化，无论是围墙周围还是鸡舍前后都不种树。其原因是鸡场内种树容易招引飞鸟，而飞鸟是一些传染病的传播媒介，不种树则飞鸟可以栖息的地方少了，鸡场内的飞鸟就少了，鸡群就安全了。其实，这种想法有一定道理。但是，如果鸡舍设计合理，能够阻挡飞鸟进入鸡舍，就能够防止鸟类传播疾病。尤其是现在养鸡都是在鸡舍内饲养，如果飞鸟不能进入鸡舍也就减少了传播疾病的机会。另外，即便是不种树，在杂草丛中也会有小鸟的活动。

目前，在一些大型标准化养鸡场有许多鸡舍都采用密闭式鸡舍，野鸟是很难进入鸡舍的。如果对于密闭式鸡舍在进风口采取措施，对进入鸡舍的空气进行消毒处理则完全可以忽略野鸟对养鸡安全问题的影响。而一些中小型养鸡场的鸡舍门和窗户一般都加有金属网用于防止野鸟和老鼠的进入，这种措施也有一定的效果。

第二章　蛋鸡场的设施与设备

蛋鸡生产设施与设备的质量和管理是评价一个场现代化、标准化程度的重要指标。现代化蛋鸡生产首先是工厂化生产装备，具有较高水平的机械化和自动化条件，能够为改善鸡舍环境、提高生产效率、改善生产条件提供保障。

第一节　蛋鸡舍设计与建造

鸡舍是鸡只日常生活的空间，鸡舍的设计和建造效果直接关系到鸡舍内的环境条件，进而对鸡群的健康和生产形成直接的影响。而且，鸡舍的建造费用是鸡场固定投资的主要组成部分，影响着蛋鸡生产的成本；鸡舍建造一旦完成会在相当长的时期内保持不变，如果设计或建造不合理则其不良影响将会持续很久。

一、鸡舍类型

蛋鸡场内鸡舍的类型有多种划分方法。

（一）按照鸡舍墙壁特点划分

这种分类方法也可以将鸡舍分为4种。

1. 有窗鸡舍（图2－1）　这是目前在中小型蛋鸡场中使用最广泛的鸡舍类型。鸡舍的两端有山墙，山墙上设置有门、进风口

和风机安装口。前后墙设置有窗户用于自然通风和采光，有的还在窗户下面设置地窗以提高自然通风效果。

这类鸡舍能够在外界环境条件合适的情况下充分利用自然通风和采光，降低生产费用。但是，在外界环境条件不好的时候（如炎热、寒冷、风雨、雷电等）也会对舍内环境造成不良影响，如果窗户设计合理、管理到位，这种不良影响会被控制在有限的范围内。

图2-1　有窗鸡舍

2. 密闭式鸡舍（图2-2）　这种鸡舍的山墙设置与有窗鸡舍相似，只是两侧墙只有少数几个应急窗用于突然停电的时候通风和采光，平时都是被堵严的（不透风透光）。鸡舍内的温度、气流、光照等环境条件都是靠人为控制，受外界条件影响较小，鸡群的健康和生产性能比较稳定。但是，日常的运行成本较高。目前，在一些大中型蛋鸡场和蛋种鸡场较多使用这种类型的鸡舍。

3. 卷帘式鸡舍（图2-3）　这类鸡舍有两端山墙，而两侧墙壁的高度只有0.5~1.0米，墙上部到屋檐下用金属网罩住以防鼠、雀进入。根据鸡群对环境温度的要求和外界气候条件，可以将卷帘放下或收起以调节通风量和采光量。在金属网的外面有可以升降的卷帘，当卷帘完全放下的时候如同密闭式鸡舍，当卷帘

图2-2 密闭式鸡舍外景

卷起一部分的时候如同有窗鸡舍，当卷帘完全卷起的时候则如同开放式棚舍。

4. 半舍饲鸡舍（图2-4） 这类鸡舍往往是采用室内地面平养或网上平养方式，在鸡舍向阳的一侧设置室外运动场，其面积为室内面积的1.5~2倍，通过地窗鸡群可以出入鸡舍和运动场。天气条件差或夜间鸡群在鸡舍内时候，白天当外界气候条件良好的时候，鸡群可以到室外运动场活动。

图2-3 卷帘式鸡舍

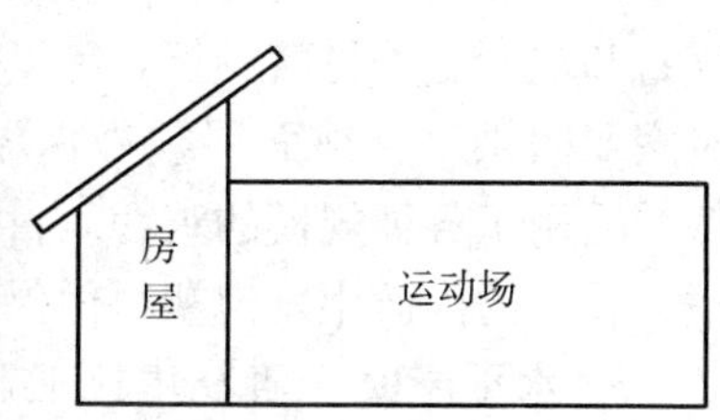

图2-4 半舍饲鸡舍

（二）按照舍内鸡群生活方式划分

1. 笼养鸡舍 鸡舍内安装鸡笼，鸡群饲养在鸡笼内。这类鸡舍在蛋鸡生产中应用最广泛。在设计的时候要考虑鸡笼的长度、宽度和高度，走道的宽度以及鸡笼在鸡舍内的布局。

2. 网上平养鸡舍 目前有少数蛋种鸡场采用这种饲养方式，这是在鸡舍内距地面约 60 厘米高的地方架设网床，让鸡群生活在网床上，不与粪便接触。平时可以不清粪，当鸡群转出或淘汰后集中清粪。也有在鸡舍内两侧架设网床，中间留有宽约 1.5 米的走道供饲养员操作。

3. 地面平养鸡舍 在鸡舍内的地面铺设垫料（如刨花、锯末、碎麦秸、稻壳等），鸡群饲养在垫料上面。这种鸡舍的室内地面要高出室外 40 厘米左右，室内地面有一定的坡度以利于排水，防止舍内潮湿。

（三）按照屋顶类型划分

1. A 形屋顶 这是很常见的屋顶形式，采用石棉瓦、彩钢瓦或机制瓦作为屋顶材料的时候，基本都是采用这种屋顶结构。这种形式的屋顶可适用于较大跨度鸡舍，可用于各种规模和各种类型的鸡群，同时有利于保温和通风，这种屋顶易于修建，比较经济。

2. 拱形屋顶 这是一种省木料、省钢材的屋顶，一般用砖、碎石和混凝土等材料砌筑，跨度较小的鸡舍用单曲拱，跨度较大时用双曲拱，拱顶面层须做保温层和防水层，这类屋顶造价较低，适用于各种规模的鸡舍。目前，也有用铝合金瓦制作拱形屋顶，在瓦的内面用发泡塑料做保温层。

3. 水平屋顶 随着建材工业的发展，平屋顶的使用逐渐增多。其优点是可充分利用屋顶平台，节省木材，缺点是防水问题比较难解决、建造成本高。

（四）按照所饲养鸡群的阶段划分

这种划分方法，可以将鸡舍分为育雏室、育成鸡舍和产蛋鸡舍3种，也可以分为育雏育成一体化鸡舍和育成产蛋一体化鸡舍两种。如果是种鸡场，还可能有专门的种公鸡舍。

1. 育雏室　这是用于饲养6周龄之前雏鸡的鸡舍，加热和保温是鸡舍设计和建造需要关注的项目，通风也需要兼顾。

2. 育成鸡舍　用于饲养7～17周龄育成鸡（也称青年鸡）的鸡舍，在设计和建造时要考虑保温隔热和通风要求。

3. 产蛋鸡舍　用于饲养17周龄以后至产蛋结束（约70周龄）的鸡群。鸡舍应能够有效缓解不良外界气候条件的影响，以减少对鸡群造成的应激。

4. 育雏育成一体化鸡舍　兼有育雏和育成鸡舍的功能，饲养12周龄以前的鸡群，所用鸡笼是专门的育雏育成一体笼。

5. 育成产蛋一体化鸡舍　属于蛋鸡舍，安装的也是蛋鸡笼，只是饲养的是13周龄以后的鸡群。

6. 种公鸡舍　在蛋种鸡场，有的为了保证种公鸡合适的生活环境，专门建造种公鸡舍，基本要求与蛋鸡舍相似，仅是容量小一些。

二、鸡舍设计与建造的基本原则

鸡舍设计与建造合理与否，不仅关系到鸡舍的安全和使用年限，而且对鸡群的健康和生产潜力的发挥、舍内环境状况、鸡场工程投资等都有重要影响。进行鸡舍设计与建造时，必须遵循以下原则：

1. 满足建筑功能要求　鸡场建筑物具有一些独特的性质和功能，要求这些建筑物既具有一般房屋的功能，又有适应鸡群生产的特点。

（1）满足卫生防疫要求。由于场内饲养密度大，所以需要有

兽医卫生及防疫设施和完善的防疫制度；由于有大量的废弃物产生，所以场内必须具备完善的粪尿处理系统，便于清理和消毒。

(2) 维持舍内良好环境。鸡舍的重要作用是缓解外界不良气候条件的影响，因此要求鸡舍能够具备良好的保温隔热效果，能够减轻严寒酷暑、风雨雷电等恶劣性气候对舍内鸡群的不良影响，使鸡舍内保持适宜的温度、湿度、光照、气流等，而且保持鸡舍内环境的相对安静，为鸡群的健康和生产条件做好保障。

(3) 发挥良好的隔离效果。要能够有效避免飞鸟、老鼠、猫、狗等动物进入鸡舍，能够阻挡陌生人出入鸡舍。

(4) 符合鸡群喂饲要求。有完善的供料贮料系统和供水系统，符合操作和维修方便、工作效率和质量高的要求。

2. 符合蛋鸡生产工艺要求 规模化蛋鸡场通常按照流水式生产工艺流程，进行高效率、高密度、高品质生产，鸡舍建筑设计应符合蛋鸡生产工艺要求，便于生产操作及提高劳动生产率，利于集约化经营与管理，满足机械化、自动化所需条件和留有发展余地。首先要求在卫生防疫上确保本场人鸡安全，避免外界的干扰和污染，同时也不污染和影响周围环境；其次要求场内各功能区划分和布局合理，各种建筑物位置恰当，便于组织生产；再次要求鸡场总体设计与鸡舍单体设计相配套，鸡舍单体设计与建造符合鸡群的卫生要求和设备安装的要求；最后要求按照“全进全出”的生产工艺组织蛋鸡的商品化生产。

3. 有利于各种技术措施的实施和应用 正确选择和运用建筑材料，根据建筑空间特点，确定合理的建筑形式、构造和施工方案，使鸡舍建筑坚固耐用，建造方便。同时，鸡舍建筑要利于环境调控技术的实施，以便保证家禽良好的健康状况和高产。

4. 注意环境保护和节约投资 既要避免家禽场废弃物对自身环境的污染，又要避免外部环境对家禽场造成污染，更要防止家禽场对外部环境的污染。

（1）要关注清粪方式。鸡舍内产生的污染物主要是粪便，需要及时清理出鸡舍以免对舍内环境造成污染。自动化清粪系统是目前最理想的清粪方式，在鸡舍设计时要尽可能使用这种方式。

（2）鸡舍排水。夏季鸡群饮水增加，粪便中的水会渗出，饮水系统漏水也会导致粪便变稀，鸡舍冲洗后也会有大量废水，如果积水不能尽快排出会导致鸡舍潮湿，不利于维持良好的环境条件。

（3）充分利用自然条件。为了建设生态型鸡舍，要注意充分利用自然光照、太阳能等，降低生产成本，减少污染。

（4）节约投资。在鸡舍设计和建造过程中，应进行周密的计划和核算，根据当地的技术经济条件和气候条件，因地制宜、就地取材，尽量做到节省劳动力、节约建筑材料，减少投资。在满足先进的生产工艺前提下，尽可能做到经济实用。

三、鸡舍的外围护结构

（一）屋顶

屋顶是房屋最上层起承重和覆盖作用的构件。它的作用主要有三个：一是防御自然界的风、雨、雪、太阳辐射热和冬季低温等的影响；二是承受自重及风、沙、雨、雪等荷载及施工或屋顶检修人员的活荷载；三是屋顶是建筑物的重要组成部分，对建筑形象的美观起着重要的作用。屋顶设计必须满足坚固、耐久、防水、排水、保温（隔热）、抵御侵蚀等要求。同时，还应做到自重轻、构造简单、施工方便，便于就地取材等。

（二）墙壁

1. 鸡舍墙体的基本要求　墙体的基本要求包括保温隔热性能好、防水防火、表面光滑易于清洗、坚固耐用，易于施工、成本较低等。

2. 墙体材料 墙壁为鸡舍的围护构件，要能够防御外界风雨侵袭，隔热性能良好，为舍内创造适宜的小环境。墙壁的有无、多少或厚薄，主要取决于当地的气候条件和鸡舍类型。气候温暖的地区，墙壁的厚度可薄一些，气温寒冷的地区，墙壁的厚度要厚一些，或在墙面增加其他隔热材料。目前，常用的墙体材料包括：

（1）实心黏土砖。这是传统鸡舍建造方面使用最多的墙体材料，目前在一些地方依然在使用。但是，国家已经禁止生产黏土砖，会影响其以后的使用。

（2）复合墙体。应用于鸡舍建筑的复合墙体保温材料可分为无机和有机两大类。无机保温材料有岩棉、玻璃棉、矿棉、各种轻质混凝上、膨胀珍珠岩、膨胀蛭石等；有机保温材料有发泡聚苯乙烯、发泡聚氨酯、刨花板、稻草板等。复合墙体面层材料也很多，大体可分为金属与非金属两大类。金属类面层材料有彩色钢板、镀锌铁皮、冷轧薄钢板、彩色压型钢板、搪瓷钢板、铝合金板、铝塑复合板等；非金属类面层材料有钢筋混凝土板、石棉水泥板、各种纤维增强水泥板、塑料板、石膏板、木质板、现抹水泥砂浆层等。龙骨加面板复合墙体通常用轻钢龙骨和石膏龙骨。目前，金属面彩钢夹心板应用较为广泛，在我国生产和使用的金属面夹心板主要有金属面聚氨酯夹心板、金属面聚苯乙烯夹芯板（EPC 板）和金属面岩棉夹心板 3 种。

（3）发泡水泥复合板（太空板）。由钢边框或预应力混凝土边框、钢筋桁架、发泡水泥芯材、上下水泥面层（含玻纤网）复合而成，是集承重、保温、轻质、隔热、隔声、耐火等优良性能于一身的新型节能、绿色、环保型建筑板材。

（4）氧化镁泡沫板。以氧化镁、氯化镁为胶凝材料，以中碱性玻纤网为增强材料，以粉煤灰、矿渣、建筑垃圾等废弃物为填充材料，并复合一些功能型的材料制备出满足不同要求的墙体

板材。

（三）门窗

1. 门的要求　门的设置位置应以方便工作、运输和防寒为原则，一般设在鸡舍的南面或一端。门宽应以室内所有的设备及工作车辆都能顺利进出为度，一般单扇门高2米，宽1米；双扇门高2～2.1米，宽1.6米，如果是高床蛋鸡舍，清粪时需要农用车进出，则门的宽度应有2米。门体要坚固，便于开关，有条件的可安装弹簧推拉门，最好能自动保持在关闭的位置。如为增加采光，避免出入时可能发生碰撞，可在门的上半部安装玻璃。为了便于车辆出入，不必设门坎。在主要的人员、车辆出入的门口，应设有消毒池，这是防止把病原菌带入鸡舍的重要关卡。

2. 窗户的要求　窗户与鸡舍内通风、光照和温度控制有关，对窗的基本要求是透光率高、缝隙紧密、开关灵活。在布置窗的平面位置及高度时，应注意使鸡舍内部光线均匀、通风流畅，使鸡体能吹到风。窗户面积的大小要根据鸡舍结构而定，一般南窗面积比北窗大，北窗面积为南窗面积的2/3左右，这样可减少冬天北风对鸡舍的侵袭。

窗户透光面积与地面面积的比例一般为1∶（10～15），寒冷地区的比例还要低一些，约为1∶25。窗户的大小要适宜，如窗的面积过大，玻璃窗的热损失为同面积砖墙的3倍，冬季保温困难；夏季虽有利于通风，但从窗户进入的太阳辐射热也较多，光线太强，易使鸡不安，好争斗，产生啄癖。

一般而言，贴近地面的低窗虽然对排除沉积在地面的污浊空气有良好的作用，但对采光作用不大，因此常用百叶窗。高窗对排除鸡舍顶部的污浊空气很有效，而且对鸡舍的采光很有帮助，所以高窗兼有采光及通风作用时，可采用玻璃百叶窗。窗户的内面应与墙平，窗面应加护铁丝网，以防止野兽侵入。密闭式鸡舍不设窗户，只设应急窗和通风出入气孔，平时无采光通风作用，但遇停电时，需能打开应急，所以可做板窗或可开关的活络百叶窗，后者平时也可用于调节进风量，使用灵活。

（四）地面

鸡舍地面要有一定的坚固度，地面平坦，一般地面与墙裙均应涂抹水泥。笼养鸡舍采用刮粪板清粪方式的时候需要在鸡笼的下面挖粪槽（宽度一般为 1.8 米），平养鸡舍要设置排水沟以便冲洗消毒。

在地下水位高或较潮湿的地区，在地面下应铺设防潮层（油毡或塑料薄膜）。舍内地面要求高出舍外 30～40 厘米，既有利于排水，也有助于防潮。

四、鸡舍的功能设计

鸡舍的功能设计主要包括环境控制设计和结构与布局设计，前者可以让设备供应商帮助设计。

（一）环境控制设计

1. 通风设计

（1）自然通风设计。自然通风依靠自然风（风压作用）和舍内外温差（热压作用）形成的空气自然流动，使鸡舍内外空气得以交换。通风设计必须与工艺设计、土建设计统一考虑，如建筑朝向、进风口方位标高、内部设备布置等必须全面安排，在保障通风的同时，有利于采光、及其他各项卫生措施的落实。自然通风的鸡舍跨度不可太大，以 6～7.5 米为宜，最大不应超过 9 米。在房顶设通风管是有利的，在风力和温差各自单独作用或共同作用时均可排气，特别在夏季舍内外温差较小的情况下。设计时风筒要高出屋顶 60～100 厘米，其上应有遮雨风帽，风筒的舍内部分也不应小于 60 厘米，为了便于调节，其内应安装保温调节板，便于随时启闭。

（2）机械通风设计。机械通风依靠机械动力强制进行鸡舍

内外空气的交换。机械通风可以分为正压通风和负压通风两种方式。正压通风是通风机把外界新鲜空气强制送入鸡舍内，使舍内压力高于外界气压，这样将舍内的污浊的空气排到舍外。负压通风是利用通风机将鸡舍内的污浊空气强行排到舍外，使鸡舍内的压力略低于大气压成负压环境，舍外空气则自行通过进风口流入鸡舍。这种通风方式投资少，管理比较简单，进入舍内的风流速度较慢，鸡体感觉比较舒适。由于横向通风风速小，死角多等缺点，一般采取纵向通风方式（图 2 –5）。

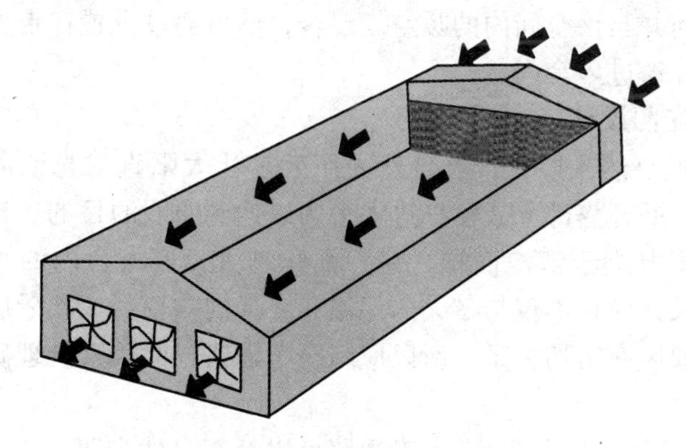

图 2 –5　鸡舍纵向通风示意

纵向通风排风机全部集中在鸡舍污道端的山墙上或山墙附近的两侧墙上。进风口则开在净道端的山墙上或山墙附近的两侧墙上，将其余的门和窗全部关闭，使进入鸡舍的空气均沿鸡舍纵轴流动，由风机将舍内污浊空气排到舍外，纵向通风设计的关键是使鸡舍内产生均匀的高速度气流，并使气流沿鸡舍纵轴流动，因而风机宜设于山墙的下部。

通风量应按鸡舍夏季最大通风值设计，计算风机的排气量，安装风机时最好大小风机结合，以适应不同季节的需要。排风量相等时，减少横断面空间，可提高舍内风速，因此三角屋架鸡舍，可每三间用挂帘将三角屋架隔开，以减少过流断面。长度过长的鸡舍，要考虑鸡舍内的通风均匀问题，可在鸡舍中间两侧墙上加开进风口。根据舍内的空气污染情况、舍外温度等决定开启风机多少。

对于北方地区的鸡舍，在通风设计时必须考虑低温季节进风口的设置，防止通风的时候进风口附近由于冷空气的进入而出现温度的急剧下降。这种温度骤降是导致鸡群受凉感冒和继发其他疾病的重要诱因。其解决方法是在鸡舍的前段设置天棚，在舍外屋檐下设置可以调节的进风口，舍外空气通过进风口进入天棚上方的空间并与该空间内的暖空气混合，然后通过设置在走道正上方的百叶窗进入舍内。

2. 光照设计

（1）自然光照设计。自然光照就是让太阳直射光或散射光通过鸡舍的开露部分或窗户进入舍内以达到照明的目的。自然光照的面积取决于窗户面积，窗户面积越大，进入舍内的光线越多。但采光面积不仅与冬天的保温和夏天的防辐射热相矛盾，还与夏季通风有密切关系。所以应综合考虑诸方面因素合理确定采光面积。

（2）人工光照设计。人工光照可以补充自然光照的不足，而且可以按照动物的生物学要求建立人工照明制度。一般采用电灯作为光源。在舍内安装电灯和电源控制开关，根据不同日龄的光照要求和不同季节的自然光照时间进行控制，使鸡群达到最佳生产性能。蛋鸡育雏期前两周光照4～5瓦/米^2，以后2瓦/米^2，育成期降为1～1.3瓦/米^2，18～20周龄延长光照时间，增加光照强度至4～5瓦/米^2，以促进产蛋量的提高。

3. 降温设计　目前，最常用的降温方式是湿帘与纵向通风系统，该系统的降温过程是在其核心“湿帘纸”内完成的。当室外热空气被风机抽吸进入布满冷却水的湿帘纸时，冷却水由液态转化成气态的水分子，吸收空气中大量的热能从而使空气温度

迅速下降，与室内的热空气混合后，通过负压风机排到室外。

湿帘通常是由特制的蜂窝纸制成，厚度约10厘米，高度和宽度可以依据鸡舍的结构而定。湿帘安装在鸡舍的前端山墙上（图2-6）或靠近山墙的两侧墙上，其上部有淋水的水管，下部有接水的水槽，水可以循环使用；鸡舍的末端山墙上或靠近山墙的两侧墙上安装低压大流量轴流风机（可参照前述纵向通风设计部分），具体见图2-7。

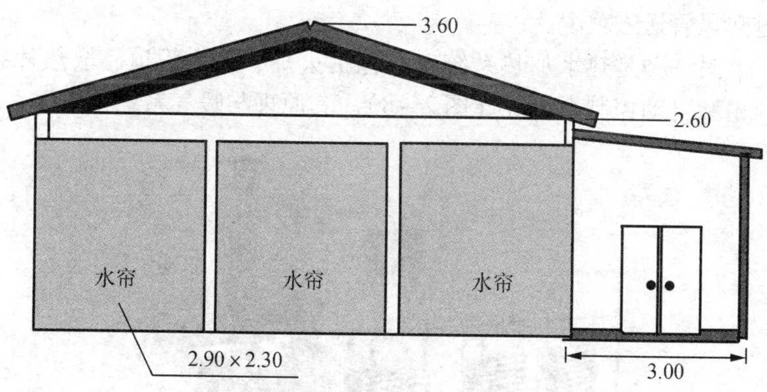

图2-6 鸡舍前端的水帘安装示意（单位：米）

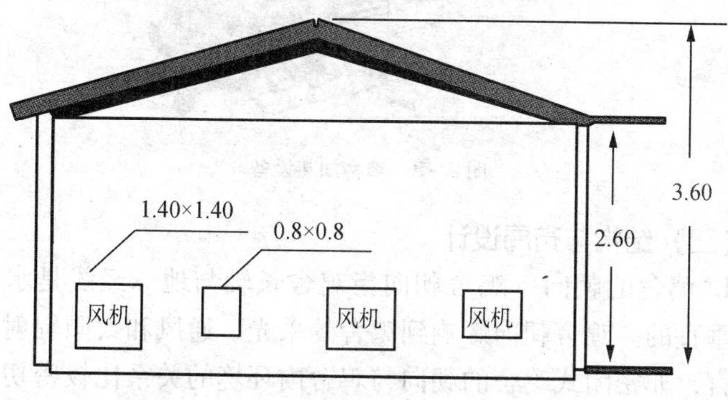

图2-7 鸡舍末端的风机安装示意（单位：米）

鸡舍喷雾与通风系统也是降温的措施之一，它是在鸡舍内走道上方的梁上安装水管，水管上每间隔 2 米安装一个雾化喷头，水管前端有一个贮水罐和压力泵，压力泵启动后水管内的水经过雾化喷头呈细雾状喷出，同时启动风机后，吸附空气中含热量的水雾排出舍外，起到降温作用。

4. 加热设计 目前，在鸡舍中使用较多的是热风炉加热系统，它包括火炉和热风管道两部分。经过火炉加热后的热空气通过热风管送入鸡舍。

另一种是热水加热系统，它包括火炉、热水管道、散热片、风扇和自动控制系统等（图 2 – 8）。其原理与暖气系统相同。

图 2 – 8 鸡舍加热设备

（二）结构与布局设计

1. 鸡舍的朝向 鸡舍朝向指鸡舍长轴与地球经线是水平的还是垂直的。鸡舍朝向影响到鸡舍的采光、通风和太阳辐射。相对而言，非密闭式鸡舍的朝向与鸡舍内环境的关系比较密切，密闭式鸡舍内环境则受鸡舍朝向的影响较小。因此，鸡舍的朝向主要是在建造非密闭式鸡舍时需要给予充分的考虑。

朝向选择应考虑当地的主导风向、地理位置、鸡舍采光和通风排污等情况。鸡舍朝南，即鸡舍的纵轴方向为东西向，对我国大部分地区的开放舍来说是较为适宜的。这样的朝向，在冬季可以充分利用太阳辐射的温热效应和射入舍内的阳光防寒保温；夏季辐射面积较少，阳光不易直射舍内，有利于鸡舍防暑降温。

从主导风向方面分析，防止冷风渗透，鸡舍朝向应取与主导风向成45°~90°角；如按鸡舍通风效果要求，应采用30°~45°角：从排污效果要求，鸡舍朝向应取与常年主导风向成30°~60°角，避免零度风向入射角。

2. 鸡舍的间距　鸡舍间距是指鸡舍之间的距离，它关系到鸡舍的通风、采光、防疫、防火和土地占用等事项。考虑这几方面的情况，一般鸡舍间距应为房屋高度的3~5倍。

需要强调的是，鸡舍间距主要是满足防疫要求，如能采用整场全进全出制，鸡舍间距还可以减小。

如果建造密闭式鸡舍，鸡舍两侧墙壁上不设置窗户，不考虑自然通风和采光的问题，主要考虑防火、防疫，在这种情况下鸡舍间距可以缩小至鸡舍高度的2~3倍。甚至，在一些蛋鸡场内建造连体鸡舍，即相邻的两个鸡舍公用一个侧墙，由若干个鸡舍连在一起。

3. 鸡舍的走道　笼养蛋鸡舍在两列笼之间有一条走道（一个鸡舍内可能有1~4条走道）供饲养员喂料、捡鸡蛋、观察鸡群等操作用。走道的宽度应该从鸡笼的最外侧（底网外边缘或喂料设备外边缘）计算，一般要求为0.7~0.8米。

4. 鸡舍的宽度　鸡舍的宽度受饲养方式、笼具排列方式等因素的影响。

（1）饲养方式的影响：地面平养或网上平养方式的鸡舍宽度变化比较灵活，如果宽度太大则可以在舍内设置立柱用于支撑屋顶。但是，对于笼养鸡舍其宽度则受鸡笼布局的影响，一

般单体鸡舍的宽度在6~12米，如果鸡舍宽度过大则影响其牢固性。

(2) 笼具排列方式的影响：要考虑鸡笼的宽度、走道的宽度和笼列及走道的数量等。

一种笼列布局方式是靠鸡舍两侧墙留走道，这种布局方式常见的有两列三走道（图2-9)、三列四走道和四列五走道（图2-10）三种形式。例如两列三走道布局的产蛋鸡舍，如果使用3层全阶梯式蛋鸡笼则其最大宽度为2.18米，走道宽度按0.8米计算则鸡舍内净宽度为6.76（2.18×2+0.8×3）米。

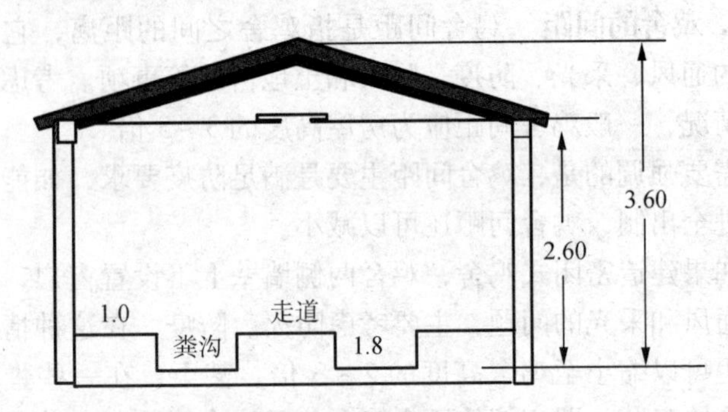

图2-9 笼养鸡舍两列三走道布局方式（单位：米）

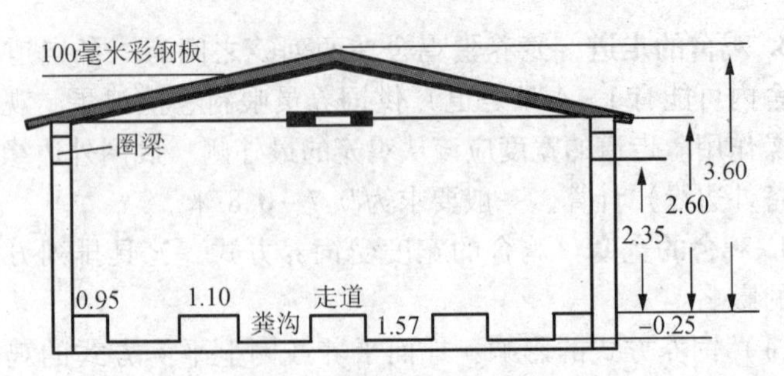

图2-10 笼养鸡舍四列五走道布局方式（单位：米）

另外一种笼列布局方式是在靠鸡舍两侧墙内侧放置一列半架鸡笼，中间放置若干列全架鸡笼，如三列两走道（图 2－11）、四列三走道等；如果仅在一侧靠墙放置半架鸡笼，则排列方式则会有三列三走道、四列四走道等。例如三列两走道鸡舍中间一列 3 层全架全阶梯鸡笼的宽度为 2. 18 米、两列半架全阶梯鸡笼的宽度各为 1. 15 米、两条走道宽度均为 0. 8 米，该鸡舍的室内净宽度为 6. 08 米（2. 18＋1. 15×2＋0. 8×2）。与前一种排列方式相比，饲养同样数量的鸡可以使鸡舍的宽度减少 0. 68 米。

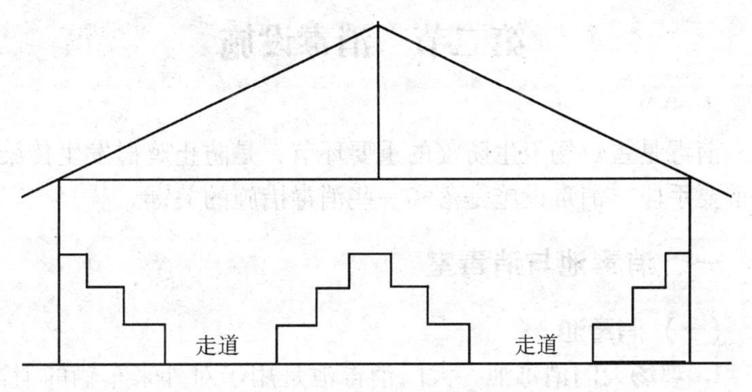

图 2－11　三列两走道鸡舍布局示意

5. 鸡舍的高度　鸡舍高度主要是指鸡舍的梁下高度，主要取决于鸡笼的高度和屋顶形状。屋顶为“A”形或拱形则可以略低于平顶鸡舍的高度。

鸡笼顶部到横梁之间要有 1 米左右的距离，如果是采用 3 层全阶梯产蛋鸡笼，则笼的高度为 1. 65 米，室内地面距横梁之间的高度应为 2. 65 米左右。如果按室外地面到横梁的高度则要考虑室内地面比室外高出约 30 厘米，加上后则为 2. 95 米。目前，生产中有使用 4 层或 5 层阶梯式鸡笼的，笼的高度有所增加，还有使用 5～8 层叠层式鸡笼的，笼的高度则更高，考虑鸡舍高度的时候需要重点关注笼的高度。

个别地方修建蛋鸡舍采用的是高床或半高床结构，将走道架起来，走道与地面的高度为1.8米或1.2米，这样鸡舍的梁下高度就增加了1.8米或1.2米。

6. 鸡舍的长度 鸡舍的长度受场地大小和现状的影响比较大，还受鸡场规划的影响。蛋鸡舍的长度可以根据上述因素，在50~100米范围内选择。鸡舍长度超过60米则需要注意地基的质量，防止地基不均匀沉降造成墙体开裂，影响鸡舍的牢固性。

第二节 消毒设施

消毒是蛋鸡场卫生防疫的重要环节，是防止鸡群发生传染病的重要手段。消毒设施是落实一些消毒措施的关键。

一、消毒池与消毒室

（一）消毒池

1. 鸡场大门消毒池 大门消毒池是用于对外来车辆的消毒，一般为门廊形状，长度约5米、高度约5米、宽度约4米，在消毒门廊的顶部和两侧壁均安装有自动喷雾设备，一旦车辆通过消毒门廊则消毒自动控制设备会自动打开将消毒药水喷洒在车辆表面。

消毒门廊内的地面有消毒池，深度约12厘米，平时要及时补充消毒液用于对车辆轮胎的消毒。

2. 鸡舍门口消毒池 鸡舍门口要设置脚踏消毒池，长度1米、宽度0.5米、深度5厘米，池内铺麻袋，平时添加消毒药。当饲养员进入鸡舍之前要踩踏麻袋对鞋底进行消毒。

3. 生产区大门车辆消毒池（图2-12） 该大门的车辆消毒池是运输雏鸡、鸡蛋、设备、饲料等车辆的通道。建设要求与鸡

场大门消毒池相同。

图2－12　车辆消毒设施

（二）消毒室

消毒室一般建在鸡场生产区与办公生活区的连接处，是人员进出生产区的必经通道。按照人员进入生产区所需要经过的消毒流程，依次为：更衣室1→淋浴间→更衣室2→消毒间。

1. 更衣室1　这是人员进入消毒室前的更衣场所，人员的所有衣物都需要在此脱去存放在专用衣柜内。

2. 淋浴间　安装有若干个淋浴喷头，当人员更衣后在此处进行淋浴。

3. 更衣室2　人员淋浴后在此处擦干身上的水珠，换上经过消毒的工作服和胶鞋（每人有一个专用衣柜），毛巾和拖鞋要集中收集消毒。

4. 消毒间　穿好工作服和胶鞋的人员通过消毒间时消毒剂通过雾化喷头喷洒在人员的体表（衣服表面）；消毒间地面设置有深

度约10厘米的消毒池，人员需要穿胶鞋才能够通过。为了保证消毒效果，常常在消毒室内用不锈钢管焊接成曲折形通道，延长人员通过消毒室的路程和时间。消毒室需按男女专用分别修建。

除上述几个消毒设施外还要有一个专门的紫外线照射消毒间，人员需要带入生产区的物品（如手机、钱包、生活及卫生用品等）需要在此消毒后才可以从里侧门取出。

二、消毒设备

（一）雾化消毒设备

1. 雾化喷雾消毒系统（图2－13） 这类系统安装在车辆通过的消毒门廊和人员进入生产区之前的消毒室中，由光电感应器、消毒药水桶、压力泵、管道和雾化喷嘴组成。当车辆或人员进入消毒区域的时候，光电感应器会自动接通压力泵电源，压力泵将消毒药水压进管道，消毒药水则以细雾状从喷嘴中喷出。

图2－13 雾化喷雾消毒系统

2. 水雾发生器消毒设备（图2－14） 其工作原理与家庭用

加湿器相似，一般安装在人员进入生产区的消毒室内。当有人员进入生产区的时候，值班人员提前打开开关，约经 1 分钟水罐内的消毒剂就以细雾状从喷口喷出，消毒室进入生产区的门在消毒设备启动后经过 5 分钟以后才会开启，保证了人员的消毒时间。

图 2－14　水雾发生器消毒设备

（二）高压冲洗消毒设备

高压冲洗消毒设备用于车辆、道路、鸡舍内的设备、地面和墙壁的冲洗消毒。一般都是推车式高压消毒器（图 2－15），由水箱（盛放水或消毒药水，可以与水管连接）、压力泵、出水胶管和喷水嘴组成。

如果使用其冲洗功能则用水管与水龙头连接，将水引入水箱，打开压力泵开关，消毒人员伸展胶管并将喷嘴对准消毒对象压下手阀，高压水就从喷嘴喷出。

如果在水箱内加入消毒液则可以用消毒药水冲洗。

（三）消毒柜

消毒柜主要用于衣物、毛巾等纤维制品的消毒。消毒可以采用过氧乙酸或环氧乙烷等消毒间熏蒸。

图2-15　高压冲洗消毒设备

(四) 高压消毒锅

高压消毒锅用于小件物品（如试管、烧杯、量筒、注射器、剪刀、镊子等）的消毒。

(五) 紫外线灯

紫外线灯用于紫外线消毒室，通过灯具发射出的紫外线及产生的臭氧对物体表面进行消毒。

第三节　养殖设备

一、笼具

(一) 育雏笼

育雏笼主要用于饲养雏鸡，但是在目前生产中也有饲养育成前期鸡群的，即所谓的育雏育成一体笼。

1. 育雏笼　一般用于饲养6～7周龄前的雏鸡。可以分为叠层式育雏笼和阶梯式育雏笼两种形式。不同生产企业的产品在规格方面可能存在差异。

（1）叠层式育雏笼：一般为3～4层，每层由若干个单体笼组合而成，单体笼有大有小。长条式单体笼每个单体笼的规格一般为1.95米×1.2米×0.38米；小型单体笼的规格一般为1.0米×0.6米×0.38米。

电热育雏器由加热育雏笼、保温育雏笼和雏鸡运动场3部分组成，每一部分都是独立的整体，可以根据房舍结构和需要进行组合。如采用整室加热育雏，可单独使用雏鸡活动笼；在温度较低的地方，可适当减少活动笼，而增加加热和保温育雏笼。

清粪方式有自动传送带和人工清粪两种，前者在每层笼之间有与笼宽度相同的传送带，雏鸡产生的粪便落在传送带上，每天定时启动传送带进行清粪；后者在每层笼下方放置一个盛粪盘，盛粪盘的规格与单体笼相同或是其长度的一半，鸡粪落在盛粪盘上，定期清理。

（2）阶梯式育雏笼：一般为3～4层，每层两条单体笼，每个单体笼的规格一般为1.9米×0.6米×0.38米。

图2－16　叠层式育雏笼

图2－17　阶梯式育雏笼

2. 育雏育成一体笼　用于饲养13周龄之前的雏鸡和青年鸡，有阶梯式和叠层式两种，与育雏笼基本相似，只是高度稍大，前网的栅格宽度较宽（前网为双层，外面的网可以左右移动用于调整前网的栅格宽度）。

（二）青年鸡鸡笼

青年鸡鸡笼（图2-18）是专门用于饲养7~17周龄鸡群的鸡笼，一般为阶梯式，3~4层。青年鸡鸡笼的长度约1.98米，每条笼分成4~5个小单笼，每个小单笼可以装4~5只鸡；每组3层全阶梯青年鸡笼可以养青年鸡120只。

青年鸡鸡笼的底网是水平的，没有倾斜度，底网前缘与前网下缘处用扎丝或铁卡固定。

图2-18　青年鸡鸡笼

（三）产蛋鸡鸡笼

产蛋鸡鸡笼主要用于饲养产蛋鸡（在采用两段制饲养方式的鸡场，饲养13周龄以后的），有阶梯式和叠层式两类。

每条笼的长度一般为1.9米，一般分为4个单笼，单笼的深

度为45厘米，后网高度38厘米，前网高度45厘米，底网后高前低呈7°~8°倾斜以利于蛋的滚出，底网前端为弧形盛蛋网。每条单笼可以养12~15只母鸡，一组3层全架全阶梯鸡笼可以饲养蛋鸡72~90只。按照规定，每只笼养蛋鸡占有的笼底面积不少于420平方厘米。

阶梯式笼的层数多数为3层，也有4~5层的，种鸡笼有2层的；叠层式鸡笼为4~8层。

1. 阶梯式蛋鸡笼　按上下相邻两层的错位情况可以分为全阶梯和半阶梯两种（图2－19、图2－20）。全阶梯是指上下相邻两层鸡笼，上层笼的前网与下层笼的后网基本对应，上层笼内鸡排泄的粪便不会落到下层笼内鸡的身上；半阶梯式鸡笼上下相邻两层有1/3的重叠（上层笼的前1/3与下层笼的后1/3重叠），为了防止上层笼内鸡只排泄的粪便落到下层笼的鸡身上，下层笼的后背部呈倾斜状并固定有玻璃钢挡粪板，落下的粪便可以滑下去。半阶梯式鸡笼的总体宽度比全阶梯式窄一些，如全架3层全阶梯鸡笼的宽度（两侧下层底网外缘之间的距离）一般为2.18米，而全架3层半阶梯鸡笼的宽度约为1.8米。

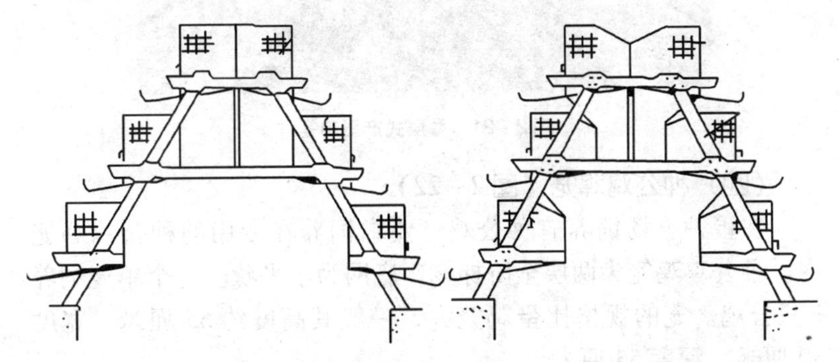

图2－19　三层全架全阶梯鸡笼　　　图2－20　三层全架半阶梯鸡笼

按鸡笼是单侧还是双侧可以分为全架鸡笼和半架鸡笼。全架鸡笼为两侧相同，半架鸡笼只有一侧。在大中型鸡场一般都使用全架鸡笼，在一些小型蛋鸡场（户）可能会使用一部分半架鸡笼。

2. 叠层式蛋鸡笼（图 2－21） 与叠层式育雏笼相仿，每层鸡笼垂直叠放固定在笼架上，笼层之间有 15 厘米左右的间距，安装有输送带式清粪系统。笼加上喂料设备的宽度约 1.8 米。这种笼具采用自动清粪、自动喂料、自动集蛋系统。相对于阶梯式笼养方式，其单位空间的鸡舍内饲养鸡只的数量更多。

图 2－21 叠层式产蛋鸡笼

（四）种公鸡鸡笼（图 2－22）

在蛋种鸡场饲养有种公鸡，要求饲养在专用的种公鸡鸡笼内。种公鸡鸡笼为两层全阶梯笼，底网为水平状。每个单笼饲养 1 只公鸡。笼的规格比蛋鸡笼大，一般其高度约 55 厘米、宽度 30 厘米、深度 55 厘米。

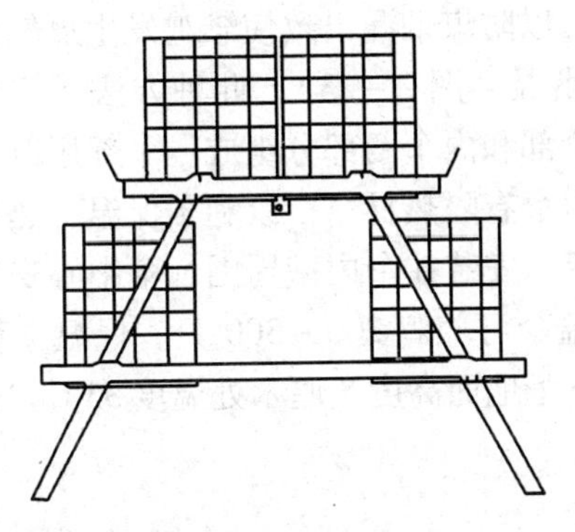

图2－22　种公鸡鸡笼

二、环境控制设备

（一）温度控制设备

1. 地下火道　在中小型蛋鸡场的育雏室经常采用这种加热方式，主要以煤炭为燃料。其结构是在鸡舍的前端设置炉灶，灶坑深约1.5米，炉膛比鸡舍内地面低约30厘米，在鸡舍的后端设置烟囱。炉膛与烟囱之间由3～5条管道相连（管道可以用陶瓷管连接而成，也可以用砖砌成），管道均匀分布在鸡舍内的地下，一般管道之间的距离在1.5米左右。靠近炉膛处管道顶壁距地面约30厘米，靠近烟囱处距地面约10厘米，管道由前向后逐渐抬升有利于热空气的通过，也有助于缩小育雏室前后部的温差。

使用地下火道加热方式的鸡舍，地面温度高、室内湿度小，温度变化较慢有利于稳定。缺点是老鼠易在管道内挖洞而堵塞管道，另外，管道设计不合理时室内各处温度不均匀。

2. 煤炉供温　此方法适用于较小规模的养鸡场（户）使用，方便简单。煤炉由炉灶和铁皮烟筒组成。使用时先将煤炉加煤升温后放进育雏室内，炉上加铁皮烟筒，烟筒伸出室外，烟筒的接口处必须密封，以防煤烟漏出致使雏鸡发生煤气中毒死亡。

3. 保温伞供温（图 2－23） 此种方法一般用于平面垫料育雏。保温伞由伞部和内伞两部分组成。伞部用镀锌铁皮或纤维板制成伞状罩，内伞有隔热材料，以利于保温。热源用电阻丝、电热管子或煤炉等，安装在伞内壁周围，伞中心安装电热灯泡。直径为 2 米的保温伞可养鸡 200～300 只。保温伞育雏时要求室温 24℃以上，伞下距地面高度 5 厘米处温度 35℃，雏鸡可以在伞下自由出入。

图 2－23 保温伞

4. 红外线灯泡育雏 利用红外线灯泡散发出的热量育雏，简单易行，在笼养、平养方式中都可以使用。

为了增加红外线灯的取暖效果，可在灯泡上部制作一个大小适宜的保温灯罩，红外线灯泡的悬挂高度一般离地 25～30 厘米。一只 250 瓦的红外线灯泡在室温 25℃时一般可供 110 只雏鸡保温，20℃时可供 90 只雏鸡保温。

5. 热风炉（图 2－24） 适合于大型鸡舍使用，一般要求鸡

舍的面积不少于350平方米。

该设备由室外加热、热水输送管道和室内散热等部分组成。室外部分为锅炉，常常用煤炭作为燃料，可以通过风门开启的大小控制产热量，目前有很多产品可以自动控制风门以控制产热量（在鸡舍内有感温探头与锅炉的微电脑连接，设定温度后如果舍内温度偏低则自动加大通风量以增加供温，如果温度偏高则自动降低炉膛内的进风量减少产热）。室内主要是散热器，散热器由散热片和其后面的小风机组成，锅炉与散热器之间由热水管道连接，当设备启动后来自锅炉的热水通过管道到达散热器，向外散发热量，此时散热片后面的风机运行将散热片散发的热量吹向鸡群所在的鸡笼或圈舍。热水通过管道可以循环利用。

图2-24　鸡舍热风炉

6. 湿帘降温设备（图2-25）　也称为纵向通风湿帘降温系统。该系统由湿帘和风机两部分组成，湿帘安装在鸡舍前端的山墙上或靠近山墙的两侧壁，风机安装在鸡舍末端的山墙上或靠近山墙的两侧壁。

图2－25　湿帘降温设备

湿帘纸采用独特的高分子材料与木浆纤维分子间双重空间交联，并用高耐水、耐火性材料胶结而成的蜂窝状结构。既保证了足够的湿挺度、高耐水性能，又具有较大的蒸发比表面积和较低的过流阻力损失。波纹纸经特殊处理，结构强度高，耐腐蚀，使用周期长。具有优良的渗透吸水性，可以保证水均匀淋透整个湿帘墙特定的立体空间结构，为水与空气的热交换提供了最大的蒸发面积。在湿帘的上部安装有淋水管，可以通过水管上面的小孔不断地将凉水均匀地淋在湿帘上；湿帘下部有盛水槽能够承接从湿帘上流下的水并集中到一个水箱内，可以供循环使用。

使用该系统时要将门窗关严，减少漏风。风机启动后将室内热空气抽出，使室内形成负压，这时室外空气通过湿帘进入鸡舍，当空气经过湿帘的过程中发生热交换，进入舍内的空气温度可降低4～6℃，在夏季能够起到很好的降温效果。

为了保证湿帘的热交换效率，湿帘要定期进行消毒以防止藻类在蜂窝纸表面生长，也需要定期冲洗以清除其表面的灰尘。在

不使用的季节要用塑料膜将湿帘覆盖住以减少表面灰尘积聚。安装时在外面加装铁丝网以防止老鼠和麻雀对湿帘造成损坏。

7. 湿帘风箱（图 2－26）　该设备的结构和工作原理与家用空调扇相似。

由表面面积很大的特种纸质波纹蜂窝状湿帘、高效节能风机、水循环系统、浮球阀补水装置、机壳及电器元件等组成。其降温原理是：当风机运行时冷风机腔内产生负压，使机外空气流进多孔湿润有着优异吸水性的湿帘表面进入腔内，湿帘上的水在绝热状态下蒸发，带走大量潜热，迫使过帘空气的干球温度比室外干球温度低 5～10℃，空气愈干热，其温差愈大，降温效果愈好。

运行成本低，耗电量少，只有 0.5 度/时，降温效果明显，空气新鲜，时刻保持室内空气清新凉爽，风量大、噪声低，静音舒适，使用环境可以不闭门窗。

图 2－26　湿帘风箱

（二）照明设备

鸡舍的照明主要是使用白炽灯，也可以使用荧光灯。灯泡要定期用干燥的软布擦拭以保证其照明效率。如果加装灯罩则照明效率更高。

照明控制设备主要是可 24 小时编程光照控制仪和感光探头。使用时将控制设备中的感光探头安装在室外屋檐下，可编程控制仪安装在值班室。当设定开灯和关灯时间后，到开灯时间照明系统电源连接，到关灯时间则电源断开。在开灯时间内如果感光探头感受到光线比较强时从另一个途径将电源切断，当探测到的光线弱到设定域值时则电源连通。

（三）通风设备

1. 低压大流量轴流风机（图 2－27） 这是目前生产上最常用的通风设备，风机的直径 0.7～1.4 米，每小时的换气量 17 000～50 000 立方米。利用离心原理制作的百叶窗自动开闭系统，可保证百叶的完全打开，使风机（扇）一直在最高效率下运行，即降低了能耗、增强了空气流量，停机时百叶窗在钢制弹簧的控制下关闭更加严密。电动机装置于顶端，清洁和维护更安全方便。低压大流量轴流风机技术参数见表 2－1。

图 2－27 低压大流量轴流风机

表 2－1　低压大流量轴流风机技术参数

型号/规格	风叶直径（毫米）	风叶转速（转/分）	风量（米^3/小时）	全压（帕）	噪声（分贝）	输入功率（千瓦）	额定电压（伏）	电机转速（转/分）	外形尺寸 长×宽×厚（毫米）
QCHS—71	710	560	17 700	55	≤70	0.37	380	≥1 400	800×800×350
QCHS—90	900	525	26 700	60	≤70	0.55	380	≥1 400	1 000×1 000×350
QCHS—100	1 000	560	32 000	62	≤70	0.75	380	≥1 400	1 100×1 100×350
QCHS—125	1 250	325	40 000	55	≤70	0.75	380	≥1 400	1 400×1 400×400
QCHS—140	1 400	325	52 000	60	≤70	1.1	380	≥1 400	1 550×1 550×400

在一个鸡舍常常安装多台型号大小不同的风机（图 2－28）以满足不同季节的通风需要，根据外界气温和鸡舍容量开启不同数量的风机。在夏季低压大流量轴流风机经常与湿帘配套组成通风降温系统，用于鸡舍的降温，具有良好效果。

图 2－28　安装在鸡舍末端的轴流风机

2. 环流风机（图 2－29，表 2－2）　环流通风机广泛应用于温室大棚、畜禽舍的通风换气，尤其对封闭式鸡舍湿度大、空气不易流动的场所，按定向排列方式作接力通风，可使鸡舍内的空气流动更加充分，降温效果极佳。该产品具有低噪声、风量大且柔和、低电耗、效率高、重量轻、安装使用方便等特点，是理想的纵向、横向循环风流、通风降温设备。

图2-29 环流风机

表2-2 主要技术参数

型号/规格	风叶直径（毫米）	转速（转/分）	风量（米^3/时）	功率（瓦）	电压（伏）	外型尺寸 外径×长度（毫米）
HLF—300	300	1 380	1 800	120	380/220	325×360
HLF—400	400	1 380	2 900	150	380/220	430×360
HLF—500	500	1 380	5 500	250/370	380	530×400
HLF—600	600	1 380	9 000	370/550	380	630×400

3. 壁扇 一般的工业壁扇安装在鸡舍的墙壁上，可以向舍外抽风，也可以向舍内吹风。

三、供水设备

（一）水源

1. 水井　要求规模化蛋鸡场要使用深水井以保证良好的水质，一般水井的深度不少于50米。

2. 贮水设备　包括水井旁的水塔和鸡舍内的水箱，要求容量要符合鸡场用水要求，密闭效果良好，能够防止外来污染。

3. 无塔供水设备　很多鸡场都已经采用无塔供水系统作为取水、供水设备。

（二）输水管道

输水管道是连接水塔或无塔供水设备与鸡舍饮水设备之间的水管，水管的直径和流量要满足后续用水场所的需要。可以埋在地下的水管其掩埋深度约60厘米，暴露在外的水管要在外面包裹隔热保温材料，防止夏季水管温度过高或冬季水管内的水结冰。

（三）过滤设备

过滤设备有总水管过滤器和支水管过滤器两种。

1. 总水管过滤器　一般安装在总供水管上，可以将井水过滤后再输送到各个用水部位。可以过滤水中的杂质等。

2. 支水管过滤器　一般安装在鸡舍内的操作间，过滤器中的滤芯需要定期清理。

（四）饮水设备

1. 真空饮水器（图2－30）　主要用于第一周笼养雏鸡的饮水以及各周龄平养和放养鸡群的饮水。由水球（水罐）和水盘组成。容量从1～15千克不等。

2. 乳头式饮水器（图2－31）　可用于各种饲养方式1周龄以上的鸡群。由水箱、水管、出水乳头和水压调节阀组成。

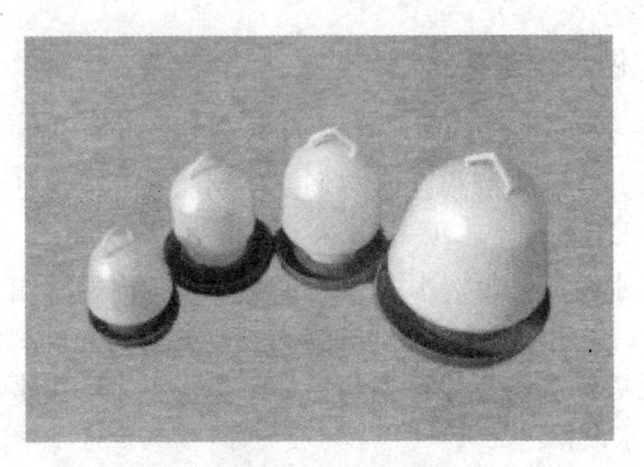

图 2-30　真空饮水器

图 2-31　乳头式饮水器（左为前端，右为末端）

四、喂料设备

喂料设备包括贮料塔、输料机、喂料机和饲槽等 4 个部分。贮料塔一般在鸡舍的一端或侧面，用 1.5 毫米厚的镀锌钢板冲压而成，其上部为圆柱形，下部为圆锥形，圆锥与水平面的夹角应大于 60°，以利于排料，喂料时，由输料机将饲料送到饲槽。

1. 舍外料塔（图 2-32）　用于大中型蛋鸡场，主要用作短

期贮存干粉状或颗粒状配合饲料。一般建在鸡舍靠近前端的一侧，距离鸡舍约2米，有专门的道路供运料罐车靠近。料塔的容量为3～5吨。

图2－32　舍外料塔

2. 输料机　输料机是料塔和舍内喂料机的连接纽带，将料塔或贮料间的饲料输送到舍内喂料机的料箱内。输料机有螺旋弹簧式、螺旋叶片式、链式。目前使用较多的是前两种。

（1）螺旋弹簧式：螺旋弹簧式输料机由电机驱动皮带轮带动空心弹簧在输料管内高速旋转，将饲料传送入鸡舍，通过落料管依次落入喂料机的料箱中。当最后一个料箱落满料时，该料箱上的料位器弹起切断电源，使输料机停止输料的作用。反之，当最后料箱中的饲料下降到某一位置时，料位器则接通电源，输料机又重新开始工作。

（2）螺旋叶片式：螺旋叶片式输料机是一种广泛使用的输料设备，主要工作部件是螺旋叶片。在完成由舍外向舍内输料作业时，由于螺旋叶片不能弯成一定角度，故一般由两台螺旋叶片式输料机组成，一台倾斜输料机将饲料送入水平输料机和料斗内，再由水平输料机将饲料输送到喂料机各料箱中。

3. 自动喂料设备 蛋鸡场内常用的喂饲设备主要是骑跨式（图2－33、图2－34）和轨道车式两种。

图2－33 阶梯式鸡笼骑跨式自动喂料车

图2－34 叠层式鸡笼骑跨式喂料车

（1）骑跨式自动喂料系统。用于多层笼养鸡舍，是一种骑跨在鸡笼上的喂料车，沿鸡笼上或旁边的轨道缓慢行走，将料箱中的饲料分送至各层食槽中。跨笼料箱喂料机根据鸡笼形式配置，每列食槽上都跨设一个矩形小料箱，料箱下部锥形扁口通向食槽中，当沿鸡笼移动时，饲料便沿锥面下滑落入食槽中。有的输料管末端与料槽接触处有一个出料调节装置，可以调整出料量（图2－35），减少添加不匀现象的发生。

图2－35　骑跨式喂料车出料口调节阀

（2）轨道车式自动喂料系统（图2－36）。在鸡舍内类似天车的形式，横梁上安装与鸡笼列数系统的料箱，每个料箱有若干个出料管与每个食槽相接触。每个走道有一条轨道，天车的支撑柱以滑轮与轨道接触并在轨道上运行。当输料系统将饲料从室外料塔向天车上的料箱输送完成后，启动天车行走开关，天车运行过程中就将饲料均匀地加入料槽中。

顶料箱行车式喂料机只有一个料桶，料箱底部装有搅龙，当喂料机工作时搅龙随之运转，将饲料推出料箱沿溜管均匀流入食槽。

图 2－36　轨道车式自动喂料系统

此外，链板式喂饲机在以往使用比较多，目前在生产中使用很少。应用于平养和各种笼养成鸡舍。它由料箱、链环、长饲槽、驱动器、转角轮和饲料清洁器等组成，链环经过饲料箱时将饲料带至食槽各处。

4. 自走式加料车（图 2－37）

在鸡舍走道中间有一条轨道，加料车前轮的凹槽骑行在轨道上，料车上有一电动机可以驱动加料车前进或后退。在加料车上有 3 个出料管分别对应 3 层鸡笼的料槽，料车内添加饲料后在运行过程中通过电机将车箱内的饲料通过出料管输送到料槽内。出料管末端有调节阀可以调整出料量的大小。

图 2－37　自走式加料车

5. 料槽（图 2－38）　料槽安装在鸡笼前面靠中下部，自动喂料设备将饲料加入到料槽中之

后，鸡群可以在一定时间内从料槽中采食。

料槽的外侧面略向外倾斜并比内侧面稍高，以便于在添加饲料的时候减少饲料的抛撒。内侧壁垂直，顶部向内卷曲，可以防止鸡采食过程中将饲料钩到槽外。

图2－38　塑料料槽

五、清粪设备

（一）传送带清粪设备（2－39）

常用于高密度叠层式鸡笼，安装在两层笼之间清粪，鸡的粪

图2－39　传送带清粪设备

便可由底网空隙直接落于传送带上，可省去承粪板和粪沟。传送带清粪装置由传送带、主动轮、从动轮、托轮等组成。传送带的材料要求较高，成本也昂贵。如制作和安装符合质量要求，则清粪效果好；否则，系统易出现问题，会给日常管理工作带来许多麻烦。

在一些设备生产企业也有在阶梯式鸡笼下安装传送带用于自动清粪的，一般是将传送带安装在鸡笼下面承接鸡粪并传送到鸡舍末端再清除。

传送带清粪系统关键在于传送带的韧性和耐腐蚀性，一旦出现开裂就需要及时更换。在传送带的末端有一刮板将传送带上的粪便刮下来，并有毛刷将传送带上附着的粪便刷掉。从传送带上刮下的粪便落到横向传送带上被送出鸡舍，集中到送粪车上或粪池内。

（二）牵引式刮粪机（图 2－40）

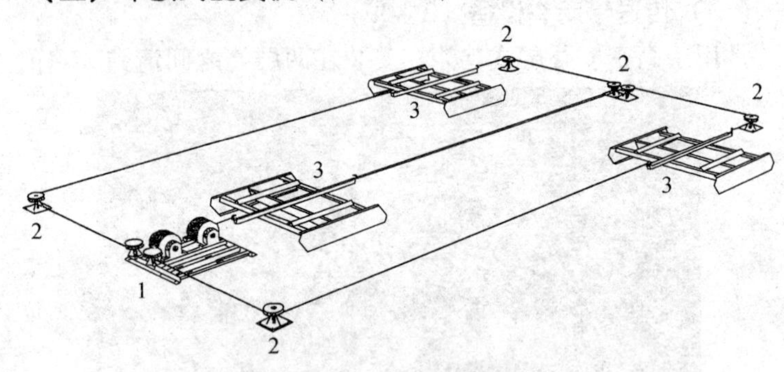

图 2－40　牵引式刮粪机示意

1. 清粪机主机　2. 转角轮　3. 刮板

牵引式刮粪机一般由牵引机、刮粪板、框架、钢丝绳、转向滑轮、钢丝绳转动器等组成。主要用于鸡舍内同一个平面一条或多条粪沟的清粪；一条粪沟与相邻粪沟内的刮粪板由钢丝绳相连，可在一个回路中运转，一刮粪板正向运行，另一个则逆向运

行。刮粪板在清粪时自动落下，返回时，刮粪板自动抬起。

钢丝绳牵引的刮粪机结构比较简单，维修方便，但钢丝绳易被鸡粪腐蚀而断裂。一旦钢丝绳断裂就不能继续使用，需要更换新的，成本较高。目前，有的场使用尼龙绳代替钢丝绳，虽然其耐用性不如钢丝绳，但其更换成本比较低。

这种清粪系统一般在鸡舍的末端都建有贮粪池，用于暂时贮存从鸡舍内清理出来的鸡粪，之后粪便被清运到贮粪池(图 2－41)。

图 2－41　自动刮粪板鸡舍末端外部贮粪池

第四节　辅助设施

辅助生产设施也是一个蛋鸡场中不可缺少的组成部分，只是在不同的鸡场其设施类型有差异。

一、蛋库

蛋库用于存放鲜蛋或种蛋，要求蛋库内的温度能够人为调控，多数采用空调，温度控制范围在 13 ~ 23℃，相对湿度在 75% 左右。要求蛋库内温度设定后相对稳定，防止出现波动。

（一）鲜蛋存放库

鲜蛋存放库位置位于办公区与生产区连接处，用于商品蛋鸡场每天生产的鲜蛋的临时存放，一般存放时间不超过 5 天。蛋库内存放鲜蛋的工具主要是塑料蛋筐或纸箱。

（二）种蛋存放库

种蛋存放库位置靠近孵化厂或位于办公区与生产区连接处，用于蛋种鸡场生产种蛋的存放，一般存放时间不超过 7 天。蛋库内存放鲜蛋的工具主要是专用的种蛋箱或蛋架车和蛋盘。

二、兽医室

兽医室是鸡场内兽医的工作场所，兽医室内的仪器设备应能满足病死鸡的剖检、病原分离与培养、药物敏感试验、抗体检测等需要。

兽医室要有严格的隔离和消毒设备，防止病原扩散。

三、药房

药房用于存放蛋鸡生产过程中所需要使用的药品，包括抗生素、抗寄生虫药物、消毒药物、疫苗等。

各类药物要分开存放，存放条件符合药物的存放要求。

四、料库

在规模化蛋鸡场内有专门的饲料加工厂，加工成的全价饲料产品通过罐车直接运送到鸡舍外的料塔内，在鸡场内没有专门的料库。

一些小型蛋鸡场常常从专门化的饲料厂购买全价饲料直接用于饲喂，也有的是购买浓缩料或预混料经添加玉米等原料混合后

使用。采用后一种方法一般要有加工车间和原料库、成品库，用于存放原料或成品。

五、配电房

有变电设备、电力总控设备和发电机等。负责全场电力供应和控制。

六、车库

一般设在办公区，用于停放鸡场的各种车辆。

第三章　蛋鸡场环保要求

蛋鸡场的环境保护已经成为影响蛋鸡生产安全和鸡产品质量安全的重要因素。当前，蛋鸡生产过程中很多健康问题的发生都与鸡场环境条件不良有密不可分的联系。这种环境保护要求既包含了鸡场内污染物的无害化处理、鸡场内交叉污染的防治，也包含了防止鸡场生产过程中对外周环境的污染和外界环境对鸡场的污染问题。

一、粪污处理

（一）鸡粪贮存、堆放设施

鸡粪在从鸡舍清理出来后到被运走及使用前的贮存期间都应是在贮粪场内堆积存放。当前，在不少的鸡场中贮粪场规划设计不合理，遇到下雨天，粪便被冲稀后到处流淌，大面积土壤和地下水受污染，遇到刮风天气则粉尘到处飞扬，对鸡场和周边环境造成的污染很严重，常常成为鸡场卫生防疫问题的重要源头。

1. 贮粪场　贮粪场的设置既应考虑鸡粪便于由鸡舍运出，又便于运到田间施用，还要防止对生产区和生活区造成污染。要求贮粪场与鸡舍之间最短的直线距离要大于 30 米，而且要用围墙围起来，设置专门的进口和出口。进口主要是出入生产区向贮粪场运送粪便的门，需要设置消毒池；出口是将粪便或粪便制品向外出售的运输通道。

2. 设计要求　贮粪场的面积要与鸡场的存栏量相协调，一般一个存栏5万~10万只的蛋鸡场其贮粪场的面积应有5~8亩。此外，贮粪场的面积还受鸡舍的清粪方式影响，如采用半高床或高床式鸡舍则平时基本不清粪，到鸡群淘汰时集中清粪，贮粪场的面积可以适当压缩。

贮粪场中作为日常粪便堆积、晾晒的场所，在设计时要求做到有防雨、防止粪液渗漏和溢流措施。要求地面要进行硬化处理以防止粪便中的水分渗入地下，粪场地面要设置排水沟并通向污水池，使得粪便堆积过程中渗出的脏水能够沿排水沟进入污水池集中处理。贮粪场内粪便堆积场所周围要修建高度约1米的围墙形成一个池子，粪便清理后都要运输到池子中，这样能够在较小的场地内堆放较多的粪便，同时也有助于防止粪水四溢和稀粪流淌。粪便堆积场所的上方要搭建防雨棚，顶棚材料一般使用白色玻璃钢，既可以在下雨的时候防止粪便被淋湿，也可以增加棚下温度以促进粪中水分的蒸发。

鸡粪在贮粪场不宜长期存放，在晾干或发酵后就应及时运走。

（二）鸡粪发酵或其他处理

鸡粪需要进行无害化处理和资源化利用，前者的目的是及时杀灭粪便中的微生物和寄生虫，防止其成为生物污染源；后者则是提高粪便加工的附加值，变废为宝（图3－1，图3－2，图3－3）。

1. 堆积自然发酵　选择通风好、地势高的地方，将清理出的鸡粪堆积成堆，外面加盖或用泥浆封闭，形成“厌氧发酵”。由于新鲜鸡粪的含水量较高，常常用切碎的作物秸秆与粪便混合后，使混合物的含水量在65%左右再进行堆积发酵。此种办法耗时较长，一般夏季20多天，冬季2~3个月能够完成发酵。发酵后的产物中绝大多数病原体被杀灭，粪便中的尿酸盐被分解，既保证了生物安全也提高了肥效。这种方法在一些中小型蛋鸡养殖场（户）比较常用。

图3－1　稀鸡粪的固液分离设备　　图3－2　鸡粪堆放处理棚

2. 发酵助剂好氧发酵法　这种方法的基本做法与堆积自然发酵相同，只是在堆积过程中添加一些有助于发酵的有益微生物制剂。使用一些专门的发酵助剂，3～7天便可快速完成脱臭、腐熟及杀灭有害菌，最终制成较高养分有机肥。

3. 鸡粪烘干处理　使用专门的鸡粪烘干设备进行处理。鸡粪烘干机的配套设备包括：鸡粪烘干主机、热风炉、螺旋上料机、除尘器、除臭塔和控制操作台等。其工作程序为：原料选配→干燥灭菌→配料混合→制粒→冷却筛选→计量封口→成品入库。

高黏稠物料（经过初步处理的鸡粪）由进料螺旋机构直接送入滚筒破碎干燥机，被滚筒内壁上的抄板反抄起撒落。被击散的物料与呈负压的高温介质充分接触，完成传热过程。由于滚筒的倾角和引风机的作用，物料由进料端向出料端缓缓移动，然后在出料端被气流抽出，经输送管道进一步干燥后进入除尘器，最后

由关风器排出。烘干后的物料由出料端的聚收仓聚收后进行包装。

鸡粪烘干是一种处理鸡粪的方法，但是在生产中也还存在一些问题，影响其应用。一是生产成本高，鸡粪烘干需要煤或电作为能源，每生产出一吨干鸡粪需 30 ~ 50 元。且一般需要购买专门的烘干机，价格较高；二是耗能大，鸡粪烘干靠煤电作能源，每生产出一吨干鸡粪要消耗 166 千克煤炭、32 千瓦 · 时（度）电；三是对环境有污染，鸡粪烘干炉会散发出特有的鸡粪臭味；四是在夏季鸡粪较稀的情况下几乎无法进行烘干处理。

图 3 – 3　鸡粪烘干处理车间

4. 直接运输到农田　有的鸡场将鸡粪从鸡舍清出后直接由农用车运走用于施肥，仅在生产区围墙外设置一个小面积的粪场用于倒粪。要求外来的农用车不能进入生产区，只能用场内的专用清粪车从鸡舍将粪便运送到场外再装入农用车。这种情况常常用于鸡场附近有大片的瓜果蔬菜种植基地的情况。

（三）污水处理设施

蛋鸡场一般情况下生产污水较少，只有在夏季高温期间鸡只大量饮水的情况下粪便变稀，这期间才会产生较多的污水。此外，在多雨季节如果雨水与粪水混合也会产生较多的污水。

污水是鸡场内的重要污染源，其中有大量的病原体和有机质、矿物元素，需要进行无害化处理。要求鸡场有专用的污水沟连接鸡舍与污水池，并要求与雨水沟分设。污水池也要建在污物处理区，可以用物理或化学、生物学方法进行净化。规模大的蛋鸡场可以考虑建设沼气设施用于处理污水。

二、病死鸡无害化处理

一个规模化蛋鸡场每天都会出现死鸡，这些死鸡可能是病死或被啄死或其他动物伤害、机械性致死的。如一个存栏 5 万只的蛋鸡场，按月死亡率 0.5% 计算，每月死鸡的数量约为 250 只，每天约 8 只。这些死亡的鸡只中因病死亡的个体会携带大量的病原体，是鸡场中疾病的重要污染源。

病死鸡的处理方法有高温脱脂法、焚烧法、消毒深埋法、发酵法等。

（一）高温脱脂法

这种方法是在大型鸡场或养鸡集中的区域内建造的专业设施，将死鸡送入高温高压罐内，通过高温高压将尸体的水分蒸发掉，脂肪融化并通过专用管道流入容器内用作工业油脂或燃油，经过脱水脱脂的尸体粉碎后成为肉骨粉用作有机肥。

（二）焚烧法

在一些中小型蛋鸡场的污物处理区安装焚尸炉，每天将死鸡投入炉内，使用燃料将死鸡尸体焚烧处理（图 3－4）。

（三）消毒深埋法

这种方法也常用于中小型养鸡场，要求在污物处理区内挖深度约 4 米、直径约 1 米的井，井口用带有直径 0.5 米圆孔的预制板盖严，每天将死鸡投入井中并撒消毒药，每次操作完毕把井口盖严，当死鸡填埋至距井口约 1 米的时候，撒一层厚约 20 厘米

图 3-4　病死鸡焚烧炉

的生石灰，覆盖死鸡尸体，再用土填平。

（四）发酵法

在鸡场的污物处理区内或附近农田边缘开挖深度约 2 米、宽度 1～3 米、长度 5～20 米的壕沟，定期将死鸡与鸡粪、碎秸秆等混合填入，并在表面用土覆盖，经过 5～10 周的时间死鸡尸体即可被发酵，与其他材料一起作为有机肥。

（五）煮沸处理

在一些蛋鸡场可以将濒死或刚死亡的鸡只放入大锅内用开水煮沸 15 分钟以上，进行高温消毒。煮熟后的鸡只可以用作水产或水貂、狐狸等动物的饲料。

三、防止交叉污染

（一）蛋鸡场各小区合理布局

要根据鸡场地势高低、夏季主风向、鸡群抗病力大小、污物产生量大小等因素考虑鸡场内的布局。目前，专业化的蛋鸡场在

生产区内基本只有育雏育成区和育成产蛋区两个小区，这两个小区要相对独立，尽量减少交叉，相互之间要保持30米以上的隔离距离，减少育成产蛋区对育雏育成区内鸡群的污染。

（二）场内道路净污分设

鸡场生产区内的道路分净道和污道两种。净道主要供工作人员日常行走、向鸡舍运送饲料的车辆通行等；污道主要是运送鸡粪和淘汰鸡的车辆通行。

净道一般位于鸡舍的前端，污道则位于鸡舍的末端，在设计机械通风的时候进风口位于净道一端、排风口位于污道一端。净道和污道不能交叉以减少相互污染。

四、鸡场的环境保护评价

按照国家规定，规模化养殖场在建设之前需要通过环保部门组织的专家进行的环保评估，其目的在于评价该养殖场是否会对周边环境产生污染，鸡场内生产过程中产生的污染物（如粪便、污水、病死鸡等）是否能够进行无害化处理以及处理设备的设计与安装、使用情况。要求在环评报告中体现出以下五个方面：

1. 鸡场要合理选址和布局　规模化蛋鸡场选址首先应符合国家相关环境保护法律、法规以及当地城镇发展规划和土地利用规划要求，禁止在生活饮用水源保护区、风景名胜区、自然保护区的核心区和缓冲区、城市和城镇居民区、县级人民政府依法划定的禁养区域以及国家或地方法律、法规需特殊保护的其他区域建场，其次选址还应考虑畜禽场与周围环境保护目标的位置关系以及外环境的不利因素对畜禽生产的影响。

规模化畜禽养殖场选址确定之后，根据当地气象条件、畜禽场生产和环境保护要求，从保护人畜健康、预防交叉感染方面综合考虑，科学布局，合理绿化。

2. 采取清洁生产方式，减少粪污产生和排放　清洁生产是

将污染预防理念全方位持续地应用于蛋鸡生产全过程，通过不断改善管理和应用新技术，提高资源利用率，减少污染物排放量，减轻对环境和人类的危害。

就集约化蛋鸡场而言，主要是通过优化饲料配方、提高饲养管理水平、改良鸡舍结构和环境控制工艺、改进清粪工艺，建立低投入、高产出、高品质的无公害禽产品清洁生产技术体系，解决畜禽养殖场环境污染问题、实现企业的可持续发展。

3. 强化治污，实现污物的无害化、资源化和减量化　蛋鸡场产生的粪污包括粪便、病死鸡和污水。由于鸡粪本身既含有有机质、氮、磷等营养物质，同时又含有粪大肠菌群和寄生虫卵等病原体，因此应选择有效的处理工艺首先对其进行无害化处理，然后作为土壤肥料施入农田。

高温堆肥发酵是实现粪便无害化、资源化的有效途径之一。鸡场污水净化处理要选择合理、适用的污水净化处理工艺和技术路线，尽可能采用自然生物处理方法，实现达标排放。病死鸡应及时处理，严禁随意丢弃，严禁出售或作为饲料再利用，应采用焚烧炉焚烧的方法，如果量大要对焚烧产生的烟气采取有效的净化措施。

4. 维护生态平衡　集约化蛋鸡场建设需要长期占用土地，会破坏现有植被，影响现有动植物的生存和繁育；同时，大规模的工程施工有可能造成水土流失。为了保护生态环境，建设单位通过采取绿化等生态恢复以及生态监理措施避免生态环境受到破坏，保障生态系统平衡。

5. 确保污染物达标排放　规模化蛋鸡场建设项目污染源应从施工期到运行期进行全过程监控。主要污染源包括施工期的扬尘和噪声、土地占用和植被破坏，营运期的锅炉废气、粉碎设备粉尘、鸡舍恶臭、生产废水和生活污水等均应采用经济实用的环保设施和措施，确保污染物达标排放。

第四章　蛋鸡的饲料

饲料是影响蛋鸡生产性能和健康的重要因素，质量良好的饲料不仅能够让鸡群发挥最佳的生产性能，也能够增强鸡群的抗病力，也有助于减少饲料浪费。在大型蛋鸡场一般建有饲料厂，有专门的配方设计员、饲料化验员、原料采购员，可以根据自己的鸡群状况配制饲料；许多中小型蛋鸡场建有饲料加工车间，购买其他专业化饲料厂的预混合饲料或浓缩料，然后再按照要求添加其他原料，做成配合饲料使用。

在蛋鸡生产中要严格遵守饲料、饲料添加剂使用有关规定。

第一节　饲料原料

饲料原料的质量决定了配合饲料的质量和成本，因此在选择饲料原料方面要兼顾其营养价值、价格、安全性等因素。

一、蛋白质饲料

蛋白质饲料是指自然含水率低于45%，干物质中粗纤维低于18%且粗蛋白质含量达到或超过20%的饲料原料。在配合饲料中这类饲料主要是提供蛋白质，并能够提供一些其他营养成分。按照主要来源不同，在蛋鸡饲料原料中可分为植物性蛋白质

饲料、动物性蛋白质饲料和单细胞蛋白质饲料三大类。

（一）植物性蛋白质饲料

1. 豆粕 豆粕一般呈不规则碎片状，颜色为浅黄色至浅褐色，味道具有烤大豆香味。豆粕的主要成分为：蛋白质40% ~ 48%，赖氨酸2.5% ~ 3.0%，色氨酸0.6% ~ 0.7%，蛋氨酸0.5% ~0.7%。

豆粕是蛋鸡饲料中使用最多、最广泛的一种蛋白质饲料，甚至可以完全替代其他各种饼粕。

2. 膨化大豆粉 膨化大豆粉是采用大豆为原料，将整粒大豆磨碎，在调质机内注入蒸汽以提高水分及温度，然后通过挤压机的螺旋轴，经由螺旋、摩擦产生高温、高压，再由较尖的出口小孔喷出，在挤压机内受到短时间热压处理，挤出并干燥冷却后的产品。

膨化大豆粉的营养特点：高能量（3.75兆焦/千克）、高蛋白、高消化率，含有丰富的维生素E和卵磷脂，其油脂稳定，不易发生酸败，适口性好，养分浓度高，保存时间长；全脂大豆的蛋白质含量在35%以上，综合氨基酸消化率为92.5%；赖氨酸的消化率为90.6%；全脂大豆所含的油脂不低于16%，不仅消化率高，而且还含有丰富的磷脂、维生素E、亚麻仁酸、苏子油酸；膨化腔内温度达130 ~ 145℃，足以破坏抗营养因子，如胰蛋白酶抑制因子、尿素酶、血球凝集素等不利于动物消化的成分，同时又因最高温仅持续5 ~ 6秒，也不会降低氨基酸的利用价值；膨化过程中产生的高温高压将沙门杆菌、大肠杆菌等有害微生物全部杀死，大大提高卫生指标。

在蛋鸡生产中，膨化大豆粉可以用在雏鸡和产蛋高峰期的配合饲料中，也可在夏季饲料中使用。一般用量在6%左右。

3. 棉籽饼粕 棉籽饼粕粗蛋白含量较高，达34%以上，棉籽饼粕粗蛋白可达41% ~44%。氨基酸中赖氨酸较低，仅相当于大豆饼粕的50%～60%，蛋氨酸亦低，精氨酸含量较高。

由于棉籽饼粕中含有一些抗营养因子（毒素），因此需要限制其在蛋鸡配合饲料中的用量，一般不应超过5%，在种鸡饲料中尽量不用或用量不超过3%。棉籽饼粕中的抗营养因子主要为棉酚、环丙烯脂肪酸、单宁和植酸。棉籽饼粕对鸡的饲用价值主要取决于游离棉酚和粗纤维的含量。

4. 菜籽饼粕 菜籽饼粕均含有较高的粗蛋白质，为34%～38%。氨基酸组成平衡，含硫氨基酸较多，精氨酸含量低，精氨酸与赖氨酸的比例适宜，是一种氨基酸平衡良好的饲料。粗纤维含量较高，为12%～13%，有效能值较低。

菜籽饼粕在蛋鸡配合饲料中的用量也需要控制，一般不宜超过6%。菜籽饼粕因含有多种抗营养因子，饲喂价值明显低于大豆粕。并可引起甲状腺肿大，采食量下降，生产性能下降。褐壳蛋鸡采食多时，鸡蛋有鱼腥味，应谨慎使用。

5. 花生（仁）饼粕 花生（仁）饼粕的粗蛋白质含量约44%，花生（仁）饼粕的粗蛋白质含量约47%，蛋白质含量高，但63%为不溶于水的球蛋白，可溶于水的白蛋白仅占7%。氨基酸组成不平衡，赖氨酸、蛋氨酸含量偏低，精氨酸含量在所有植物性饲料中最高。

花生（仁）饼粕中含有少量胰蛋白酶抑制因子。花生（仁）饼粕极易感染黄曲霉，产生黄曲霉毒素，引起动物中毒。

6. 芝麻饼粕 芝麻饼粕蛋白质含量较高，约40%。氨基酸组成中蛋氨酸、色氨酸含量丰富，尤其蛋氨酸高达0.8%以上，为饼粕类之首；赖氨酸缺乏，精氨酸极高。

芝麻饼粕中的抗营养因子主要为植酸和草酸，二者能影响矿物质的消化和吸收。在配合饲料中的用量一般不超过3%。

7. 玉米蛋白粉 玉米蛋白粉粗蛋白质含量40%～60%，氨基酸组成不佳，蛋氨酸、精氨酸含量高，赖氨酸和色氨酸严重不

足；维生素中胡萝卜素含量较高，B族维生素少。富含色素，主要是叶黄素和玉米黄质，前者是玉米含量的15～20倍，是较好的着色剂。

（二）动物性蛋白质饲料

目前，在蛋鸡配合饲料中很少使用动物性蛋白质饲料原料，主要是因为这类原料的价格高，质量不稳定，另外也容易被微生物污染。如果这类原料的质量可靠、价格合理也可以适量使用。

1. 鱼粉　在国内市场上优质的鱼粉主要是从智利、巴西、秘鲁等国家进口的，其主要营养特点是蛋白质含量高，一般脱脂全鱼粉的粗蛋白质含量高达60%以上。氨基酸组成齐全、平衡，尤其是主要氨基酸与鸡体组织氨基酸组成基本一致。钙、磷含量高，比例适宜。微量元素中碘、硒含量高。富含维生素 B_{12}、脂溶性维生素A、维生素D、维生素E和未知生长因子。

一些国产鱼粉的质量不稳定，粗蛋白质含量在35%～55%，食盐含量在3%～7%，而且容易被掺杂，使用效果不可靠。

2. 肉骨粉与肉粉　因原料组成和肉、骨的比例不同，肉骨粉的质量差异较大，粗蛋白质为20%～50%、赖氨酸为1%～3%、含硫氨基酸为3%～6%、色氨酸低于0.5%；粗灰分为26%～40%、钙为7%～10%、磷为3.8%～5.0%，是动物良好的钙磷供源；脂肪为8%～18%；维生素 B_{12}、烟酸、胆碱含量丰富，维生素A、维生素D含量较少。

肉骨粉的原料很易感染沙门杆菌，在加工处理畜禽副产品过程中，要进行严格的消毒。

3. 血粉　血粉干物质中粗蛋白质含量一般在80%以上，赖氨酸含量居天然饲料之首，达6%～9%。总的氨基酸组成非常不平衡，色氨酸、亮氨酸、缬氨酸含量也高于其他动物性蛋白，但缺乏异亮氨酸、蛋氨酸。一般在配合饲料中的用量不超过3%。

（三）单细胞蛋白质饲料

单细胞蛋白质（SCP）是单细胞或具有简单构造的多细胞生物的菌体蛋白的统称。目前可供作饲料用的SCP微生物主要有：酵母、真菌、藻类及非病原性细菌四大类，其中以酵母使用最多。

单细胞蛋白质饲料由于原料及生产工艺不同，营养成分变化较大，一般风干制品中含粗蛋白质在50%以上。因为这类蛋白质是由多个独立生存的单细胞构成，富含多种酶系和B族维生素。必需氨基酸组成和利用率与优质豆饼相似。微量元素中富含铁、锌、硒。

二、能量饲料

1. 玉米 玉米为高能量饲料，代谢能（鸡）为13.56兆焦/千克。玉米的粗蛋白质含量一般为7%～9%，其品质较差，赖氨酸、蛋氨酸、色氨酸等必需氨基酸含量相对贫乏。粗脂肪含量为3%～4%，但高油玉米中粗脂肪含量可达8%以上，主要存在于胚芽中；其粗脂肪主要是甘油三酯，构成的脂肪酸主要为不饱和脂肪酸，如亚油酸占59%，油酸占27%，亚麻酸占0.8%，花生四烯酸占0.2%，硬脂酸占2%以上。

玉米中维生素含量较少，但维生素E含量较多，为20～30毫克/千克。黄玉米胚乳中含有较多的色素，主要是胡萝卜素、叶黄素和玉米黄素等。

玉米是蛋鸡配合饲料中使用最广泛、用量最大的原料，其用量可占全价配合饲料的55%～68%。

2. 小麦 小麦有效能值高，代谢能（鸡）为12.72兆焦/千克。粗蛋白质含量居谷实类之首位，一般达12%以上，但必需氨基酸尤其是赖氨酸不足，因而小麦蛋白质品质较差。无氮浸出物多，在其干物质中可达75%以上。粗脂肪含量低（约1.7%），

这是小麦能值低于玉米的原因之一。

小麦中含有一定量的非淀粉多糖，遇到水后会发黏而影响饲料的消化，如果在配合饲料中用小麦代替玉米的量超过10%，就要在饲料中添加专用酶制剂以解决这一问题。

3. 动物油脂　这是用家畜、家禽和鱼体组织（含内脏）提取的一类油脂。其成分以甘油三酯为主，另含少量的不皂化物和不溶物等。动物油脂中脂肪酸主要为饱和脂肪酸，但鱼油有高含量的不饱和脂肪酸。

4. 植物油脂　这类油脂是从植物种子中提取而得，主要成分为甘油三酯，另含少量的植物固醇与蜡质成分。大豆油、菜籽油、棕榈油等是这类油脂的代表。植物油脂中的脂肪酸主要为不饱和脂肪酸。

5. 饲料级水解油脂　这类油脂是指制取食用油或生产肥皂过程中所得的副产品，其主要成分为脂肪酸。

三、粗饲料

1. 小麦麸　小麦麸俗称麸皮，是以小麦籽实为原料加工面粉后的副产品。小麦麸的成分变异较大，主要受小麦品种、制粉工艺、面粉加工精度等因素影响。

小麦麸中粗蛋白质含量高于原粮，一般为12%～17%，氨基酸组成较佳，但蛋氨酸含量少。与原粮相比，小麦麸中无氮浸出物（60%左右）较少，但粗纤维含量高得多，多达10%，甚至更高。正是这个原因，小麦麸中有效能较低，代谢能（鸡）为6.82兆焦/千克。灰分较多，所含灰分中钙少（0.1%～0.2%）磷多（0.9%～1.4%），钙、磷比例极不平衡（约1:8），但其中磷多为（约75%）植酸磷。另外，小麦麸中铁、锰、锌较多。由于麦粒中B族维生素多集中在糊粉层与胚中，故小麦麸中B族维生素含量很高，如含核黄素3.5毫克/千克，硫胺素

8.9 毫克/千克。

2. 米糠 米糠是糙米精制时产生的果皮、种皮、外胚乳和糊粉层等的混合物。果皮和种皮的全部、外胚乳和糊粉层的部分，合称为米糠。米糠的品质与成分，因糙米精制程度而不同，精制的程度越高，米糠的饲用价值愈大。

米糠中粗蛋白质含量较高，约为13%，氨基酸的含量与一般谷物相似或稍高于谷物，但其赖氨酸含量高。脂肪含量高达10%～17%，脂肪酸组成中多为不饱和脂肪酸。粗纤维含量较多，质地疏松，容重较轻。但米糠中无氮浸出物含量不高，一般在50%以下。米糠中有效能较高，代谢能（鸡）为11.21兆焦/千克。有效能值高的原因显然与米糠粗脂肪含量高达10%～18%有关，脱脂后的米糠能值下降。所含矿物质中钙（0.07%）少磷（1.43%）多，钙、磷比例极不平衡（1:20），但80%以上的磷为植酸磷。B族维生素和维生素E丰富，如维生素B_1、维生素B_5、泛酸含量分别为19.6毫克/千克、303.0毫克/千克、25.8毫克/千克。

四、矿物质饲料

1. 石灰石粉 又称石粉，主要成分为碳酸钙（$CaCO_3$），一般含纯钙35%以上，是补充钙的最廉价、最方便的矿物质原料。

天然的石灰石中，只要铅、汞、砷、氟的含量不超过安全系数，都可用作饲料。石粉过量，会降低饲粮有机养分的消化率，还对青年鸡的肾脏有害，使泌尿系统尿酸盐过多沉积而发生炎症，甚至形成结石。蛋鸡过多接受石粉，蛋壳上会附着一层薄薄的细粒，影响蛋的合格率。

石粉作为钙的来源，对蛋鸡来讲，以粗为宜，粒度可达1.5～2.0毫米。较粗的粒度有助于保持血液中钙的浓度，满足形成蛋壳的需要，从而增加蛋壳强度，减少蛋的破损率，但粗粒影响饲料

的混合均匀度。

2. 贝壳粉　贝壳粉是各种贝类外壳（蚌壳、牡蛎壳、哈蜊壳、螺蛳壳等）经加工粉碎而成的粉状或粒状产品，多呈灰白色、灰色、灰褐色。主要成分为碳酸钙，含钙量应不低于33%。品质好的贝壳粉杂质少，含钙高，呈白色粉状或片状，用于蛋鸡或种鸡的饲料中，可提高蛋壳强度，减少破蛋、软蛋，片状贝壳粉效果更佳。鸡对贝壳粉的粒度要求：蛋鸡以70%通过1.8毫米、肉鸡以60%通过0.30毫米筛为宜。

贝壳粉内常掺杂沙石和泥土等杂质，使用时应注意检查。另外若贝肉未除尽，加之贮存不当，堆积日久易出现发霉、腐臭等情况，这会使其饲料价值显著降低。选购及应用时要特别注意。

3. 磷酸氢钙　也叫磷酸二钙，为白色或灰白色的粉末或粒状产品，又分为无水盐和二水盐两种，后者的钙、磷利用率较高。磷酸二钙一般是在干式法磷酸液或精制湿式法磷酸液中加入石灰乳或磷酸钙而制成的。市售品中除含有无水磷酸二钙外，还含少量的磷酸一钙及未反应的磷酸钙。含磷18%以上，钙21%以上。饲料级磷酸氢钙应注意脱氟处理，含氟量不得超过标准。

4. 骨粉　骨粉是以家畜骨骼为原料加工而成的，由于加工方法的不同，成分含量及名称各不相同，是补充钙、磷需要的良好来源。

骨粉是鸡的配合饲料中常用的磷源饲料，优质骨粉含磷量可以达到12%以上，钙磷比例为2∶1左右，符合动物机体的需要，同时还富含多种微量元素。一般在鸡饲料中添加量为1%～3%。值得注意的是，用简易方法生产的骨粉，即不经脱脂、脱胶和热压灭菌而直接粉碎制成的生骨粉，因含有较多的脂肪和蛋白，易腐败变质。

5. 氯化钠　氯化钠（NaCl）一般称为食盐，精制食盐含氯化钠99%以上，粗盐含氯化钠为95%。食盐除了具有维持体液渗透压和酸碱平衡的作用外，还可刺激唾液分泌，提高饲料适口性，增强动物食欲，具有调味剂的作用。

对于鸡来讲，因饲粮中食盐配合过多或混合不匀易引起食盐中毒。雏鸡饲料中若配合 0.7% 以上的食盐，则会出现生长受阻，甚至有死亡现象。产蛋鸡饲料中含盐超过 1% 时，可引起饮水增多，粪便变稀，产蛋率下降。蛋鸡各个阶段的添加量一般以 0.35% 左右为宜。

6. 碳酸氢钠 又名小苏打，分子式为 $NaHCO_3$，为无色结晶粉末，无味，略具潮解性，其水溶液因水解而呈微碱性，受热易分解放出二氧化碳。碳酸氢钠含钠 27% 以上，生物利用率高，是优质的钠源性矿物质饲料之一。

碳酸氢钠不仅可以补充钠，更重要的是具有缓冲作用，能够调节饲粮电解质平衡和胃肠道 pH 值。夏季在肉鸡和蛋鸡饲粮中添加碳酸氢钠可减缓热应激，防止生产性能的下降。添加量一般为 0.5%。

五、饲料添加剂

（一）营养性添加剂

主要用于补充常规饲料原料中某种（某些）微量营养成分的不足。

1. 氨基酸添加剂 氨基酸是组成蛋白质的基本单位，蛋白质的营养实际上是氨基酸的营养，氨基酸的组成不同，其蛋白质的营养价值也不一样。组成动植物蛋白质的氨基酸常见的有 20 多种，其中有些氨基酸称为必需氨基酸，它们是指动物自身不能合成或能合成但合成速度慢，且数量少不能满足正常需要，必需由饲料供给的氨基酸。单胃成年动物需 8 种必需氨基酸（赖氨酸、蛋氨酸、色氨酸、缬氨酸、苯丙氨酸、亮氨酸、异亮氨酸、苏氨酸），生长期还需组氨酸、精氨酸，雏禽还需甘氨酸、胱氨

酸、酪氨酸共有13种。

目前，在蛋鸡饲料配制中使用的主要有赖氨酸添加剂、蛋氨酸添加剂、精氨酸添加剂和色氨酸添加剂。氨基酸添加剂主要用于平衡或补足某种特定生产目的所要求的需要量。使用的量是根据主原料搭配后是否缺乏某种氨基酸以及缺乏量的多少决定是否添加或添加剂量。

2. 维生素添加剂　维生素是一类机体维持正常代谢和生理功能所必需的，且需要量很少的低分子有机化合物。维生素不是形成机体各种组织器官的原料，也不能提供能量，它们主要以辅酶（或辅基）的形式参与体内代谢的多种化学反应。

维生素一般分为脂溶性维生素和水溶性维生素。脂溶性维生素可溶解于油脂以及溶解油脂的溶剂，常用的有4种：维生素A、维生素D、维生素E、维生素K。水溶性维生素常见的有10种，即维生素B_1（硫胺素），维生素B_2（核黄素），泛酸（偏多酸），胆碱，尼克酸（维生素PP，烟酸），维生素B_6（吡哆酸），维生素B_{11}（叶酸），维生素B_{12}（氰钴胺酸），生物素（维生素H）和维生素C（抗坏血酸）。

在一般的蛋鸡场使用的维生素添加剂包括单体维生素和复合维生素添加剂。复合维生素添加剂中包含了绝大多数的脂溶性和水溶性维生素，直接用于饲料配制；单体维生素常常用于生产中容易出现不足的维生素缺乏症的防治。

3. 微量元素添加剂　这类添加剂主要是补充常规饲料原料中微量矿物质元素的不足，其含有的主要成分包括铁（Fe）、铜（Cu）、锰（Mn）、锌（Zn）、碘（I）、硒（Se）等。微量元素是动物生存必需的营养素，在动物体内及饲料中含量虽少，但对于蛋鸡的生长发育和健康却关系重大。到目前为止，微量元素营养经历了无机盐、简单有机化合物和微量元素氨基酸螯合物及缓释微量元素四个发展阶段。

在蛋鸡配合饲料生产中一般都使用复合微量元素添加剂。

（二）非营养性添加剂

这类添加剂本身的作用不是以提供营养素为主，而是通过提高饲料消化率、改善机体生理状况、提高免疫力、改善产品外观品质等途径提高鸡群的生产性能和效益。

1. 酶制剂 饲料酶制剂是为了提高动物对饲料的消化、利用或改善动物体内的代谢效能而加入饲料中的酶类物质。目前可以在饲料中添加的酶制剂包括淀粉酶、α－半乳糖苷酶、纤维素酶、β－葡聚糖酶、葡萄糖氧化酶、脂肪酶、麦芽糖酶、甘露聚糖酶、果胶酶、植酸酶、蛋白酶、角蛋白酶、木聚糖酶等。

蛋鸡生产中常用的酶制剂主要是植酸酶、木聚糖酶和β－葡聚糖酶等。使用什么样的酶制剂应该考虑配制饲料所使用的主要原料的营养特点。

2. 益生素类添加剂 益生素是采用农业部认可的动物肠道有益微生物经发酵、纯化、干燥而精制的复合生物制剂。益生素在消化道中会产生有机酸（如乳酸等），它的酸化作用可提高日粮养分利用率，促进动物生长，防止腹泻；产生的淀粉酶、蛋白酶、多聚糖酶等碳水化合物分解酶，能消除抗营养因子，促进动物的消化吸收，提高饲料利用率；它能够合成维生素、螯合矿物元素，为动物提供必需的营养补充。有益微生物分泌的杀菌物质，能够抑制动物内致病菌和腐败菌的生长，改善动物微生态环境，提高机体免疫力。

3. 脱霉剂 主要用于吸附或破坏饲料中的霉菌毒素。脱霉剂类型较多：一是黏土吸附剂类，利用四面体层间多空结构与表面形成的离子极性，强吸附同样具有离子极性的真菌毒素，强大的吸附力来自于超大的表面积与静电吸附；二是酵母细胞壁提取物，利用酵母细胞壁内的葡萄糖甘露聚糖的化学结构与同样属于有机类的霉菌毒素的亲和性，吸附霉菌毒素；三是利用某种物质

（如某种或某些酶）对霉菌毒素进行降解以破坏其结构。

4. 抗氧化剂　主要是防止饲料（或原料）中的营养素被氧化破坏。

5. 食用色素　在蛋鸡生产中主要用于改善蛋黄颜色。国家批准允许使用的食用天然色素共有48种：包括天然β－胡萝卜素、甜菜红、姜黄、红花黄、紫胶红、越橘红、辣椒红、辣椒橙、焦糖色（不加氨生产）、焦糖色生产焦糖色（加氨生产）、红米红、菊花黄浸膏、黑豆红、高粱红、玉米黄、萝卜红；可可壳色、红曲米、红曲红、落葵红、黑加伦红、栀子黄、栀子兰，沙棘黄、玫瑰茄红、橡子壳棕、多惠柯棕、桑葚红、天然芥菜红、金樱子棕；姜黄素、花生衣红、葡萄皮红；蓝靛果红；藻蓝素、植物炭黑、柠檬黄、紫草红；茶黄色素、茶绿色素、柑橘黄、胭脂树橙（红木素/降红木素）、胭脂虫红、氧化铁（黑）等。常用的天然着色剂有辣椒红、甜菜红、红曲红、胭脂虫红、高粱红、叶绿素铜钠、姜黄、栀子黄、胡萝卜素、藻蓝素、可可色素、焦糖色素等。

国内蛋鸡生产中使用的较多的合成色素有苋菜红、胭脂红、柠檬黄、日落黄、靛蓝、栀子黄、辣椒红等。

六、饲料和饲料添加剂生产使用的相关规定

为了保证畜禽产品质量安全，国家在饲料和饲料添加剂的生产使用方面都做出了明确的规定，制定了相应的规范和制度，无论是在饲料和添加剂生产或是使用过程中都必须严格遵守。

规定一：

饲料和饲料添加剂管理条例

2011年10月26日国务院第177次常务会议修订通过了《饲料和饲料添加剂管理条例》。

第一章　总　则

第一条　为了加强对饲料、饲料添加剂的管理，提高饲料、饲料添加剂的质量，保障动物产品质量安全，维护公众健康，制定本条例。

第二条　本条例所称饲料，是指经工业化加工、制作的供动物食用的产品，包括单一饲料、添加剂预混合饲料、浓缩饲料、配合饲料和精料补充料。

本条例所称饲料添加剂，是指在饲料加工、制作、使用过程中添加的少量或者微量物质，包括营养性饲料添加剂和一般饲料添加剂。

饲料原料目录和饲料添加剂品种目录由国务院农业行政主管部门制定并公布。

第三条　国务院农业行政主管部门负责全国饲料、饲料添加剂的监督管理工作。

县级以上地方人民政府负责饲料、饲料添加剂管理的部门（以下简称饲料管理部门），负责本行政区域饲料、饲料添加剂的监督管理工作。

第四条　县级以上地方人民政府统一领导本行政区域饲料、饲料添加剂的监督管理工作，建立健全监督管理机制，保障监督管理工作的开展。

第五条　饲料、饲料添加剂生产企业、经营者应当建立健全质量安全制度，对其生产、经营的饲料、饲料添加剂的质量安全负责。

第六条　任何组织或者个人有权举报在饲料、饲料添加剂生产、经营、使用过程中违反本条例的行为，有权对饲料、饲料添加剂监督管理工作提出意见和建议。

第二章　审定和登记

第七条　国家鼓励研制新饲料、新饲料添加剂。

研制新饲料、新饲料添加剂，应当遵循科学、安全、有效、环保的原则，保证新饲料、新饲料添加剂的质量安全。

第八条　研制的新饲料、新饲料添加剂投入生产前，研制者或者生产企业应当向国务院农业行政主管部门提出审定申请，并提供该新饲料、新饲料添加剂的样品和下列资料：

（一）名称、主要成分、理化性质、研制方法、生产工艺、质量标准、检测方法、检验报告、稳定性试验报告、环境影响报告和污染防治措施；

（二）国务院农业行政主管部门指定的试验机构出具的该新饲料、新饲料添加剂的饲喂效果、残留消解动态以及毒理学安全性评价报告。

申请新饲料添加剂审定的，还应当说明该新饲料添加剂的添加目的、使用方法，并提供该饲料添加剂残留可能对人体健康造成影响的分析评价报告。

第九条　国务院农业行政主管部门应当自受理申请之日起5个工作日内，将新饲料、新饲料添加剂的样品和申请资料交全国饲料评审委员会，对该新饲料、新饲料添加剂的安全性、有效性及其对环境的影响进行评审。

全国饲料评审委员会由养殖、饲料加工、动物营养、毒理、药理、代谢、卫生、化工合成、生物技术、质量标准、环境保护、食品安全风险评估等方面的专家组成。全国饲料评审委员会对新饲料、新饲料添加剂的评审采取评审会议的形式，评审会议应当有9名以上全国饲料评审委员会专家参加，根据需要也可以邀请1至2名全国饲料评审委员会专家以外的专家参加，参加评审的专家对评审事项具有表决权。评审会议应当形成评审意见和会议纪要，并由参加评审的专家审核签字；有不同意见的，应当注明。参加评审的专家应当依法公平、公正履行职责，对评审资料保密，存在回避事由的，应当主动回避。

全国饲料评审委员会应当自收到新饲料、新饲料添加剂的样品和申请资料之日起9个月内出具评审结果并提交国务院农业行政主管部门；但是，全国饲料评审委员会决定由申请人进行相关试验的，经国务院农业行政主管部门同意，评审时间可以延长3个月。

国务院农业行政主管部门应当自收到评审结果之日起10个工作日内做出是否核发新饲料、新饲料添加剂证书的决定；决定不予核发的，应当书面通知申请人并说明理由。

第十条　国务院农业行政主管部门核发新饲料、新饲料添加剂证书，应当同时按照职责权限公布该新饲料、新饲料添加剂的产品质量标准。

第十一条　新饲料、新饲料添加剂的监测期为5年。新饲料、新饲料添加剂处于监测期的，不受理其他就该新饲料、新饲料添加剂的生产申请和进口登记申请，但超过3年不投入生产的除外。

生产企业应当收集处于监测期的新饲料、新饲料添加剂的质量稳定性及其对动物产品质量安全的影响等信息，并向国务院农业行政主管部门报告；国务院农业行政主管部门应当对新饲料、新饲料添加剂的质量安全状况组织跟踪监测，证实其存在安全问题的，应当撤销新饲料、新饲料添加剂证书并予以公告。

第十二条　向中国出口中国境内尚未使用但出口国已经批准生产和使用的饲料、饲料添加剂的，应当委托中国境内代理机构向国务院农业行政主管部门申请登记，并提供该饲料、饲料添加剂的样品和下列资料：

（一）商标、标签和推广应用情况；

（二）生产地批准生产、使用的证明和生产地以外其他国家、地区的登记资料；

（三）主要成分、理化性质、研制方法、生产工艺、质量标

准、检测方法、检验报告、稳定性试验报告、环境影响报告和污染防治措施；

（四）国务院农业行政主管部门指定的试验机构出具的该饲料、饲料添加剂的饲喂效果、残留消解动态以及毒理学安全性评价报告。

申请饲料添加剂进口登记的，还应当说明该饲料添加剂的添加目的、使用方法，并提供该饲料添加剂残留可能对人体健康造成影响的分析评价报告。

国务院农业行政主管部门应当依照本条例第九条规定的新饲料、新饲料添加剂的评审程序组织评审，并决定是否核发饲料、饲料添加剂进口登记证。

首次向中国出口中国境内已经使用且出口国已经批准生产和使用的饲料、饲料添加剂的，应当依照本条第一款、第二款的规定申请登记。国务院农业行政主管部门应当自受理申请之日起10个工作日内对申请资料进行审查；审查合格的，将样品交由指定的机构进行复核检测；复核检测合格的，国务院农业行政主管部门应当在10个工作日内核发饲料、饲料添加剂进口登记证。

饲料、饲料添加剂进口登记证有效期为5年。进口登记证有效期满需要继续向中国出口饲料、饲料添加剂的，应当在有效期届满6个月前申请续展。

禁止进口未取得饲料、饲料添加剂进口登记证的饲料、饲料添加剂。

第十三条　国家对已经取得新饲料、新饲料添加剂证书或者饲料、饲料添加剂进口登记证的、含有新化合物的饲料、饲料添加剂的申请人提交的其自己所取得且未披露的试验数据和其他数据实施保护。

自核发证书之日起6年内，对其他申请人未经已取得新饲料、新饲料添加剂证书或者饲料、饲料添加剂进口登记证的申请人同意，使用前款规定的数据申请新饲料、新饲料添加剂审定或者饲料、饲料添加剂进口登记的，国务院农业行政主管部门不予审定或者登记；但是，其他申请人提交其自己所取得的数据的除外。

除下列情形外，国务院农业行政主管部门不得披露本条第一款规定的数据：

（一）公共利益需要；

（二）已采取措施确保该类信息不会被不正当地进行商业使用。

第三章　生产、经营和使用

第十四条　设立饲料、饲料添加剂生产企业，应当符合饲料工业发展规划和产业政策，并具备下列条件：

（一）有与生产饲料、饲料添加剂相适应的厂房、设备和仓储设施；

（二）有与生产饲料、饲料添加剂相适应的专职技术人员；

（三）有必要的产品质量检验机构、人员、设施和质量管理制度；

（四）有符合国家规定的安全、卫生要求的生产环境；

（五）有符合国家环境保护要求的污染防治措施；

（六）国务院农业行政主管部门制定的饲料、饲料添加剂质量安全管理规范规定的其他条件。

第十五条　申请设立饲料添加剂、添加剂预混合饲料生产企业，申请人应当向省、自治区、直辖市人民政府饲料管理部门提出申请。省、自治区、直辖市人民政府饲料管理部门应当自受理申请之日起20个工作日内进行书面审查和现场审核，并将相关资料和审查、审核意见上报国务院农业行政主管部门。国务院农业行政主管部门收到资料和审查、审核意见后应当组织评审，根据评审结果在10个工作日内做出是否核发生产许可证的决定，

并将决定抄送省、自治区、直辖市人民政府饲料管理部门。

申请设立其他饲料生产企业，申请人应当向省、自治区、直辖市人民政府饲料管理部门提出申请。省、自治区、直辖市人民政府饲料管理部门应当自受理申请之日起10个工作日内进行书面审查；审查合格的，组织进行现场审核，并根据审核结果在10个工作日内做出是否核发生产许可证的决定。

申请人凭生产许可证办理工商登记手续。

生产许可证有效期为5年。生产许可证有效期满需要继续生产饲料、饲料添加剂的，应当在有效期届满6个月前申请续展。

第十六条 饲料添加剂、添加剂预混合饲料生产企业取得国务院农业行政主管部门核发的生产许可证后，由省、自治区、直辖市人民政府饲料管理部门按照国务院农业行政主管部门的规定，核发相应的产品批准文号。

第十七条 饲料、饲料添加剂生产企业应当按照国务院农业行政主管部门的规定和有关标准，对采购的饲料原料、单一饲料、饲料添加剂、药物饲料添加剂、添加剂预混合饲料和用于饲料添加剂生产的原料进行查验或者检验。

饲料生产企业使用限制使用的饲料原料、单一饲料、饲料添加剂、药物饲料添加剂、添加剂预混合饲料生产饲料的，应当遵守国务院农业行政主管部门的限制性规定。禁止使用国务院农业行政主管部门公布的饲料原料目录、饲料添加剂品种目录和药物饲料添加剂品种目录以外的任何物质生产饲料。

饲料、饲料添加剂生产企业应当如实记录采购的饲料原料、单一饲料、饲料添加剂、药物饲料添加剂、添加剂预混合饲料和用于饲料添加剂生产的原料的名称、产地、数量、保质期、许可证明文件编号、质量检验信息、生产企业名称或者供货者名称及其联系方式、进货日期等。记录保存期限不得少于2年。

第十八条 饲料、饲料添加剂生产企业，应当按照产品质量标准以及国务院农业行政主管部门制定的饲料、饲料添加剂质量安全管理规范和饲料添加剂安全使用规范组织生产，对生产过程实施有效控制并实行生产记录和产品留样观察制度。

第十九条　饲料、饲料添加剂生产企业应当对生产的饲料、饲料添加剂进行产品质量检验；检验合格的，应当附具产品质量检验合格证。未经产品质量检验、检验不合格或者未附具产品质量检验合格证的，不得出厂销售。

饲料、饲料添加剂生产企业应当如实记录出厂销售的饲料、饲料添加剂的名称、数量、生产日期、生产批次、质量检验信息、购货者名称及其联系方式、销售日期等。记录保存期限不得少于2年。

第二十条　出厂销售的饲料、饲料添加剂应当包装，包装应当符合国家有关安全、卫生的规定。

饲料生产企业直接销售给养殖者的饲料可以使用罐装车运输。罐装车应当符合国家有关安全、卫生的规定，并随罐装车附具符合本条例第二十一条规定的标签。

易燃或者其他特殊的饲料、饲料添加剂的包装应当有警示标志或者说明，并注明贮运注意事项。

第二十一条　饲料、饲料添加剂的包装上应当附具标签。标签应当以中文或者适用符号标明产品名称、原料组成、产品成分分析保证值、净重或者净含量、贮存条件、使用说明、注意事项、生产日期、保质期、生产企业名称以及地址、许可证明文件编号和产品质量标准等。加入药物饲料添加剂的，还应当标明“加入药物饲料添加剂”字样，并标明其通用名称、含量和休药期。乳和乳制品以外的动物源性饲料，还应当标明“本产品不得饲喂反刍动物”字样。

第二十二条　饲料、饲料添加剂经营者应当符合下列条件：

（一）有与经营饲料、饲料添加剂相适应的经营场所和仓贮

设施；

（二）有具备饲料、饲料添加剂使用、贮存等知识的技术人员；

（三）有必要的产品质量管理和安全管理制度。

第二十三条　饲料、饲料添加剂经营者进货时应当查验产品标签、产品质量检验合格证和相应的许可证明文件。

饲料、饲料添加剂经营者不得对饲料、饲料添加剂进行拆包、分装，不得对饲料、饲料添加剂进行再加工或者添加任何物质。

禁止经营用国务院农业行政主管部门公布的饲料原料目录、饲料添加剂品种目录和药物饲料添加剂品种目录以外的任何物质生产的饲料。

饲料、饲料添加剂经营者应当建立产品购销台账，如实记录购销产品的名称、许可证明文件编号、规格、数量、保质期、生产企业名称或者供货者名称及其联系方式、购销时间等。购销台账保存期限不得少于 2 年。

第二十四条　向中国出口的饲料、饲料添加剂应当包装，包装应当符合中国有关安全、卫生的规定，并附具符合本条例第二十一条规定的标签。

向中国出口的饲料、饲料添加剂应当符合中国有关检验检疫的要求，由出入境检验检疫机构依法实施检验检疫，并对其包装和标签进行核查。包装和标签不符合要求的，不得入境。

境外企业不得直接在中国销售饲料、饲料添加剂。境外企业在中国销售饲料、饲料添加剂的，应当依法在中国境内设立销售机构或者委托符合条件的中国境内代理机构销售。

第二十五条　养殖者应当按照产品使用说明和注意事项使用饲料。在饲料或者动物饮用水中添加饲料添加剂的，应当符合饲料添加剂使用说明和注意事项的要求，遵守国务院农业行政主管部门制定的饲料添加剂安全使用规范。

养殖者使用自行配制的饲料的，应当遵守国务院农业行政主管部门制定的自行配制饲料使用规范，并不得对外提供自行配制的饲料。

使用限制使用的物质养殖动物的，应当遵守国务院农业行政主管部门的限制性规定。禁止在饲料、动物饮用水中添加国务院农业行政主管部门公布禁用的物质以及对人体具有直接或者潜在危害的其他物质，或者直接使用上述物质养殖动物。禁止在反刍动物饲料中添加乳和乳制品以外的动物源性成分。

第二十六条　国务院农业行政主管部门和县级以上地方人民政府饲料管理部门应当加强饲料、饲料添加剂质量安全知识的宣传，提高养殖者的质量安全意识，指导养殖者安全、合理使用饲料、饲料添加剂。

第二十七条　饲料、饲料添加剂在使用过程中被证实对养殖动物、人体健康或者环境有害的，由国务院农业行政主管部门决定禁用并予以公布。

第二十八条　饲料、饲料添加剂生产企业发现其生产的饲料、饲料添加剂对养殖动物、人体健康有害或者存在其他安全隐患的，应当立即停止生产，通知经营者、使用者，向饲料管理部门报告，主动召回产品，并记录召回和通知情况。召回的产品应当在饲料管理部门监督下予以无害化处理或者销毁。

饲料、饲料添加剂经营者发现其销售的饲料、饲料添加剂具有前款规定情形的，应当立即停止销售，通知生产企业、供货者和使用者，向饲料管理部门报告，并记录通知情况。

养殖者发现其使用的饲料、饲料添加剂具有本条第一款规定情形的，应当立即停止使用，通知供货者，并向饲料管理部门报告。

第二十九条　禁止生产、经营、使用未取得新饲料、新饲料

添加剂证书的新饲料、新饲料添加剂以及禁用的饲料、饲料添加剂。

禁止经营、使用无产品标签、无生产许可证、无产品质量标准、无产品质量检验合格证的饲料、饲料添加剂。禁止经营、使用无产品批准文号的饲料添加剂、添加剂预混合饲料。禁止经营、使用未取得饲料、饲料添加剂进口登记证的进口饲料、进口饲料添加剂。

第三十条　禁止对饲料、饲料添加剂做具有预防或者治疗动物疾病作用的说明或者宣传。但是，饲料中添加药物饲料添加剂的，可以对所添加的药物饲料添加剂的作用加以说明。

第三十一条　国务院农业行政主管部门和省、自治区、直辖市人民政府饲料管理部门应当按照职责权限对全国或者本行政区域饲料、饲料添加剂的质量安全状况进行监测，并根据监测情况发布饲料、饲料添加剂质量安全预警信息。

第三十二条　国务院农业行政主管部门和县级以上地方人民政府饲料管理部门，应当根据需要定期或者不定期组织实施饲料、饲料添加剂监督抽查；饲料、饲料添加剂监督抽查检测工作由国务院农业行政主管部门或者省、自治区、直辖市人民政府饲料管理部门指定的具有相应技术条件的机构承担。饲料、饲料添加剂监督抽查不得收费。

国务院农业行政主管部门和省、自治区、直辖市人民政府饲料管理部门应当按照职责权限公布监督抽查结果，并可以公布具有不良记录的饲料、饲料添加剂生产企业、经营者名单。

第三十三条　县级以上地方人民政府饲料管理部门应当建立饲料、饲料添加剂监督管理档案，记录日常监督检查、违法行为查处等情况。

第三十四条　国务院农业行政主管部门和县级以上地方人民政府饲料管理部门在监督检查中可以采取下列措施：

（一）对饲料、饲料添加剂生产、经营、使用场所实施现场检查；

（二）查阅、复制有关合同、票据、账簿和其他相关资料；

（三）查封、扣押有证据证明用于违法生产饲料的饲料原料、单一饲料、饲料添加剂、药物饲料添加剂、添加剂预混合饲料，用于违法生产饲料添加剂的原料，用于违法生产饲料、饲料添加剂的工具、设施，违法生产、经营、使用的饲料、饲料添加剂；

（四）查封违法生产、经营饲料、饲料添加剂的场所。

第四章　法律责任

第三十五条　国务院农业行政主管部门、县级以上地方人民政府饲料管理部门或者其他依照本条例规定行使监督管理权的部门及其工作人员，不履行本条例规定的职责或者滥用职权、玩忽职守、徇私舞弊的，对直接负责的主管人员和其他直接责任人员，依法给予处分；直接负责的主管人员和其他直接责任人员构成犯罪的，依法追究刑事责任。

第三十六条　提供虚假的资料、样品或者采取其他欺骗方式取得许可证明文件的，由发证机关撤销相关许可证明文件，处5万元以上10万元以下罚款，申请人3年内不得就同一事项申请行政许可。以欺骗方式取得许可证明文件给他人造成损失的，依法承担赔偿责任。

第三十七条　假冒、伪造或者买卖许可证明文件的，由国务院农业行政主管部门或者县级以上地方人民政府饲料管理部门按照职责权限收缴或者吊销、撤销相关许可证明文件；构成犯罪的，依法追究刑事责任。

第三十八条　未取得生产许可证生产饲料、饲料添加剂的，由县级以上地方人民政府饲料管理部门责令停止生产，没收违法所得、违法生产的产品和用于违法生产饲料的饲料原料、单一饲

料、饲料添加剂、药物饲料添加剂、添加剂预混合饲料以及用于违法生产饲料添加剂的原料，违法生产的产品货值金额不足1万元的，并处1万元以上5万元以下罚款，货值金额1万元以上的，并处货值金额5倍以上10倍以下罚款；情节严重的，没收其生产设备，生产企业的主要负责人和直接负责的主管人员10年内不得从事饲料、饲料添加剂生产、经营活动。

已经取得生产许可证，但不再具备本条例第十四条规定的条件而继续生产饲料、饲料添加剂的，由县级以上地方人民政府饲料管理部门责令停止生产、限期改正，并处1万元以上5万元以下罚款；逾期不改正的，由发证机关吊销生产许可证。

已经取得生产许可证，但未取得产品批准文号而生产饲料添加剂、添加剂预混合饲料的，由县级以上地方人民政府饲料管理部门责令停止生产，没收违法所得、违法生产的产品和用于违法生产饲料的饲料原料、单一饲料、饲料添加剂、药物饲料添加剂以及用于违法生产饲料添加剂的原料，限期补办产品批准文号，并处违法生产的产品货值金额1倍以上3倍以下罚款；情节严重的，由发证机关吊销生产许可证。

第三十九条　饲料、饲料添加剂生产企业有下列行为之一的，由县级以上地方人民政府饲料管理部门责令改正，没收违法所得、违法生产的产品和用于违法生产饲料的饲料原料、单一饲料、饲料添加剂、药物饲料添加剂、添加剂预混合饲料以及用于违法生产饲料添加剂的原料，违法生产的产品货值金额不足1万元的，并处1万元以上5万元以下罚款，货值金额1万元以上的，并处货值金额5倍以上10倍以下罚款；情节严重的，由发证机关吊销、撤销相关许可证明文件，生产企业的主要负责人和直接负责的主管人员10年内不得从事饲料、饲料添加剂生产、经营活动；构成犯罪的，依法追究刑事责任：

（一）使用限制使用的饲料原料、单一饲料、饲料添加剂、

药物饲料添加剂、添加剂预混合饲料生产饲料，不遵守国务院农业行政主管部门的限制性规定的；

（二）使用国务院农业行政主管部门公布的饲料原料目录、饲料添加剂品种目录和药物饲料添加剂品种目录以外的物质生产饲料的；

（三）生产未取得新饲料、新饲料添加剂证书的新饲料、新饲料添加剂或者禁用的饲料、饲料添加剂的。

第四十条　饲料、饲料添加剂生产企业有下列行为之一的，由县级以上地方人民政府饲料管理部门责令改正，处1万元以上2万元以下罚款；拒不改正的，没收违法所得、违法生产的产品和用于违法生产饲料的饲料原料、单一饲料、饲料添加剂、药物饲料添加剂、添加剂预混合饲料以及用于违法生产饲料添加剂的原料，并处5万元以上10万元以下罚款；情节严重的，责令停止生产，可以由发证机关吊销、撤销相关许可证明文件：

（一）不按照国务院农业行政主管部门的规定和有关标准对采购的饲料原料、单一饲料、饲料添加剂、药物饲料添加剂、添加剂预混合饲料和用于饲料添加剂生产的原料进行查验或者检验的；

（二）饲料、饲料添加剂生产过程中不遵守国务院农业行政主管部门制定的饲料、饲料添加剂质量安全管理规范和饲料添加剂安全使用规范的；

（三）生产的饲料、饲料添加剂未经产品质量检验的。

第四十一条　饲料、饲料添加剂生产企业不依照本条例规定实行采购、生产、销售记录制度或者产品留样观察制度的，由县级以上地方人民政府饲料管理部门责令改正，处1万元以上2万元以下罚款；拒不改正的，没收违法所得、违法生产的产品和用于违法生产饲料的饲料原料、单一饲料、饲料添加剂、药物饲料添加剂、添加剂预混合饲料以及用于违法生产饲料添加剂的原

料，处2万元以上5万元以下罚款，并可以由发证机关吊销、撤销相关许可证明文件。

饲料、饲料添加剂生产企业销售的饲料、饲料添加剂未附具产品质量检验合格证或者包装、标签不符合规定的，由县级以上地方人民政府饲料管理部门责令改正；情节严重的，没收违法所得和违法销售的产品，可以处违法销售的产品货值金额30%以下罚款。

第四十二条　不符合本条例第二十二条规定的条件经营饲料、饲料添加剂的，由县级人民政府饲料管理部门责令限期改正；逾期不改正的，没收违法所得和违法经营的产品，违法经营的产品货值金额不足1万元的，并处2 000元以上2万元以下罚款，货值金额1万元以上的，并处货值金额2倍以上5倍以下罚款；情节严重的，责令停止经营，并通知工商行政管理部门，由工商行政管理部门吊销营业执照。

第四十三条　饲料、饲料添加剂经营者有下列行为之一的，由县级人民政府饲料管理部门责令改正，没收违法所得和违法经营的产品，违法经营的产品货值金额不足1万元的，并处2 000元以上2万元以下罚款，货值金额1万元以上的，并处货值金额2倍以上5倍以下罚款；情节严重的，责令停止经营，并通知工商行政管理部门，由工商行政管理部门吊销营业执照；构成犯罪的，依法追究刑事责任：

（一）对饲料、饲料添加剂进行再加工或者添加物质的；

（二）经营无产品标签、无生产许可证、无产品质量检验合格证的饲料、饲料添加剂的；

（三）经营无产品批准文号的饲料添加剂、添加剂预混合饲料的；

（四）经营用国务院农业行政主管部门公布的饲料原料目录、饲料添加剂品种目录和药物饲料添加剂品种目录以外的物质生产的饲料的；

（五）经营未取得新饲料、新饲料添加剂证书的新饲料、新饲料添加剂或者未取得饲料、饲料添加剂进口登记证的进口饲料、进口饲料添加剂以及禁用的饲料、饲料添加剂的。

第四十四条　饲料、饲料添加剂经营者有下列行为之一的，由县级人民政府饲料管理部门责令改正，没收违法所得和违法经营的产品，并处2 000元以上1万元以下罚款：

（一）对饲料、饲料添加剂进行拆包、分装的；

（二）不依照本条例规定实行产品购销台账制度的；

（三）经营的饲料、饲料添加剂失效、霉变或者超过保质期的。

第四十五条　对本条例第二十八条规定的饲料、饲料添加剂，生产企业不主动召回的，由县级以上地方人民政府饲料管理部门责令召回，并监督生产企业对召回的产品予以无害化处理或者销毁；情节严重的，没收违法所得，并处应召回的产品货值金额1倍以上3倍以下罚款，可以由发证机关吊销、撤销相关许可证明文件；生产企业对召回的产品不予以无害化处理或者销毁的，由县级人民政府饲料管理部门代为销毁，所需费用由生产企业承担。

对本条例第二十八条规定的饲料、饲料添加剂，经营者不停止销售的，由县级以上地方人民政府饲料管理部门责令停止销售；拒不停止销售的，没收违法所得，处1 000元以上5万元以下罚款；情节严重的，责令停止经营，并通知工商行政管理部门，由工商行政管理部门吊销营业执照。

第四十六条　饲料、饲料添加剂生产企业、经营者有下列行为之一的，由县级以上地方人民政府饲料管理部门责令停止生产、经营，没收违法所得和违法生产、经营的产品，违法生产、经营的产品货值金额不足1万元的，并处2 000元以上2万元以

下罚款，货值金额1万元以上的，并处货值金额2倍以上5倍以下罚款；构成犯罪的，依法追究刑事责任：

（一）在生产、经营过程中，以非饲料、非饲料添加剂冒充饲料、饲料添加剂或者以此种饲料、饲料添加剂冒充他种饲料、饲料添加剂的；

（二）生产、经营无产品质量标准或者不符合产品质量标准的饲料、饲料添加剂的；

（三）生产、经营的饲料、饲料添加剂与标签标示的内容不一致的。饲料、饲料添加剂生产企业有前款规定的行为，情节严重的，由发证机关吊销、撤销相关许可证明文件；饲料、饲料添加剂经营者有前款规定的行为，情节严重的，通知工商行政管理部门，由工商行政管理部门吊销营业执照。

第四十七条　养殖者有下列行为之一的，由县级人民政府饲料管理部门没收违法使用的产品和非法添加物质，对单位处1万元以上5万元以下罚款，对个人处5 000元以下罚款；构成犯罪的，依法追究刑事责任：

（一）使用未取得新饲料、新饲料添加剂证书的新饲料、新饲料添加剂或者未取得饲料、饲料添加剂进口登记证的进口饲料、进口饲料添加剂的；

（二）使用无产品标签、无生产许可证、无产品质量标准、无产品质量检验合格证的饲料、饲料添加剂的；

（三）使用无产品批准文号的饲料添加剂、添加剂预混合饲料的；

（四）在饲料或者动物饮用水中添加饲料添加剂，不遵守国务院农业行政主管部门制定的饲料添加剂安全使用规范的；

（五）使用自行配制的饲料，不遵守国务院农业行政主管部门制定的自行配制饲料使用规范的；

（六）使用限制使用的物质养殖动物，不遵守国务院农业行政主管部门的限制性规定的；

（七）在反刍动物饲料中添加乳和乳制品以外的动物源性成分的。

在饲料或者动物饮用水中添加国务院农业行政主管部门公布禁用的物质以及对人体具有直接或者潜在危害的其他物质，或者直接使用上述物质养殖动物的，由县级以上地方人民政府饲料管理部门责令其对饲喂了违禁物质的动物进行无害化处理，处3万元以上10万元以下罚款；构成犯罪的，依法追究刑事责任。

第四十八条　养殖者对外提供自行配制的饲料的，由县级人民政府饲料管理部门责令改正，处2 000元以上2万元以下罚款。

第五章　附　则

第四十九条　本条例下列用语的含义：

（一）饲料原料，是指来源于动物、植物、微生物或者矿物质，用于加工制作饲料但不属于饲料添加剂的饲用物质。

（二）单一饲料，是指来源于一种动物、植物、微生物或者矿物质，用于饲料产品生产的饲料。

（三）添加剂预混合饲料，是指由两种（类）或者两种（类）以上营养性饲料添加剂为主，与载体或者稀释剂按照一定比例配制的饲料，包括复合预混合饲料、微量元素预混合饲料、维生素预混合饲料。

（四）浓缩饲料，是指主要由蛋白质、矿物质和饲料添加剂按照一定比例配制的饲料。

（五）配合饲料，是指根据养殖动物营养需要，将多种饲料原料和饲料添加剂按照一定比例配制的饲料。

（六）精料补充料，是指为补充草食动物的营养，将多种饲料原料和饲料添加剂按照一定比例配制的饲料。

（七）营养性饲料添加剂，是指为补充饲料营养成分而掺入饲料中的少量或者微量物质，包括饲料级氨基酸、维生素、矿物

质微量元素、酶制剂、非蛋白氮等。

（八）一般饲料添加剂，是指为保证或者改善饲料品质、提高饲料利用率而掺入饲料中的少量或者微量物质。

（九）药物饲料添加剂，是指为预防、治疗动物疾病而掺入载体或者稀释剂的兽药的预混合物质。

（十）许可证明文件，是指新饲料、新饲料添加剂证书，饲料、饲料添加剂进口登记证，饲料、饲料添加剂生产许可证，饲料添加剂、添加剂预混合饲料产品批准文号。

第五十条　药物饲料添加剂的管理，依照《兽药管理条例》的规定执行。

第五十一条　本条例自2012年5月1日起施行。

规定二：

禁止在饲料和动物饮用水中使用的药物品种目录

（农业部第176号公告）

为加强饲料、兽药和人用药品管理，防止在饲料生产、经营、使用和动物饮用水中超范围、超剂量使用兽药和饲料添加剂，杜绝滥用违禁药品的行为，根据《饲料和饲料添加剂管理条例》、《兽药管理条例》、《药品管理法》的有关规定，现公布《禁止在饲料和动物饮用水中使用的药物品种目录》，并就有关事项公告如下：

一、凡生产、经营和使用的营养性饲料添加剂和一般饲料添加剂，均应属于《允许使用的饲料添加剂品种目录》（农业部第105号公告）中规定的品种及经审批公布的新饲料添加剂，生产饲料添加剂的企业需办理生产许可证和产品批准文号，新饲料添加剂需办理新饲料添加剂证书，经营企业必须按照《饲料和饲料添加剂管理条例》第十六条、第十七条、第十八条的规定从事经

营活动，不得经营和使用未经批准生产的饲料添加剂。

二、凡生产含有药物饲料添加剂的饲料产品，必须严格执行《饲料药物添加剂使用规范》（农业部第168号公告，以下简称《规范》）的规定，不得添加《规范》附录二中的饲料药物添加剂。凡生产含有《规范》附录一中的饲料药物添加剂的饲料产品，必须执行《饲料标签》标准的规定。

三、凡在饲养过程中使用药物饲料添加剂，需按照《规范》规定执行，不得超范围、超剂量使用药物饲料添加剂。使用药物饲料添加剂必须遵守休药期、配伍禁忌等有关规定。

四、人用药品的生产、销售必须遵守《药品管理法》及相关法规的规定。未办理兽药、饲料添加剂审批手续的人用药品，不得直接用于饲料生产和饲养过程。

五、生产、销售《禁止在饲料和动物饮用水中使用的药物品种目录》所列品种的医药企业或个人，违反《药品管理法》第四十八条规定，向饲料企业和养殖企业（或个人）销售的，由药品监督管理部门按照《药品管理法》第七十四条的规定给予处罚；生产、销售《禁止在饲料和动物饮用水中使用的药物品种目录》所列品种的兽药企业或个人，向饲料企业销售的，由兽药行政管理部门按照《兽药管理条例》第四十二条的规定给予处罚；违反《饲料和饲料添加剂管理条例》第十七条、第十八条、第十九条规定，生产、经营、使用《禁止在饲料和动物饮用水中使用的药物品种目录》所列品种的饲料和饲料添加剂生产企业或个人，由饲料管理部门按照《饲料和饲料添加剂管理条例》第二十五条、第二十八条、第二十九条的规定给予处罚。其他单位和个人生产、经营、使用《禁止在饲料和动物饮用水中使用的药物品种目录》所列品种，用于饲料生产和饲养过程中的，上述有关部门按照谁发现谁查处的原则，依据各自法律法规予以处罚；构成犯罪的，要移送司法机关，依法追究刑事责任。

六、各级饲料、兽药、食品和药品监督管理部门要密切配合，协同行动，加大对饲料生产、经营、使用和动物饮用水中非法使用违禁药物违法行为的打击力度。要加快制定并完善饲料安全标准及检测方法、动物产品有毒有害物质残留标准及检测方法，为行政执法提供技术依据。

七、各级饲料、兽药和药品监督管理部门要进一步加强新闻宣传和科普教育。要将查处饲料和饲养过程中非法使用违禁药物列为宣传工作重点，充分利用各种新闻媒体宣传饲料、兽药和人用药品的管理法规，追踪大案要案，普及饲料、饲养和安全使用兽药知识，努力提高社会各方面对兽药使用管理重要性的认识，为降低药物残留危害，保证动物性食品安全创造良好的外部环境。

中华人民共和国农业部、中华人民共和国卫生部、国家药品监督管理局

二〇〇二年二月九日

附件：

禁止在饲料和动物饮用水中使用的药物品种目录

一、肾上腺素受体激动剂

1. 盐酸克伦特罗（Clenbuterol Hydrochloride）：《中华人民共和国药典》（以下简称《药典》）2000 年二部 P605。β2 肾上腺素受体激动药。

2. 沙丁胺醇（Salbutamol）：《药典》2000 年二部 P316。β2 肾上腺素受体激动药。

3. 硫酸沙丁胺醇（Salbutamol Sulfate）：《药典》2000 年二部 P870。β2 肾上腺素受体激动药。

4. 莱克多巴胺（Ractopamine）：一种 β 兴奋剂，美国食品和药物管理局（FDA）已批准，中国未批准。

5. 盐酸多巴胺（Dopamine Hydrochloride）：《药典》2000 年二部 P591。多巴胺受体激动药。

6. 西马特罗（Cimaterol）：美国氰胺公司开发的产品，一种 β 兴奋剂，FDA 未批准。

7. 硫酸特布他林（Terbutaline Sulfate）：《药典》2000 年二部 P890。β2 肾上腺受体激动药。

二、性激素

8. 己烯雌酚（Diethylstibestrol）：《药典》2000 年二部 P42。雌激素类药。

9. 雌二醇（Estradiol）：《药典》2000 年二部 P1005。雌激素类药。

10. 戊酸雌二醇（Estradiol Valerate）：《药典》2000 年二部 P124。雌激素类药。

11. 苯甲酸雌二醇（Estradiol Benzoate）：《药典》2000 年二部 P369。雌激素类药。《中华人民共和国兽药典》（以下简称《兽药典》）2000 年版一部 P109。雌激素类药。用于发情不明显动物的催情及胎衣滞留、死胎的排除。

12. 氯烯雌醚（Chlorotrianisene）：《药典》2000 年二部 P919。

13. 炔诺醇（Ethinylestradiol）：《药典》2000 年二部 P422。

14. 炔诺醚（Quinestrol）：《药典》2000 年二部 P424。

15. 醋酸氯地孕酮（Chlormadinone acetate）：《药典》2000 年二部 P1037。

16. 左炔诺孕酮（Levonorgestrel）：《药典》2000 年二部 P107。

17. 炔诺酮（Norethisterone）：《药典》2000 年二部 P420。

18. 绒毛膜促性腺激素（绒促性素）（Chorionic Gonadotrophin）：《药典》2000 年二部 P534。促性腺激素药。《兽药典》

2000 年版一部 P146。激素类药。用于性功能障碍、习惯性流产及卵巢囊肿等。

19. 促卵泡生长激素（尿促性素主要含卵泡刺激 FSHT 和黄体生成素 LH）（Menotropins）：《药典》2000 年二部 P321。促性腺激素类药。

三、蛋白同化激素

20. 碘化酪蛋白（Iodinated Casein）：蛋白同化激素类，为甲状腺素的前驱物质，具有类似甲状腺素的生理作用。

21. 苯丙酸诺龙及苯丙酸诺龙注射液（Nandrolone phenylpropionate）《药典》2000 年二部 P365。

四、精神药品

22. （盐酸）氯丙嗪（Chlorpromazine Hydrochloride）：《药典》2000 年二部 P676。抗精神病药。《兽药典》2000 年版一部 P177。镇静药。用于强化麻醉以及使动物安静等。

23. 盐酸异丙嗪（Promethazine Hydrochloride）：《药典》2000 年二部 P602。抗组胺药。《兽药典》2000 年版一部 P164。抗组胺药。用于变态反应性疾病，如荨麻疹、血清病等。

24. 安定（地西泮）（Diazepam）：《药典》2000 年二部 P214。抗焦虑药、抗惊厥药。《兽药典》2000 年版一部 P61。镇静药、抗惊厥药。

25. 苯巴比妥（Phenobarbital）：《药典》2000 年二部 P362。镇静催眠药、抗惊厥药。《兽药典》2000 年版一部 P103。巴比妥类药。缓解脑炎、破伤风、士的宁中毒所致的惊厥。

26. 苯巴比妥钠（Phenobarbital Sodium）：《药典》2000 年版一部 P105。巴比妥类药。缓解脑炎、破伤风、士的宁中毒所致的惊厥。

27. 巴比妥（Barbital）：《药典》2000 年版一部 P27。中枢抑制和增强解热镇痛。

28. 异戊巴比妥（Amobarbital）：《药典》2000年二部P252。催眠药、抗惊厥药。

29. 异戊巴比妥钠（Amobarbital Sodium）：《药典》2000年版一部P82。巴比妥类药。用于小动物的镇静、抗惊厥和麻醉。

30. 利血平（Reserpine）：《药典》2000年二部P304。抗高血压药。

31. 艾司唑仑（Estazolam）。

32. 甲丙氨酯（Meprobamate）。

33. 咪达唑仑（Midazolam）。

34. 硝西泮（Nitrazepam）。

35. 奥沙西泮（Oxazepam）。

36. 匹莫林（Pemoline）。

37. 三唑仑（Triazolam）。

38. 唑吡旦（Zolpidem）。

39. 其他国家管制的精神药品。

五、各种抗生素滤渣

40. 抗生素滤渣：该类物质是抗生素类产品生产过程中产生的工业“三废”，因含有微量抗生素成分，在饲料和饲养过程中使用后对动物有一定的促生长作用。但对养殖业的危害很大，一是容易引起耐药性，二是由于未做安全性试验，存在各种安全隐患。

第二节　商品性饲料

在蛋鸡生产中，饲料终端产品是全价配合饲料，在所购买的饲料产品中还包含了各种单一的饲料原料、单一或复合型饲料添加剂、预混合饲料、浓缩饲料等。

一、全价配合饲料

这种饲料中各种营养物质种类齐全、数量充足、比例恰当，能满足鸡生产需要。可以全面满足饲喂对象的营养需要，用户不必另外添加任何营养性饲用物质而直接饲喂动物。

全价配合饲料具有使用的针对性，对于蛋鸡生产而言全价配合饲料的类型有雏鸡料、青年鸡料（有的分前期料和后期料两种）、产蛋高峰料、产蛋后期料、蛋鸡夏季专用料等。不同类型的全价配合饲料其营养成分的含量有明显差别，使用时必须明确使用对象及其特点状况。

二、浓缩饲料

浓缩饲料又称为蛋白质补充饲料，是由蛋白质饲料（鱼粉、豆饼粕等）、矿物质饲料（石粉、磷酸氢钙等）及添加剂预混料配制而成的配合饲料半成品。目前，在蛋鸡生产中一些用户购买的浓缩饲料一般都是40%的使用比例，即用40千克的浓缩饲料再添加60千克的能量饲料（玉米等）混合均匀后即可用于鸡群的饲喂。

由于浓缩饲料具有用量少（30%～40%）的特点，大量的能量饲料不再往返运输；可以直接供应一般饲料加工厂、饲养场户配制全价配合饲料和混合精料用。这样，损耗减少，成本降低，应用又方便；特别是对中小型蛋鸡养殖场户来说，这是提高饲料用粮效率，保证配合饲料质量的可靠措施。

三、预混合饲料

预混合饲料是配合饲料的核心部分，根据其组成可以分为单项预混合饲料和复合预混合饲料，目前在蛋鸡场的配合饲料生产中使用较多的是复合预混合饲料，其在全价配合饲料中的用量在

2%～5%。

1. 单项预混合饲料 它是由单一添加剂原料或同一种类的多种饲料添加剂与载体或稀释剂配制而成的匀质混合物，主要是由于某种或某类添加剂使用量非常少，需要初级预混才能更均匀分布到大宗饲料中。生产中常将单一的维生素、单一的微量元素（硒、碘、钴等）、多种维生素、多种微量元素各自先进行初级预混分别制成单项预混料等。

2. 复合预混合饲料 它是按配方和实际要求将各种不同种类的饲料添加剂与载体或稀释剂混合制成的匀质混合物。如微量元素、维生素、氨基酸及其他成分混合在一起的预混料。

第三节 饲料加工

一、饲料配方

饲料配方是根据特定鸡群的饲养标准、企业所购的饲料原料的营养价值（各种营养素的含量）、饲料的安全性等参数，以最低价格为基础设计出的各种原料的使用比例。

目前，规模化饲料生产企业都在使用专用的饲料配方软件，只要输入鸡群的各种营养素需要量、所使用原料的成分等参数即可获得最佳的饲料配方。在软件的数据库内存有各种类型鸡群的饲养标准和常见饲料原料成分表，可以直接调用，也可以自己根据情况和实测结果调整。

一些资料中介绍的饲料配方可供参考，在使用过程中需要根据情况适当调整。

二、饲料类型

根据饲料的物理性状可以分为粉状饲料、颗粒饲料和碎

粒料。

1. 粉状饲料　将各种饲料原料进行粉碎处理，使颗粒直径在0.2～4毫米，经过充分的搅拌使各种原料充分混合均匀。这种饲料类型易加工、成本低、喂饲方便，缺点是有可能造成鸡只挑食，机械加料过程出现不同的原料分层问题。这是蛋鸡生产中最常使用的饲料类型。

2. 颗粒饲料　是在粉状饲料的基础上，经过高温蒸汽处理、挤压、制粒、冷却等工艺制成的圆柱状饲料。根据其喂饲鸡群周龄的大小，颗粒的直径3～5毫米、长度5～8毫米。颗粒饲料经过高温处理后杀灭了其中的各种病原体，更加安全，鸡只无法挑食，但是高温处理会增加成本、有的营养素可能会受到一定程度的破坏。

3. 碎粒料　是对颗粒饲料进行破碎处理后的产品，制成品的颗粒较小。一般用于10日龄前雏鸡的喂饲。

三、饲料加工工艺

一般的加工工艺为：原料初处理（检验、去杂等）→粉碎→过筛→称量（按照配方比例）→混合→打包（如果使用罐车则无此环节）→检测（包括留样）→贮存待用。

每个环节都有自己的要求，必须按照这种要求严格管理才能确保产品质量。

四、饲料质量保证

饲料产品不安全的因素主要来源于3个方面：首先，是由于工业“三废”、大气、土壤、水源中存在的化学污染物通过生物富集或过度施用的化肥、农药而最终污染饲料原料，致使重金属、硝基和环芳烃类有机化合物、农药、化肥等超标。其次，是人为因素造成的危害，主要指为达到某种目的（如促进养殖生物生长或预防病害），人为地往饲料中添加某些有毒、有害药物，滥用药物饲料添加剂等带来的重金属、铜、锌、硒等超标或药物残留。再次，饲料加工过程中（原料接收、贮存、清理、粉碎、混合、制粒、冷却、破碎、分级、打包、成品贮存等环节）原料受沙门杆菌、大肠杆菌、肉毒杆菌、霉菌毒素等污染。要保证饲料产品的安全性，饲料加工企业必须实行 HACCP 管理制度，对饲料生产的全过程进行监控。

饲料质量保证要从以下方面进行控制。

1. 合理设计配方 设计配方时，应严格遵守相关饲料法规及卫生标准，严格执行农业部第105号公告《允许使用的饲料添加剂品种目录》和《饲料药物添加剂使用规范》，以及“兽药停药期规定”，遵循配伍禁忌，严禁使用违禁药物。

2. 保证原料质量 饲料原料来源较复杂，可能受到农药、兽药污染和有毒有害物质污染，或发霉变质。很多饲料成分中含有一些天然有毒有害物质，如生物碱、棉酚等。饲料原料在贮藏过程中还常受到虫害、螨害与鼠害的侵蚀及微生物污染，直接影响到饲料产品的安全性。必须从原料的采购、接收、贮存、清理等方面进行控制，确保投入生产的饲料原料卫生指标达到国家标准要求。

饲料加工企业必须制定具有科学性且符合本厂要求的饲料原料采购验收标准，每一批购入的原料必须符合饲料原料的一般标准和对该原料所规定的特殊标准，主要包括：①外观。是否与以前同种原料的外观一致，或是否与该原料的特定标准所描述的外观相符。②污染。应无异物和污染的痕迹，但一些不可避免的杂物不在此列。③加工籽实。应无杀虫剂处理的痕迹。④状态。手感凉爽，流动自由。⑤气味。为该原料的典型气味，无污染物气味和腐败、焦糊以及其他可能影响最后制成产品的一切不良气味。⑥虫害。原料应无虫类的污染。⑦标签。袋装原料应标有原

料名称、规格、出厂日期、地点及厂名等。

3. 合理的加工工艺　在粉碎前原料必须经过清杂、去铁处理，粉碎过程中应防止锤片、筛片破裂产生的金属杂质混入饲料中。

准确配料是严格执行生产配方的前提和保证，尤其是对饲料安全有直接影响的微量组分、药物添加剂的准确计量非常关键，一旦出现差错而又没有及时发现，在后续工段是无法弥补的，会带来严重污染。添加剂预混料的配制一定要按配方称量，严格记录，按部就班，班长督促，品管员抽查，配一批核对一次原料用量与配方值是否相符，出错立即报告，及时纠正。

混合工序的关键是在投料正确、没有交叉污染的前提下确保混合均匀，应根据不同饲料产品对混合均匀度变异系数的要求及混合机的性能，对混合的时间进行设定，以达到预期的混合效果，避免混合不均匀或过度混合。

入库的成品必须按规格、品种及生产日期分区堆放，并保证通风、干燥，以保持饲料的新鲜度，防止霉变，同时应遵守先进先出、推陈出新的原则。成品在发放过程中要保证成品出厂检验是合格的，库存期限在控制的日期内，确保运输工具洁净，防止运输途中遭受烈日暴晒和雨淋。

4. 严格的检验程序　饲料加工企业必须有分析化验室，所具有的仪器设备能够检测饲料的主要营养素含量和有害成分含量。每一批饲料原料和成品饲料都要留样和化验，每次化验都要有化验记录和报告。留下的饲料样品至少保存2个月。

第四节　饲料生产要求

在现代畜牧业发展过程中对从事饲料生产企业的要求越来越

高，凡是从事饲料和饲料添加剂生产的企业必须获得生产许可证，提高了饲料生产企业的门槛，为落实饲料质量安全，从而实现畜产品生产安全提供保证。

农业部于2012年11月29日发布了第1867号公告，公布了《饲料添加剂生产许可申报材料要求》《混合型饲料添加剂生产许可申报材料要求》《添加剂预混合饲料生产许可申报材料要求》《浓缩饲料、配合饲料、精料补充料生产许可申报材料要求》和《单一饲料生产许可申报材料要求》。凡是从事相应饲料产品生产的企业在申报材料中必须满足这些要求，在一般的蛋鸡场主要生产的是配合饲料，其申报材料要求如下。

一、许可范围

一是在中华人民共和国境内生产浓缩饲料、配合饲料、精料补充料的企业（以下简称企业）。

二是浓缩饲料是指主要由蛋白质、矿物质和饲料添加剂按照一定比例配制的饲料；配合饲料是指根据养殖动物营养需要，将多种饲料原料和饲料添加剂按照一定比例配制的饲料；精料补充料是指为补充草食动物的营养，将多种饲料原料和饲料添加剂按照一定比例配制的饲料。

三是本要求适用于以下情形：

1. 设立　指企业首次申请生产许可。

2. 续展　指企业生产许可有效期满继续生产。

3. 增加或更换生产线　增加生产线指企业在同一厂区增建已获得许可产品的生产线；更换生产线指企业对已有生产线的关键设备或生产工艺进行重大调整。

4. 增加产品类别或产品系列　指企业申请增加生产许可范围以外的产品。

5. 迁址　指企业迁移出原生产地址，搬迁至新的生产地址。

6. 变更　指企业名称变更、法定代表人变更、注册地址或注册地址名称变更、生产地址名称变更。

二、申报材料格式要求

一是企业应当按照“浓缩饲料、配合饲料、精料补充料生产许可申报材料一览表”的要求提供相关材料。

二是申报材料应当使用A4规格纸、小四号宋体打印，按照“浓缩饲料、配合饲料、精料补充料生产许可申报材料一览表”顺序编制目录、装订成册并标注页码。表格不足时可加续表。申报材料应当清晰、干净、整洁。

三是申报材料中企业提供的工商营业执照、组织机构代码证、劳动合同、职业资格证书等证明材料的复印件应当加盖企业公章。

四是申报材料一式两份（包括纸质文件和电子文档光盘），其中一份报送省级饲料管理部门，承担受理工作的饲料管理部门留存一份。

五是申报材料电子文档采用PDF格式，相关证明文件应为原件扫描件，文件名为企业全称。

六是增加或更换生产线、增加产品类别或产品系列的，仅提供与申请事项相关的资料。

三、申报材料内容要求

（一）企业承诺书

（二）浓缩饲料、配合饲料、精料补充料生产许可申请书

1. 封面

1.1 生产许可证编号：已获得生产许可证的企业填写原生产许可证编号，新设立的企业不填写。

1.2 产品类别：根据企业申请生产的产品，在浓缩饲料、配

合饲料、精料补充料后面的“□”中打“√”。

1.3 企业名称：填写企业工商营业执照上的注册名称，并加盖企业公章。尚未取得工商注册的，按照企业名称预先核准通知书核准的名称填写。

1.4 联系人：填写企业负责办理生产许可的工作人员姓名。

1.5 联系方式：填写企业负责办理生产许可的联系人的手机、固定电话（注明区号）、传真等。

1.6 申请事项：根据企业具体情况分别在选项后面的“□”中打“√”。

1.7 申报日期：填写企业报出材料的日期。

2. 企业基本情况 各栏仅填写与申请事项相关的内容。

2.1 企业名称：填写企业工商营业执照上的注册名称。尚未取得工商注册的，按照企业名称预先核准通知书核准的名称填写。

2.2 生产地址：填写企业生产所在地详细地址，注明省（自治区、直辖市）、市（地）、县（市、区）、乡（镇、街道）、村（社区）、路（街）、号。

2.3 法定代表人、工商营业执照注册号、住所（注册地址）、企业类型、组织机构代码、注册资本：按照企业工商营业执照和组织机构代码证填写。尚未取得工商注册的，按照企业名称预先核准通知书填写。

2.4 固定资产：指厂房、设备和设施等资产总值。

2.5 所属法人机构信息：如企业为非法人单位，应当填写所属法人机构信息。

2.6 主要机构设置及人员组成。

机构名称按照企业实际情况填写技术、生产、质量、销售、采购等机构。

人员总数填写与企业签订全日制用工劳动合同的人员数量。

专业技术人员填写企业的技术、生产、质量、销售、采购等机构中取得中专以上学历或初级以上技术职称的人员数量。

2.7 企业简介包括建立时间或变迁来源、隶属关系、所有权性质、生产产品、生产能力、技术水平、工艺装备、质量管理等内容（1 000字以内）。

3. 产品基本情况

3.1 生产线名称：按照产品类别进行命名，如配合饲料生产线、浓缩饲料生产线、配合饲料和浓缩饲料生产线、精料补充料生产线等。

3.2 生产能力（吨/时）：按照混合机有效容积×0.5（平均容重）×10（批/时）计算。

3.3 产品类别：按照浓缩饲料、配合饲料、精料补充料填写。

3.4 产品系列：根据企业生产情况，按照饲喂动物划分并填写。浓缩饲料填写畜禽、水产、反刍、幼畜禽、种畜禽、水产育苗、宠物、特种动物等；配合饲料填写畜禽、水产、反刍、幼畜禽、种畜禽、水产育苗、宠物、特种动物等；精料补充料填写反刍动物、其他等。

4. 生产设备明细表

4.1 企业应当以生产线为单位，填写与生产工艺流程图一致的原料清理、粉碎、提升、配料、混合、自动包装等设备及完整的除尘系统、电控系统、液体添加等辅助设备。

生产颗粒饲料产品的，还应当填写制粒或膨化、冷却、破碎、分级、干燥等后处理设备。

4.2 生产线名称及序号：与3.1对应，并逐一填写。

4.3 设备名称、型号规格、生产厂家、出厂日期：按照设备说明书或设备铭牌填写。

4.4 技术性能指标：填写反映生产设备主要特征的技术性能

参数。

5. 检验仪器明细表

5.1 按照饲料生产企业许可条件规定逐一列出。

5.2 仪器名称、型号规格、生产厂家、出厂日期、出厂编号：按照仪器说明书或仪器铭牌填写。

5.3 技术性能指标：填写检验仪器主要技术性能参数。

6. 主要管理技术人员及特有工种人员登记表 填写与企业签订全日制用工劳动合同的人员，包括企业负责人、技术负责人、生产负责人、质量负责人、销售负责人、采购负责人、检验化验员、饲料厂中央控制室操作工、饲料加工设备维修工等，其中检验化验员至少2名。尚未取得工商注册的，填写拟与本企业签订劳动合同的上述人员信息。

（三）工商营业执照

提供本企业的工商营业执照复印件，尚未取得工商注册的企业除外。非法人单位还应当提供所属法人单位的工商营业执照复印件。

（四）组织机构代码证

提供本企业的组织机构代码证复印件，尚未取得工商注册的企业除外。非法人单位还应当提供所属法人单位的组织机构代码证复印件。

（五）企业名称预先核准通知书

尚未取得工商注册的，提供有效期内的企业名称预先核准通知书复印件。

（六）企业组织机构图

提供包括技术、生产、质量、销售、采购等机构的企业组织机构框图。

（七）主要机构负责人和特有工种人员劳动合同

提供技术、生产、质量、销售、采购等机构负责人和检验化

验员、饲料厂中央控制室操作工、饲料加工设备维修工等的全日制用工劳动合同复印件。尚未取得工商注册的企业提供劳动合同草案文本。

（八）主要机构负责人毕业证书或职称证书

提供技术、生产和质量机构负责人的毕业证书或职称证书复印件。

（九）职业资格证书或鉴定合格证明

提供农业部职业技能鉴定机构颁发的饲料检验化验员、饲料厂中央控制室操作工、饲料加工设备维修工等职业资格证书复印件；已经参加鉴定且成绩合格，但尚未取得职业资格证书的，提供省级饲料职业技能鉴定机构出具的鉴定合格证明复印件。

（十）厂区平面布局图

按比例绘制厂区平面布局图，并注明生产、检化验、生活、办公等功能区，其中生产区应当标明生产车间、原料库、成品库的基本尺寸。

（十一）生产工艺流程图和工艺说明

按照企业实际生产线数量逐一提供生产工艺流程图和工艺说明，生产工艺流程图应当使用规范的饲料加工设备图形符号绘制。

工艺说明应当反映主要生产步骤、目的、原理、实施方式、实施效果等内容。使用同一套生产设备生产不同产品的，还应当提供防止交叉污染措施。

（十二）计算机自动化控制系统配料精度证明

提供计算机自动化控制系统配料精度的自检报告或专业检验机构出具的检验报告或系统供应商提供的技术参数证明复印件。

（十三）混合机混合均匀度检测报告

提供本企业所有混合机的混合均匀度自检报告或专业检验机构出具的检验报告或供应商提供的技术参数证明复印件。

（十四）检验化验室平面布置图

按比例绘制检验化验室平面布置图，图中标明天平室、理化分析室、仪器室和留样观察室等功能室以及功能室的基本尺寸和检验仪器的位置。

（十五）检验仪器购置发票

有检验仪器购置发票的提供发票复印件。无法提供购置发票的，提供检验仪器已列入企业固定资产的证明材料。

（十六）企业管理制度

提供企业按照《饲料质量安全管理规范》制定的主要管理制度的名称、主要内容等。(1 500 字以内)

（十七）企业生产许可证

已经取得生产许可证的企业，提供生产许可证复印件。

（十八）相关证明材料

提出变更申请的，提供企业所在地相关管理部门出具的证明材料。

第五章　蛋鸡的品种与繁育

当前，在蛋鸡生产中主要以笼养蛋鸡高产配套系为主，用于生产优质鸡蛋的柴鸡或地方良种鸡的饲养数量很少。因此，这里主要介绍蛋鸡高产配套系的特点及其繁育要求。

一、蛋鸡配套系

按照所产鸡蛋的蛋壳颜色，蛋鸡配套系一般分为白壳蛋鸡、褐壳蛋鸡和粉壳蛋鸡三类。这些配套系都是由若干个（2~4个）专门化高产品系按照特定的组合方式进行繁育的，其产蛋性能都很高，一般饲养条件下72周龄的产蛋数都在270个以上。

（一）白壳蛋鸡

白壳蛋鸡（图5-1）主要是以单冠白来航品种为基础育成的，其特点是所产蛋壳为纯白色，鸡羽毛白色，胫和喙为黄色，尾巴大而上翘。大多数配套系的商品代雏鸡可根据快慢羽自别雌雄。目前，白壳蛋鸡在世界范围内的饲养数量很多，分布地区也很广，但是在我国白壳蛋鸡的饲养量较少，主要在黄河以北地区饲养。这种鸡体重较小，体型紧凑；开产早、无就巢性、产蛋量高，饲料报酬高，适应性强，适宜于集约化笼养管理。它的不足之处是神经质，胆小易惊，抗应激性较差；啄癖较多。

1. 北京白鸡　北京白鸡是华都集团北京市种鸡公司从1975年开始，在引进国外白壳蛋鸡的基础上培育成功的系列性优良蛋

图5－1　白壳蛋鸡（左为父母代种鸡，右为商品代蛋鸡）

用鸡配套系，其适应性强，既可在北方饲养，也可在南方饲养；既适于工厂化高密度笼养，也适于散养。

北京白鸡体型小而清秀，全身羽毛白色、紧贴。冠大、鲜红，公鸡的冠较厚而直立，母鸡的冠较薄倒向一侧。喙、胫、趾和皮肤呈黄色，耳叶白色。

北京白鸡的主要特点是成熟早、产蛋率高，饲料消耗少。北京白鸡年产蛋275～285个，平均蛋重57克，每生产1千克蛋耗精料2.2千克左右。

2. 罗曼白　罗曼白系德国罗曼公司育成的两系配套杂交鸡，即精选罗曼SLS。

据罗曼公司的资料，罗曼白商品代鸡：0～20周龄育成率96%～98%；20周龄体重1.3～1.35千克；150～155日龄达50%产蛋率，高峰产蛋率92%～94%，72周龄产蛋量290～300个，平均蛋重62～63克，总蛋重18～19千克，每千克蛋耗料2.3～2.4千克；产蛋期末体重1.75～1.85千克；产蛋期存活率94%～96%。

3. 海兰 W—36　海兰 W—36 系美国海兰国际公司育成的四系配套杂交鸡，公、母鸡均为纯白色羽毛，体型"V"字形，单冠，喙、胫为黄色。商品代初生雏鸡可根据快慢羽自别雌雄。公鸡为慢羽型，母鸡为快羽型。

海兰 W—36 商品代鸡：0～18 周龄育成率 97%，平均体重 1.28 千克；161 日龄达 50% 产蛋率，高峰产蛋率 91%～94%，32 周龄平均蛋重 56.7 克，70 周龄平均蛋重 64.8 克，80 周龄入舍鸡产蛋量 294～315 个，饲养日年产蛋量 305～325 个；产蛋期存活率 90%～94%。

4. 海赛克斯白鸡　该配套系是由荷兰尤利布里德公司育成的，以产蛋强度高、蛋重大而著称，被认为是当代最高产的白壳蛋鸡之一。该鸡羽毛白色，皮肤及胫、喙为黄色，体型中等大小，商品代雏鸡根据羽速自别雌雄。

该鸡种 135～140 日龄见蛋，160 日龄达 50% 产蛋率，72 周龄总产蛋重 16～17 千克。平均蛋重 60.4 克，每千克蛋耗料 2.3 千克；产蛋期存活率 92.5%。

（二）褐壳蛋鸡

褐壳蛋鸡（图 5－2）是在蛋肉兼用型品种鸡的基础上经过现代育种技术选育出的高产配套品系，所产蛋的蛋壳颜色为褐色，蛋重大、蛋的破损率较低；褐壳蛋鸡的性情温顺，啄癖少，因而死亡、淘汰率较低；与白壳蛋鸡相比其体重较大；商品代杂交鸡可以根据羽色自别雌雄。

1. 海兰褐　海兰褐是美国海兰国际公司育成的四系配套杂交鸡。其父本为洛岛红型鸡的品种，而母本则为洛岛白的品系。由于父本洛岛红和母本洛岛白分别带有伴性金色和银色基因，其配套杂交所产生的商品代可以根据绒毛颜色鉴别雌雄。海兰褐的商品代初生雏，母雏全身红色，公雏全身白色，可以自别雌雄。但由于母本是合成系，商品代中红色绒毛母雏中有少数个体在背

图5-2 褐壳蛋鸡（左为父母代种鸡，右为商品代蛋鸡）

部带有深褐色条纹，白色绒毛公雏中有部分在背部带有浅褐色条纹。商品代母鸡在成年后，全身羽毛基本为红褐色，尾部羽毛末端大都带有少许白色。该鸡的皮肤、喙和胫为黄色。

海兰商品鸡：0~20周龄育成率97%；20周龄体重1.54千克，156日龄达50%产蛋率，29周龄达产蛋高峰，高峰产蛋率91%~96%，18~80周龄饲养日产蛋量299~318个，32周龄平均蛋重60.4克，每千克蛋耗料2.5千克；20~74周龄蛋鸡存活率91%~95%。

2. 罗曼褐 罗曼褐是德国罗曼公司育成的四系配套、产褐壳蛋的高产蛋鸡。父本两系均为褐色，母本两系均为白色。商品代雏直接可用羽色自别雌雄：公雏白羽，母雏褐羽；成年羽色与海兰褐基本相同。

罗曼褐商品代生产性能：1~18周龄成活率98%，开产日龄21~23周，高峰产蛋率92%~94%，入舍母鸡12个月产蛋300~305个，平均蛋重63.5~65.5克，饲料利用率2.0%~2.2%，产蛋期成活率94.6%。

罗曼褐父母代性能：开产日龄21～23周；高峰期产蛋率90%～92%；每只入舍母鸡的产蛋量：68周产蛋255～265个，72周产蛋273～283个；每只入舍蛋鸡生产合格种蛋量：产蛋到68周为225～235个，产蛋到72周为240～250个；每只舍饲母鸡生产雏鸡量：产蛋到68周90～96只，产蛋到72周95～102只；饲料消耗：1～20周龄8.0千克，21～68周龄（公鸡加母鸡）40.0千克；20周龄体重：母鸡1.5～1.7千克，公鸡2.0～2.2千克；68周龄体重：母鸡2.0～2.2千克，公鸡3.0～3.3千克；存活率：育成期96%～99%，产蛋期93%～96%。

3. 巴布考克B—380　巴布考克B—380蛋鸡是由法国哈巴德伊莎公司培育的世界优秀的4系配套种鸡，商品代雏鸡羽色自别雌雄。巴布考克B—380最显著的外观特点是黑色尾羽，其中40%～50%的商品代鸡体上着生黑色羽毛，由此可作为它的品牌特征以防假冒。

该鸡种具有优越的产蛋性能，商品代76周龄产蛋数达337个，总蛋重21.16千克；蛋大小均匀，产蛋前后期蛋重差别较小；蛋重适中，产蛋全期平均蛋重62.5克；料蛋比为2.05∶1。

4. 京红1号　京红1号是北京峪口禽业公司自主培育出的优良褐壳蛋鸡配套系，具有适应性强、开产早、产蛋量高、耗料低等特点，父母代种鸡68周龄可提供健母雏94只以上，商品代72周龄产蛋总重可达19.4千克以上。

父母代种鸡生产性能：育雏期成活率96%～97%，18周龄公鸡体重2 330～2 430克、母鸡1 410～1 510克；68周龄公鸡体重2 800～2 900克、母鸡1 910～2 010克；产蛋期成活率92%～94%；开产日龄143～150天、入舍鸡产蛋268～278个，各种蛋235～244个。

5. 巴波娜—特佳　由匈牙利巴波娜国际育种公司育成。红褐色羽毛、深褐色蛋。具有抵抗力强、产蛋量高、成活率高、蛋破损率低等特点。

商品鸡18周龄平均体重1.58千克，1~18周龄耗料7.15千克/只，成活率95%~98%；平均开产日龄149天，25~27周龄达产蛋高峰，高峰产蛋率95%；72周龄入舍母鸡平均产蛋302个，总蛋重19.8千克，体重2 150~2 250克；19~72周龄日耗料115~125克/只，料蛋比(2.12~2.18)∶1，成活率92%~96%。

6. 伊萨新红褐　伊萨新红褐为法国伊萨公司培育的4系配套种鸡，该鸡种的一个突出特点是双自别雌雄。父母代1日龄雏鸡羽速自别雌雄，商品代1日龄雏鸡羽色自别雌雄。伊莎新红褐适应性广，抗病力强，成活率高；耐粗饲，易饲养；产蛋率高，产蛋高峰持续期长，产蛋数多，蛋个大，总蛋重高，是适合我国国情的优秀褐壳蛋鸡鸡种。

商品鸡18周龄平均体重1.57千克，1~18周龄耗料6.95千克/只，成活率97%~98%；平均开产日龄147天，25~27周龄达产蛋高峰，高峰产蛋率94%；76周龄入舍母鸡平均产蛋332个，总蛋重20.8千克，平均蛋重62克，体重2 050~2 150克；19~76周龄日耗料115~125克/只，料蛋比（2.12~2.18）∶1，成活率94%~96%。

7. 农大褐3号　农大褐3号是中国农业大学利用从美国引进的MB小型褐壳种鸡育种素材与该校的纯系蛋鸡杂交后育成的优良蛋鸡品种。由于在育种过程中导入了矮小型基因（dw），因此这种鸡腿短、体格小，体重比普通蛋鸡约小25%。农大褐3号占地面积少，饲料转化率高，性情温顺。由于品种关系，其体型、蛋重、蛋壳颜色更趋近于土鸡，尤其蛋黄颜色要比普通鸡蛋深，口感更接近土鸡。

商品代生产性能：1~120日龄成活率大于96%，产蛋期成活率大于95%，开产（产蛋率达50%）日龄146~156天，72周龄入舍鸡产蛋数281个，平均蛋重53~58克，总蛋重15.7~

16.4 千克；120 日龄体重 1.25 千克，成年体重 1.6 千克，育雏育成期耗料 5.7 千克，产蛋期平均日耗料 90 克。

8. 宝万斯尼拉 宝万斯尼拉是由荷兰汉德克家禽育种有限公司育成的四元杂交褐壳蛋鸡配套系。A 系、B 系为单冠、红褐色羽；C 系、D 系为单冠、芦花色羽。父母代父本为单冠、红褐色羽；母本为单冠、芦花色羽，产褐壳蛋。商品代雏鸡单冠、羽色自别：母雏羽毛为灰褐色，公雏为黑色。成年母鸡为单冠、红褐色羽，产褐壳蛋；公鸡为芦花色羽毛。

宝万斯尼拉育成期（0～17 周）成活率 98%，18 周体重 1.525 千克，18 周耗料 6.6 千克。产蛋期（18～76 周）存活率 95%，开产日龄 143 天，高峰产蛋率 94%，平均蛋重 61.5 克，入舍母鸡产蛋数 316 个，平均每日耗料 114 克。

（三）粉壳蛋鸡

粉壳蛋鸡是由褐壳蛋鸡品系与白壳蛋鸡品系间正交或反交所产生的杂种鸡，其蛋壳颜色介于褐壳蛋与白壳蛋之间，呈灰色，国内群众称其为粉壳蛋（或驳壳蛋）。如果用褐壳蛋鸡的 C 系或 D 系与白壳蛋鸡品系杂交，其后代雏鸡绒毛为白色并带有少数黑色斑点，成年母鸡羽色基本为白色并混有少量黄、黑、灰等杂色羽斑；如果用褐壳蛋鸡 A 系或 B 系与白壳蛋鸡品系杂交则后代成年母鸡羽毛颜色比较杂乱。

1. 京粉 1 号蛋鸡 京粉 1 号蛋鸡是北京峪口禽业公司培育的。是利用褐壳蛋鸡高产系与白壳蛋鸡高产系相配套而成的。商品代雏鸡羽毛白色并有较小的黑色斑点，可以利用快慢羽自别雌雄。

京粉 1 号具有适应性强、抗病力强、耐粗饲、产蛋量高、耗料低等特点。72 周龄产蛋总重可达 18.9 千克以上，死淘率在 10% 以内，产蛋高峰稳定，90% 产蛋率可维持 6～10 个月，72 周龄蛋鸡体重达 1 700～1 800 克。

2. 罗曼粉蛋鸡　是德国罗曼公司育成的四系配套、产粉壳蛋的高产蛋鸡系。具有产蛋率高，蛋重大，蛋壳质量好，高峰期维持时间长，耐热，抗病力强，适应性强等优点，是国际国内优良蛋鸡品种之一。

父母代1~18周龄的成活率为96%~98%，开产日龄147~154天，高峰期产蛋率89%~92%，72周龄入舍母鸡产蛋266~276个，合格种蛋238~250个，提供母雏95只。

商品代鸡20周龄体重1.4~1.5千克，1~20周龄消耗饲料7.3~7.8千克，成活率97%；开产日龄140~150天，高峰期产蛋率92~95%，72周龄入舍母鸡产蛋300~310个，蛋重63~64克；21~72周龄平均只日耗料110~118克。

3. 农大3号粉壳蛋鸡　农大3号粉壳蛋鸡是由中国农业大学培育的蛋鸡良种，2003年9月通过国家畜禽品种审定委员会家禽专业委员会审定，在育种过程中导入了矮小型基因，因此这种鸡腿短、体格小，体重比普通蛋鸡约小25%，粉壳蛋鸡比普通型蛋鸡的饲料利用率提高15%以上。进行林地或果园放养具有易管理、效益高、蛋质好等优点。

商品代生产性能：1~120日龄成活率大于96%，产蛋期成活率大于95%，开产日龄145~155天，72周龄入舍鸡产蛋数282个，平均蛋重53~58克，总蛋重15.6~16.7千克，120日龄体重1 200克，成年体重1 550克，育雏育成期耗料5.5千克，产蛋期平均日耗料89克。蛋壳颜色为粉色。

4. 京白939　京白939最初是由北京市种鸡公司选育的粉壳蛋鸡配套系，目前其原种鸡和祖代鸡都饲养在河北大午农牧集团。京白939为四元杂交粉壳蛋鸡配套系。祖代A系、B系，父母代AB系公母鸡为褐色快羽，具有典型的单冠洛岛红鸡的体型外貌特征；C系、CD系母鸡为白色慢羽，D系、CD系公鸡为白色快羽，具有典型的单冠白来航鸡的体形外貌特征。商品代

(ABCD) 雏鸡为红色单冠、花羽（乳黄、褐色相杂、两色斑块、斑型呈不规则分布），羽速自别，快羽为母雏，慢羽为公雏。成年母鸡为白、褐色不规则相间的花鸡，有少部分纯白和纯褐色羽。

父母代鸡 18 周龄体重公鸡 1.95 千克、母鸡 1.25～1.28 千克；20 周龄成活率96%～97%，入舍鸡耗料 7.0～7.8 千克/只，母鸡体重 1 380 克。产蛋阶段（21～68 周龄）成活率 92%～93%，平均日耗料 120 克，达 50% 产蛋率日龄 150～155 天，高峰产蛋率 91%～93%；入舍鸡产蛋数 258～262 个，入舍鸡产种蛋数 220～230 个，入舍只鸡提供母雏数 89～94 只。

商品代母鸡 20 周龄体重 1 500 克，20 周龄成活率 96%～98%，入舍鸡耗料 7.4 千克/只。产蛋阶段（21～72 周龄）成活率 93%～95%，平均日耗料 110～115 克/只，达 50% 产蛋日龄 150～155 天，高峰产蛋率 92%～94%，入舍鸡产蛋数 300～306 个，平均蛋重 60.5～63 克，料蛋比 2.2∶1。

5. 海兰灰鸡

（1）品种形成与特点。海兰灰鸡为美国海兰国际公司育成的粉壳蛋鸡商业配套系鸡种。海兰灰的父本与海兰褐鸡父本为同一父本（洛岛红型鸡的品种），母本白来航，单冠，耳叶白色，全身羽毛白色，皮肤、喙和胫的颜色均为黄色，体型轻小清秀。海兰灰的商品代初生雏鸡全身绒毛为鹅黄色，有小黑点成点状分布全身，可以通过羽速鉴别雌雄，成年鸡背部羽毛成灰浅红色，翅间、腿部和尾部成白色，皮肤、喙和胫的颜色均为黄色，体型轻小清秀。

（2）生产性能。

1）父母代生产性能：母鸡成活率 1～18 周 95%，18～65 周 96%，50% 产蛋日龄 145 天，18～65 周入舍鸡产蛋数 252 个，合格的入孵种蛋数 219 个，生产的母雏数 96 只。

2）商品代生产性能：生长期（至18周）成活率98%，饲料消耗5.66千克，18周龄体重1.42千克。产蛋期（至72周）日耗料110克，50%产蛋日龄151天，32周龄蛋重60.1克，至72周龄饲养日产蛋总重19.1千克，料蛋比2.16∶1。

6. 尼克珊瑚粉（尼克T）蛋鸡

（1）品种形成与特点：尼克珊瑚粉是德国罗曼家禽育种公司所属尼克公司最新培育的粉壳蛋鸡配套系，其优点是性情温顺，容易管理。珊瑚粉商品代都能够羽速自别，商品代母鸡白色羽毛、粉色蛋壳。尼克珊瑚粉在产蛋数、蛋重、蛋壳强度、饲料效率和成活率等方面都有显著的优势并且拥有良好的疾病抵抗力和应激抵抗力。

（2）生产性能：尼克珊瑚粉产蛋率高，耗料少，0～18周龄成活率达97%～99%、产蛋期成活率达93%～96%；18周龄饲料消耗累计5.9～6.2千克、产蛋期每天每只105～115克；产蛋性能90%以上，产蛋持续期6～7个月，76周龄总产蛋量329个，平均蛋重64.0～65.0克。

二、蛋鸡良种繁育体系

现代蛋鸡良种繁育包括育种及制种生产两部分。育种体系包括品种场、育种场、测定站和原种场；制种生产体系包括曾祖代场（原种场）、祖代场、父母代场和商品代场，各场分别饲养曾祖代种鸡（GGP）、祖代种鸡（GP）、父母代种鸡（PS）和商品代鸡（CS）。一般的蛋鸡种鸡和商品蛋鸡场属于制种生产体系部分。

（一）各级蛋鸡（种鸡）场及其任务

1. 原种场（曾祖代场） 原种场饲养配套杂交用的纯系种鸡。其任务一是保种、二是制种。保种是通过不断的选育以保证种质的稳定和提高；制种则是向祖代场提供单性别配套系种鸡。

2. 祖代场　二系配套的祖代种鸡是纯系鸡，三系或四系配套的祖代种鸡即纯系种鸡（曾祖代）的单性，只能用来按固定杂交模式制种，不能纯繁，故需每年引种。祖代场的主要任务是引种、制种与供种。

3. 父母代场　每年由祖代场引进配套合格的父母代种雏；按固定模式制种，并保证质量向商品代场供应苗鸡或种蛋。

4. 商品代场　每年引进商品雏鸡，生产鸡蛋或肉鸡。

不同配套模式的杂交制种情况，见图 5－3。

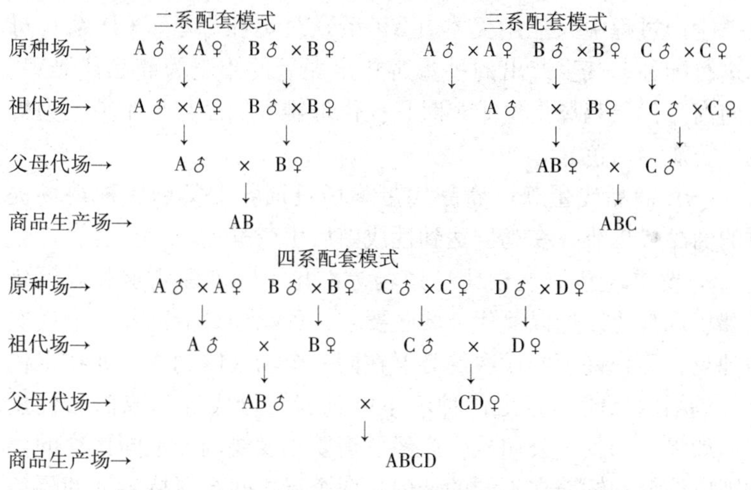

图 5－3　多元杂交配套模式

5. 示例　以海兰褐蛋鸡配套系为例，列举各级场鸡群的基本情况。该配套系为四系配套模式。

（1）祖代种鸡。包括 4 个专门化品系，即父本父系（A 系）、父本母系（B 系），母本父系（C 系）和母本母系（D 系）。父本两个品系（A 系和 B 系）羽毛为红褐色，母本两个品系（C 系和 D 系）羽毛为白色。

从曾祖代场引种的时候，其提供的雏鸡 A 系和 C 系只有雄性，B 系和 D 系只有雌性。

祖代种鸡场在制种过程中，只能够用 A 系的公鸡和 B 系的母鸡配种（向父母代场提供 AB 公鸡，生产出的 AB 母鸡要淘汰）、C 系的公鸡和 D 系的母鸡配种（向父母代场提供 CD 母鸡，生产出的 CD 公鸡要淘汰）。

（2）父母代种鸡。从祖代种鸡场引进的父母代种鸡包括父本（AB 系）和母本（CD 系），父本羽毛为红褐色、母本为白色。

生产过程中只能用父本（AB 系）公鸡和母本（CD 系）母鸡进行配种，其生产出的种蛋孵化出壳后的雏鸡为商品代雏鸡。在向商品代蛋鸡场提供雏鸡时只提供母雏（商品代母雏绒毛为褐色、公雏为白色）。

（3）商品代蛋鸡。商品代蛋鸡场只饲养由父母代种鸡场提供的商品代母雏，在鸡群达到性成熟后生产鲜蛋。

6. 要求　按照规模化养殖场标准化示范创建要求和规模化蛋鸡场标准化改造以奖代补验收要求，种鸡场只能饲养一个代次的种鸡，不允许不同代次的鸡群在同一个场区内饲养。如在祖代蛋种鸡场内只能饲养祖代种鸡不能饲养父母代种鸡或商品代蛋鸡。如果一个种鸡公司从生产经营需要出发要饲养不同代次的鸡群则应该分别饲养在不同的场内，两个场之间要保持足够的隔离距离。

（二）蛋鸡良种繁育体系的建设

良种对蛋鸡业的影响大而深远，其繁育体系的构成与管理均较复杂，要建设并巩固蛋鸡的良种繁育体系，须注意下列几点。

一是遵照国家有关法规、条例，分级管理好各级种鸡场。定期进行检查验收，合格的颁发《种畜禽生产经营许可证》，凭证经营。

二是各级种鸡场要严格卫生防疫管理。从场区规划设计、房

舍建筑、隔离和消毒设施、污物处理设施、卫生防疫制度等方面要有系统、完善的条件，并要求经过县级以上行政主管部门的验收，持有动物卫生防疫条件合格证。

三是各级种鸡场必须根据其在繁育体系中的地位和任务，严格按照种畜禽生产经营许可证规定的品种、品系、代别和有效期从事生产经营工作。

四是各级鸡场的规模，应根据下一级场（下一代鸡）的需求量及扩繁比例，适当发展，搞好宏观调控。

（三）引种注意事项

1. 要全面评估拟引鸡种的生产性能 鸡种的生产性能是提高养禽生产效益的首要因素。在养殖之前，需要认真地咨询、考察、论证，确保引种成功。生产性能是多方面性状的综合反映，包括生长发育、生活力或抗逆性、产蛋性能、饲料转化率、产品外观质量等。

国内外近期各主要性能测定站公布的测定结果，可以作为参考依据之一，但必须注意其测定时的特定饲养管理条件。

2. 拟引进鸡种的产品要适应市场消费 蛋鸡的主要产品是商品鲜鸡蛋，国内不同地区消费者对蛋壳颜色的选择有明显差异性。如在长江以南各地消费者偏爱褐壳蛋和粉壳蛋，很少选择白壳蛋，这就造成其价格的不同，在引种的选择上要充分的考虑。

3. 拟引入鸡种要能适应本地自然环境条件 要充分考虑拟引进鸡种对环境条件的适应性，而炎热或寒冷的地区则应该选择抗热或抗寒能力强的品种。了解拟引进鸡种在周边地区的性能表现是非常必要的。

4. 引种数量与质量 各级种鸡场引种时还须注意本地区引进鸡种的数量与质量，避免重复引种和引进性能较差的鸡种。要特别注意避免从国外一些中小型育种公司引进没有竞争力的鸡

种。高代次种禽场引种时要加强检疫工作。应将检疫结果作为引种的决定条件，以确保我国养鸡业生产以及鸡产品消费的安全性。

5. 审批要求 《中华人民共和国畜牧法》规定从国外引种需要填写引种申请的相关材料并报经农业部相关职能部门审批，否则属于违法。种鸡引进后需要在本省市动植物进出口检验检疫局的指导下进行隔离饲养，观察引进鸡群的健康情况，隔离期满并没有发现可疑疾病的则可以转入种鸡场。从国内引种同样需要由上代次种鸡场提供检疫合格证明和引种证明。

6. 技术资料的引进 任何一个蛋种鸡配套组合都是育种公司多年育种和饲养实践的结果，在引进鸡种的同时上代次种鸡场必须提供相关的技术资料，如该鸡种的饲养管理手册，其中包含有鸡群不同阶段体重发育标准和喂料量参考标准、卫生防疫要求、饲养管理要求、产蛋性能标准等。这些技术标准是引种后进行科学饲养管理的依据。

三、鸡蛋的形成与产蛋

（一）母鸡的生殖器官

母鸡的生殖器官（图 5－4）包括性腺（卵巢）和生殖道（输卵管）两部分，而且只有左侧能正常发育，右侧在胚胎发育后期开始退化，只有极少数的个体其右侧的卵巢或（和）输卵管能正常发育并具备生理机能。

1. 卵巢

（1）解剖特点。正常情况下，卵巢位于腹腔的左侧，左肾前叶的头端腹面，肾上腺的腹侧，左肺叶的紧后方，以较短的卵巢系膜韧带悬于腰部背壁。另外，卵巢还与腹膜褶及输卵管相连接。

卵巢分为内外两层：内层称为卵巢髓质，主要由结缔组织纤

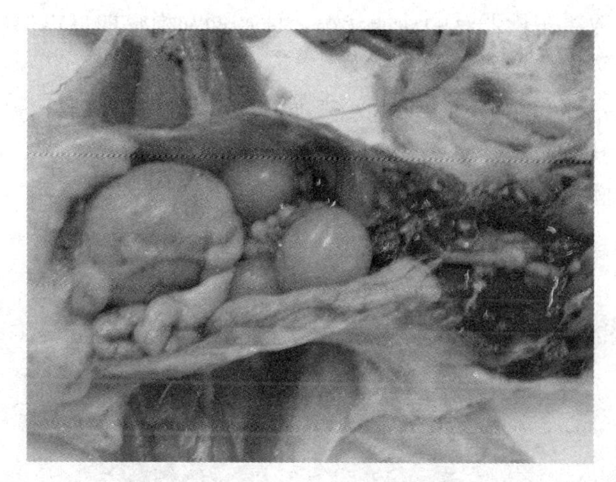

图5－4　成年母鸡的生殖器官

维、间质细胞和平滑肌细胞组成，髓质内分布有丰富的血管和神经。外层为卵巢皮质，包括最表面的生殖上皮和其下面的白膜，白膜为一层结缔组织，皮质内有大量的卵泡、未分化的卵泡前体和皮质间质细胞。卵泡由卵细胞和包被于表面的卵泡细胞（形成卵泡膜）组成，卵泡的表面分布有大量的血管和神经末梢（图5－5）。

（2）外观特点。卵巢的大小、颜色和形状随母鸡的月龄和性活动状态而变化。幼龄鸡的卵巢为扁平的椭圆形，颜色灰黄。随其月龄增大卵巢逐渐显得突出，颜色变的灰白，其表面呈颗粒状。性成熟后卵巢表面由许多大小不等的卵泡堆叠，形似一串葡萄，小卵泡及卵巢实质部分仍为灰白色，大卵泡为黄色。

幼龄时期鸡卵巢的重量不足1克，以后缓慢增长，16周龄时仍不足5克，性成熟后可达50～90克，这主要是来自十多个大、中卵泡的重量，而卵巢的主要组织重量仅增至6克。卵巢的重量还取决于性器官的功能状况，休产期和抱窝期母鸡的卵巢萎缩，重量仅为正常的10%左右。

正常卵泡的形状为球形，表面血管清晰，被沙门杆菌感染的卵巢，其卵泡表面血管有充、出血现象，卵黄为油乳状，卵泡不规则的圆形，蒂变长。

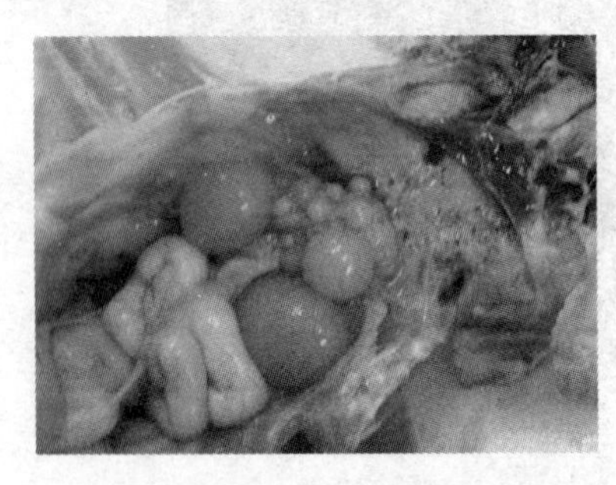
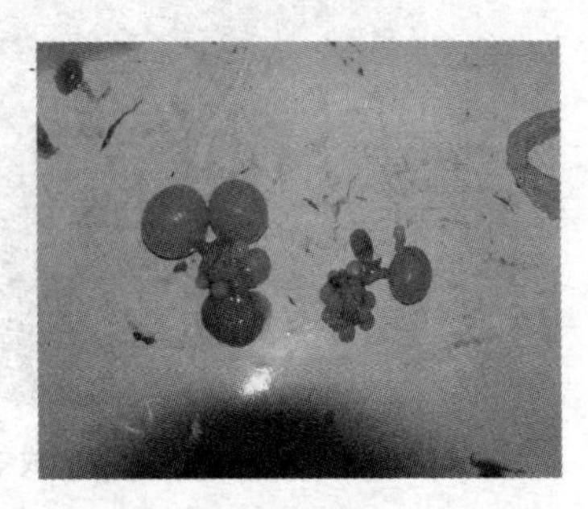

图5－5　卵泡形态（左为腹腔内状态，右为取出后状态）

（3）卵巢的功能。主要有两方面功能：一是形成卵泡，卵巢皮质部有成千上万个卵泡，接近性成熟时，有一部分卵泡开始快速发育，其后陆续有部分卵泡以较快的速度生长，当卵泡发育到一定程度时达到成熟，卵泡膜破裂发生排卵。二是分泌激素，较大卵泡的卵泡膜上的内膜细胞可以合成和分泌雌激素，颗粒细胞可以合成和分泌孕激素、抑制素和卵泡抑素。

2. 输卵管

（1）解剖位置。输卵管（图5－6）位于腹腔左侧，前端在卵巢下方，后端与泄殖腔相通。在雏鸡和青年鸡阶段，输卵管平贴在左侧肾脏的腹面。

（2）外观特点。幼龄时输卵管较为平直，贴于左侧肾脏的腹面，颜色较浅，用肉眼不容易看清；随周龄增大其直径变粗，长度加长，弯曲增多；当达到性成熟，则显得极度弯曲，外观为灰白色。休产期、抱窝期会明显萎缩，重量仅为产蛋期的10%

左右。

（3）结构。输卵管由外向内共3层：浆膜层、肌肉层和黏膜层，后两层在输卵管不同部位的厚度和形状有较大差别。

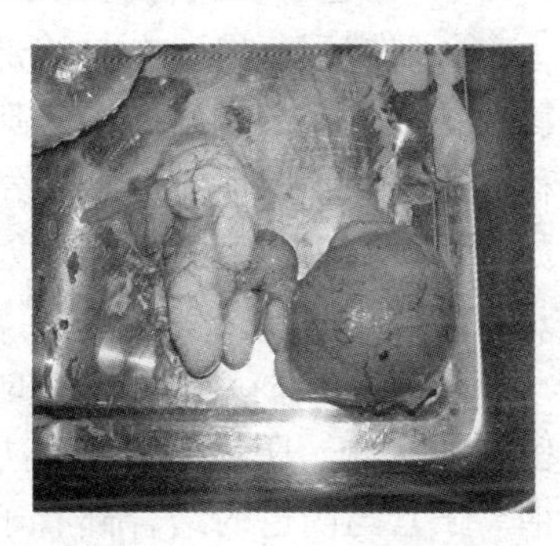

图5－6　鸡的输卵管解剖

（4）功能。根据结构和生理作用差别可将输卵管分为5个部分，其各自的功能如下：

1）漏斗部：也称伞部，形如漏斗，是输卵管的起始部。其开口处很薄，边缘不平齐且有许多游离的指状突起，平时闭合，排卵时该部不停地开闭、蠕动。向后则管径变细，该部后端狭窄，称为颈。该部的背壁以腹膜褶与卵巢相连。漏斗部的机能主要是摄取卵巢上排出的卵子（卵黄），其中下部内壁的皱褶当中还可以贮存精子，因此，这里也是受精的部位。

2）膨大部：也称蛋白分泌部。是输卵管最长和最弯曲的部位，管腔较粗，管壁较厚，长度为输卵管总长的50%～65%。内壁黏膜形成宽而深的纵褶，其上有很发达的管状腺体和单细胞腺体。其肌肉层比较发达，外纵肌束呈螺旋状排列，蠕动时可推动卵黄向后旋转前进。蛋白（蛋清）及大部分盐类（如钠、钙、镁等）是在这里分泌的。

3）峡部：又称管腰部，是输卵管中后部较狭窄的一段，它与膨大部之间的界限不太明显。内壁的黏膜纵褶不显著。在此处

的黏膜分泌物形成蛋的内外壳膜，此处的功能表现也决定了蛋的形状。

4）子宫部：也称壳腺部。是峡部之后的一个较短的囊状扩大部，肌肉层很厚，在与峡部的交界处环形面加厚形成括约肌。黏膜被许多横的和斜的沟分割成叶片状的次级褶，腺体狭小，又称壳腺。该部腺体一方面会分泌子宫液（水分为主，含少量盐类如钾），另一方面可分泌碳酸钙用于形成蛋壳，蛋壳上的色素也是在此分泌的。

5）阴道部：是输卵管的末端，呈“S”状弯曲，开口于泄殖腔的左侧。阴道部的肌肉层较厚，黏膜白色，有低而细的皱褶。子宫与阴道的结合部有子宫阴道腺，当蛋产出时经过此处，其分泌物涂抹在蛋壳表面会形成胶护膜。另外，该部腺体可以贮藏和释放精子，交配后或输精后精子可暂时贮存于其中，在一定时期内陆续释放，维持受精。

（二）蛋黄的形成

蛋黄的形成过程就是卵泡的发育过程。卵巢上有大量的卵泡，卵泡壁上有很多血管能够将来自肝脏合成的营养物质输送到卵泡上，再由卵泡壁上的血管渗透进内部形成卵黄。

1. 卵泡发育过程　在母鸡的卵巢表面有数千个大小不等的卵泡，在雏鸡出壳后到性成熟前4周，卵泡的发育十分缓慢，性成熟前3周开始卵泡发育迅速。卵泡发育时主要是卵黄物质（磷脂蛋白）在卵泡内沉积，可以说卵泡发育的过程就是卵黄物质沉积的过程。初期沉积的卵黄颜色比较浅，中后期的卵黄颜色比较深。

卵泡成熟前7～9天内所沉积的卵黄占卵黄总重量的90%以上，此前卵黄的沉积速度很慢。一般认为大中型卵泡中白天沉积的卵黄颜色深、夜间沉积的卵黄颜色浅，深浅色卵黄交替排列。饲料对卵黄颜色深浅的影响很大。

性成熟后在母鸡卵巢上面有3～5个直径在1.5厘米以上的大卵泡，有5～10个直径在0.5～1.5厘米的中型卵泡，直径在0.5厘米以下的小卵泡有很多。越是高产的母鸡，其卵巢上的大中型卵泡数量越多。

2. 排卵 卵泡发育到一定时期，体积达到一定大小的时候，就达到成熟状态。成熟的卵泡在排卵诱导素的作用下，卵泡膜顶端的排卵缝痕破裂，成熟的卵（黄）脱落，发生排卵。

当子宫内有蛋存在的时候卵巢上成熟的卵泡暂时不排卵；当蛋产出后约经过30分钟开始下次排卵。但是，在非正常状态下，无论输卵管内有无异物都不能阻止成熟卵泡的排卵。

（三）蛋在输卵管内的形成

成熟的卵（黄）从卵巢排出后被输卵管的伞部接纳，伞部的边缘包紧并压迫卵黄向后运行，约经20分钟卵（黄）通过伞部进入膨大部。在伞部除发生受精之外，没有其他成分加入卵黄内。

当卵黄进入膨大部后刺激该部位腺体分泌黏稠的蛋白包围在卵黄的周围，卵黄在此段内以旋转的形式向前运行。最初分泌的黏稠蛋白形成系带和内稀蛋白层，此后分泌的黏稠蛋白包围在内稀蛋白层的外周。大约经过3小时，蛋离开膨大部进入峡部。

峡部的腺体分泌物包围在黏稠蛋白周围形成内、外壳膜，一般认为峡部前段腺体的分泌物形成内壳膜，后段腺体的分泌物形成外壳膜。蛋的形状是由峡部所决定的，当峡部机能出现异常时就可能形成畸形蛋。蛋经过峡部的时间为1～1.3小时。

蛋离开峡部后进入子宫部，在子宫部停留18～20小时，在最初的4小时内子宫部腺体分泌子宫液并透过壳膜渗入黏稠蛋白内，使靠近壳膜的黏稠蛋白被稀释而形成外稀蛋白层，并使蛋白的重量增加近1倍。此后腺体分泌的碳酸钙沉积在外壳膜上形成蛋壳，在蛋离开子宫部前碳酸钙持续地沉积。

蛋壳的主要成分是碳酸钙，形成所需的碳酸根离子（CO_3^{2-}）来自血液中的碳酸氢根离子（HCO^{3-}），HCO_3^- 在子宫部被碳酸酐酶作用，形成 CO_3^{2-}。Ca^{2+} 来自于饲料或髓质骨。在子宫部腺体内 CO_3^{2-} 和 Ca^{2+} 结合形成 $CaCO_3$。蛋壳形成所需的钙主要是饲料中所含的钙，经肠道吸收后进入血液循环，然后到达子宫部经该部位腺体沉积于壳膜上，下午及前半夜这段时间蛋壳形成所沉积的钙均是如此。后半夜在蛋产出之前这一时期蛋壳形成所需要的钙主要来自髓质骨，因为此时肠道内几乎已经没有食物存在，血液中经肠道吸收的钙源已经消失，此时髓质骨开始分解并将钙释放进入血液用于蛋壳的形成。不过在第二天上午鸡采食后髓质骨又重新得到恢复。

饲料中缺少钙会使产蛋期的母鸡（尤其是笼养蛋鸡）大量动用髓质骨中的钙，造成血钙降低，导致肌肉无力而无法站立，发生笼养产蛋鸡产蛋疲劳综合征。

蛋壳的颜色是由存在于壳内的色素决定的，血红蛋白中的卟啉经过若干种酶的分解后形成各种色素，经过血液循环到达子宫部而沉积在蛋壳上。

（四）产蛋

1. 产蛋时间　一般来说鸡的产蛋时间集中在上午 9 ~12 时，12 时之前所产鸡蛋占当天产蛋总数的 90% 以上。如果环境温度出现大的变化或饲养管理出现失误、发生疫情，则产蛋时间会向后推迟，而且分布比较分散。

蛋在膨大部和子宫部的时候其大头向后（胸腔方向），而在产出前于子宫阴道部发生反转，大头朝前（肛门方向）。据报道，鸡蛋在产出时约有 90% 是大头先产出。

2. 产蛋曲线　根据产蛋鸡群产蛋率的变化规律，一般将产

蛋期分为 3 个阶段：

（1）产蛋率上升期。指 19～25 周龄阶段，本阶段的特点体现在四个增加：产蛋率逐周上升，每周的递增速度在 15% 以上，一般 19 周龄时鸡群的产蛋率约为 13%，25 周龄时能够达到 90% 以上；随着周龄的增大，蛋重也逐渐增大，20 周龄的平均蛋重约 52 克，25 周龄时能够达到 60 克；采食量也逐渐增加，19 周龄时的日采食量约 90 克，25 周龄能够上升到 110 克；这个阶段鸡的体重也在增加，大约增加 320 克。这个阶段也是鸡病容易发生的时期。

（2）产蛋高峰期。一般指 26～50 周龄阶段，这个阶段的特点是稳定。这个时期内鸡群的产蛋率最高而且变化幅度小，蛋的质量也最好；平均蛋重在 30 周龄后基本趋于稳定，增长缓慢；鸡的采食量和体重基本稳定。

（3）产蛋后期。50 周龄以后至产蛋结束（或 72 周龄），这个阶段鸡群的产蛋率逐周下降，通常每周下降幅度为 0.7% 左右，蛋重仍在缓慢增加，蛋壳质量下降，种蛋受精率也有所下降；鸡的体重增加较多。

（五）畸形与异物蛋的成因

畸形蛋包括蛋形过圆、过长、腰箍、带尾、皱纹等，异物蛋则主要指蛋内有异物如血斑蛋、肉斑蛋、寄生虫蛋、蛋包蛋等。此外还有蛋壳粗糙、过薄，蛋重过大、过小等。这样的蛋是不能作为种蛋使用的，多数的商品价值也较低。

1. 畸形蛋 主要指外形异常的蛋，如过圆、过长、腰箍、蛋的一端有异物附着、蛋的外形不圆滑等。引起蛋型异常的根本原因是输卵管的峡部和子宫部发育异常或有炎症，引起这两个部位问题的原因既有遗传方面的，也有感染疾病方面的。蛋过长、过圆或扁大多是由于峡部功能异常造成；带尾、腰箍、表面有皱纹、钙沉积异常等主要是子宫部问题造成的。

2. 异物蛋 主要指在蛋的内部有血斑、肉斑，甚至有寄生虫的存在，异物蛋不仅种用价值低，其食用价值也低。在血斑蛋中卵黄膜表面附着有褐色的斑块，它是卵泡排卵破裂时渗出的血滴附着在蛋黄上或在排卵过程中卵泡膜刚破裂时血管渗出的血液凝结在蛋黄表面后形成的；肉斑蛋在蛋清中有灰白色的斑块，它是在蛋形成过程中蛋黄通过输卵管膨大部时，该部位腺体组织脱落造成的；含寄生虫的蛋则是寄生在输卵管膨大部中的特殊寄生虫（蛋蛭）被蛋清包裹后形成的。

引起蛋内异物的原因同样是既有遗传方面的，也有感染疾病方面的，还有饲料和环境方面的。

3. 过大蛋 指蛋重明显超过该品种标准的蛋重。它通常的原因是蛋包蛋、多黄蛋。蛋包蛋是在一个大蛋内包有一个正常的蛋，它是当一个蛋在子宫部形成蛋壳时，母禽受到刺激，输卵管发生异常的逆蠕动，把蛋反推向膨大部，然后又逐渐回到子宫部并形成蛋壳，再产出体外。多黄蛋中常见的有双黄蛋，比较少见的还有三黄、四黄蛋，它的形成是处于刚开产期间的家禽体内生殖激素合成多，激素分泌不稳定，卵巢上多个卵泡同时发育，在相近的时间内先后排卵而形成多黄蛋的，也有可能是一个卵泡成熟排卵后母鸡受到刺激，引起卵巢上另一个接近成熟的卵泡提早排卵而形成的。

另外，个别的蛋尽管只有一个蛋黄，但是其重量偏大，也不适宜作为种蛋用，在产蛋后期的鸡群中比较常见。

4. 过小蛋 蛋的重量小不符合孵化要求。这种情况一是出现在初开产时期，此时卵黄比较小，形成的蛋也小，随着种禽日龄和产蛋率的增加会迅速减少。另一种是无黄蛋，它是由于母鸡输卵管膨大部腺体组织脱落后，组织块刺激该部位蛋白分泌腺形成的蛋白块，包上壳膜和蛋壳而成的。它的出现经常伴随的是鸡群生产性能的下降。

（六）蛋品质量的影响因素

影响蛋品质量的因素很复杂，有饲料因素、疾病因素、环境问题、管理问题、遗传因素等。在生产过程中常见的一些现象和原因可以参考表 5－1～表 5－3。

表 5－1　影响蛋壳质量的因素

症状	原因
薄壳，沙壳，畸形，粗糙壳，皱纹壳，软壳	母鸡周龄过大
	用于控制霉菌生长的药物－福美双杀菌剂（四聚－甲基－秋兰姆－二硫化合物）
	磺胺类药物
	持续高温
	呼吸系统疾病（新城疫、传染性支气管炎、喉气管炎、禽流感等）
	高盐饲料
	钙摄入量减少
	遗传
蛋壳颜色不正常	尼卡巴嗪，治疗球虫病的药物
	氯四环素，金霉素
	日粮中钙含量低
	饲料中杂粕用量过高
	B 族维生素不足、维生素 D_3 不足
斑点蛋	由于子宫部炎症造成钙沉积不均匀
活动气室（位置不固定）	野蛮搬运
蛋壳上有污点	对二氯苯（杀虫剂）；与子宫阴道部的炎症有关

表5-2 影响蛋白质量的因素

症状	原因
浅粉红色蛋白	棉籽饼用量过多，血斑蛋中血斑溶解
蛋白强度差	母鸡周龄过大
	氨气浓度高
	蛋白碱度增强
	呼吸系统鸡病(新城疫，传染性支气管炎，喉气管炎，禽流感等)
	遗传
	福美双杀菌剂
	钙源不合格，比如钒矿
	磺胺类药物
血斑、肉斑	遗传
	排卵时或之前出血
蛋白浓度低	产蛋率高、饲养方式，感染传染性支气管炎病毒

表5-3 影响蛋黄质量的因素

症状	原因
橄榄色或鲜肉色的蛋黄	日粮中棉籽饼用量太大
呈灰黄色蛋黄	可能有感染（原因不明）
	日粮中缺乏黄色素
绿色蛋黄	饲料中含有（100～250）$\times 10^{-6}$叶绿酸钠
	荠菜籽荚
蛋黄中有斑点	尼卡巴嗪
	棉籽饼
	哌嗪柠檬酸盐
	蛋白中的水分进入蛋黄中
蛋黄黏稠，或像橡皮和奶酪	棉籽油
扁平蛋黄	卵黄膜强度较差
蛋黄易破	新城疫
	蛋库温度高

第六章　雏鸡培育

雏鸡是指6周龄之前的小鸡，0～6周龄阶段也称为育雏期。这个阶段是生产中容易发生问题的时期，稍有疏忽就可能导致雏鸡生长发育不良，甚至发生疾病而导致死亡。

一、雏鸡的生理特点

了解雏鸡的生理特点有助于在饲养管理中针对这些特点采取相应措施，提高育雏效果。

1. 体温调节机能不完善　鸡是恒温动物，其体温需要靠产热和散热的平衡来维持，对于较大日龄的鸡来说通过自身生理调节维持体温恒定比较容易，但是对于雏鸡来说其体温调节能力差，如果外界温度不适宜则可能导致体温的升高或下降。体温偏离正常值一定范围对于其健康是不利的。

雏鸡体温调节能力差主要是由于：神经系统发育不完善，对于产热和散热的控制能力差；体内营养积累少，用于产热的营养素少；单位体重散热表面积大，体热容易散发；绒毛保温性能差、皮肤薄，皮下脂肪少都不利于保温。因此，在育雏期间（尤其是育雏前期）保持适宜的环境温度是非常必要的。

2. 神经敏感、胆小易惊　雏鸡胆小，遇到陌生人或其他动物、灯影晃动、较大的噪声等容易受惊吓而出现惊群，受惊吓后几天内雏鸡的体重不增加，严重的出现发病。因此，育雏期间要保持环境安静、饲养管理程序稳定。

3. 消化力弱 雏鸡对饲料的消化能力弱，主要是由于：雏鸡的肌胃壁较薄、收缩时产生的胃内压小，导致其对饲料颗粒的研磨能力差，喂饲较大颗粒的饲料不能充分消化；雏鸡消化腺发育不完善，消化酶活性低；肠道微生物对饲料的消化效率很低。因此，必须给雏鸡喂饲颗粒适中、容易消化的饲料。

雏鸡消化道容积小，采食量小，喂饲时需要少给勤添。另外，雏鸡的消化道短，食物通过消化道快，一些营养素吸收不充分。

4. 抗病力差 雏鸡体重小、体质弱，发病后的耐受性差；一些雏鸡群的母源抗体不均衡，也为防疫带来困难；雏鸡饲养密度高，一旦有个别雏鸡发生传染病则会很快在群内传播，控制困难；雏鸡的免疫系统发育不健全，也是抗病力低的主要原因。

5. 自卫能力差 雏鸡对敌害的躲避和防卫能力差，老鼠、蛇、猫、狗等动物都会对雏鸡造成伤害；雏鸡对危险情况的识别能力差，不会躲避危险。

6. 生长速度快、代谢旺盛 雏鸡体重增长较快，初生雏鸡的体重约36克，正常情况下4周龄体重能够达到275克，6周龄体重达到465克，分别是初生重的7.5倍和13倍。雏鸡体重增加快就需要有足够的营养做保证。

7. 群居性良好 鸡在野生状态下就过着群居生活，驯化后依然保留了这种习性，这也为大群饲养提供了良好的生理基础。

8. 印记行为 雏鸡对于日常生活的场所，接触到的物品、环境和饲养员都有印象，在熟悉的环境中雏鸡生活的比较舒适。因此，育雏期间不要随意调笼、调圈，不要频繁地更换饲养员。

9. 模仿行为 雏鸡具有模仿能力，群内如果有若干只雏鸡会采食、饮水，在较短的时间内其他雏鸡也都能够学会采食和饮水。但是，如果有个别的雏鸡有啄癖行为同样会引起其他雏鸡的模仿。

10. 对红颜色的亲嗜性　雏鸡对红色比较敏感，如一旦个别雏鸡出现啄癖，被啄雏鸡出血的地方会引来更多的雏鸡去啄伤口；育雏笼内使用红颜色水盘、料盘也有助于引诱雏鸡饮水和采食。

二、雏鸡培育目标

1. 提高成活率　雏鸡阶段容易出现发病和死亡，需要严格的卫生防疫和精细的饲养管理，保证育雏成活率不低于95%。

2. 良好的免疫效果　雏鸡阶段是接种疫苗类型和次数最多、最频繁的阶段。这个时期疫苗接种的质量不仅影响雏鸡的健康，对育成鸡和成年鸡也有直接影响。

3. 提高合格率　雏鸡的发育情况是重要的质量指标，要求雏鸡体重发育正常、没有畸形、健康、群体整齐度高。育雏结束时雏鸡的合格率不低于97%。

4. 较快的早期增重　生产实践表明，5周龄时雏鸡的体重对以后的生产性能有很大影响，体重相对较大的雏鸡在性成熟后的产蛋性能、成活率和饲料效率都优于体重偏小的雏鸡。要求育雏结束时平均体重比标准体重高出3%～5%。

三、育雏前的准备

（一）确定育雏时间

育雏时间决定了本批鸡的性成熟期和产蛋高峰期所处的时间，育雏时间的确定需要考虑两方面的因素。

1. 鸡群周转计划　对一个规模化鸡场而言，一年四季都要更新鸡群。对于将要更新的鸡群应在鸡群淘汰前10～12周开始育雏，这样在鸡群淘汰，房舍清理、消毒，设备维护后本批雏鸡已达17周龄前后，即可进行转群。

2. 市场蛋价变化规律　一年中不同季节蛋价变化较大，将鸡群产蛋高峰期安排在蛋价高的季节会明显提高本批鸡的生产效益。根据产蛋规律在26~45周龄期间鸡群产蛋量最高。根据对市场变化的分析，应在蛋价上涨之前25周或26周开始育雏。这对于小型蛋鸡养殖场户是十分重要的。

（二）确定育雏数量

育雏数量要根据成年鸡房舍面积而定，考虑育雏、育成成活率和合格率，雏鸡要比产蛋鸡笼位多15%左右。避免盲目进雏，否则数量多、密度大、设备不足、饲养管理不善将影响鸡群的发育，增加死亡率；数量太少会造成房舍、设备、人员的浪费，增加成本，降低经济效益。

（三）育雏室的维修、清洗和消毒（图6-1）

这项工作一般要求在育雏开始前2周进行，保证雏鸡到来前各项准备工作落实到位。

育雏室使用前的维修和消毒顺序：清扫（屋顶、地面、墙壁、设备）→冲洗→晾干→检修（屋顶、设备）→熏蒸消毒→摆放物品→喷雾消毒。

1. 清扫

（1）范围：包括育雏室屋顶、地面、墙壁、各种设备，将这些物体的表面所附着的各种杂物、粪便、灰尘、羽毛彻底清理干净。

（2）目的：清除这些物体表面的污物及其上面附着的病原体。

2. 冲洗　使用高压水枪对育雏室内的屋顶、地面、墙壁、笼具、其他可以冲洗的设备进行冲洗，除去这些物体表面的附着物。冲洗之前需要关闭育雏室内的电源以保证安全。用于冲洗的水可以先用消毒药水冲洗，再用清水冲洗，减少消毒液对物品的腐蚀。

3. 检修　对于育雏室屋顶、墙面、地面、门窗的检修主要

是看有无损坏，确定是否需要维护。

检修各种设备有无损坏、变形，能否正常运转。

4. 熏蒸消毒　检修结束后关闭门窗和通风口，按照每立方米空间使用40毫升福尔马林溶液和20克高锰酸钾的量进行熏蒸消毒。消毒后密闭24～36小时以保证消毒效果。之后打开风机或门窗排出药物气体。

5. 摆放物品　当消毒药物气体排除基本完毕后，将清洗消毒晾干的开食盘、真空饮水器等放入雏鸡笼内。各种设备和用品摆放到位。

6. 喷雾消毒　在雏鸡到来前一天使用喷雾消毒设备对育雏室内进行全方位的喷雾消毒，对育雏室门口也要进行喷洒消毒。

图6－1　正在整修的育雏室

（四）育雏用品的准备

1. 饲料的准备　准备雏鸡用全价配合饲料，雏鸡0～6周龄累积饲料消耗为每只900克左右。使用的配合饲料要注意原料无污染，不霉变。饲料形状以小颗粒破碎料（鸡花料）最好。

2. 药品及添加剂 药品准备常用消毒药（百毒杀、威力碘、次氯酸钠等）、抗菌药物（预防白痢、大肠杆菌、霍乱等药物），抗球虫药。添加剂有速溶多维、电解多维、口服补液盐、维生素C、葡萄糖、益生素等。

3. 疫苗 主要有鸡新城疫疫苗、鸡传染性支气管炎疫苗、鸡传染性法氏囊炎疫苗、鸡痘疫苗、禽流感疫苗等。

4. 其他用品 包括各种记录表格、温度计、连续注射器、滴管、刺种针、台秤、喷雾器等。

（五）育雏室的试温和预温

育雏前准备工作的关键之一就是试温。雏鸡到来前2～3天检查维修加热设备并开始加热升温，保证在雏鸡到来时使舍内的温度升至35℃左右（不应低于32℃，以免影响育雏效果）。

如果使用煤炭做燃料，要注意在升温过程中检查火道、排烟管是否漏气。预热12小时左右要打开风机和门窗通风以排出室内湿气（如果育雏室内湿度大则不利于雏鸡的健康和发育）。

四、雏鸡的选择与运输

（一）雏鸡的选择

选择健康的雏鸡是育雏成功的基础，选择时注意从以下5个方面进行。

1. 外观活力 健雏表现活泼好动，无畸形和伤残，反应灵敏，叫声响亮；用手轻拍运雏盒，雏鸡眼睛圆睁、眼睛朝向发声的位置。弱雏常常伏地不动，对声响没有反应。

2. 绒毛 健雏绒毛丰满有光泽，干净无污染。绒毛有黏壳，绒毛黏着有黏液、壳膜的为弱雏。

3. 手握感觉 手握健雏时，绒毛松软饱满，挣扎有力，触摸腹部大小适中，柔软有弹性。弱雏腹部膨大松软或小而坚硬。

4. 卵黄吸收和脐部愈合情况　健雏卵黄吸收良好，脐部愈合良好，表面干燥，上有绒毛覆盖。弱雏表现脐孔大，有脐钉，卵黄囊外露，无绒毛覆盖，腹部过大过小，脐部有血痂、黏液或有血线。

5. 体重　雏鸡出壳重应在 33～37 克，同一品种和批次的雏鸡大小均匀一致。

不合格的雏鸡见图 6－2。

图 6－2　不合格的雏鸡

（二）雏鸡的运输

雏鸡的运输是将初生雏从孵化厂运输到育雏场所，这是一项重要的技术工作，稍有疏忽，就会造成很大的损失。因此，对初生雏的运输要特别注意迅速及时、舒适安全、清洁卫生这些基本原则。

1. 把握好运输时间　从保证雏鸡的健康和正常生长发育考虑，适宜的运输时间应在雏鸡羽毛干燥后运输，通常在出壳后

24 小时内，不迟于 36 小时。此外，还应根据季节确定启运的时间。一般情况下，冬季和早春应选择在中午前后气温相对较高的时间启运，要有保温设施。

2. 准备好运雏用具 运雏工具包括交通工具、运雏箱及防雨、保温等用具。雏鸡的运输方式依季节和路程远近而定。汽车运输时间安排比较自由，又可直接送达养鸡场，中途不必倒车，是最方便的运输方式。火车、飞机也是常用的运输方式，适合于长距离运输和夏冬季运输，安全快速。但不能直接到达目的地。

运雏鸡选择专用的雏鸡盒，材料由硬纸或塑料制成，有整装式和折叠式，后者较为方便，占的空间小（图 6－3）。冬季和早春运雏要带御寒用品，如棉被、毛毯等。夏季要带遮阳防雨用具。所有运雏用具或物品在运雏鸡前，均要进行严格消毒。

图 6－3 雏鸡盒

3. 携带证件 雏鸡运输的押运人员应携带检疫合格证、身份证、引种证明和种畜禽生产经营许可证、路单以及有关的行车手续。

4. 运输要点　雏鸡的运输应防寒、防热、防闷、防压、防雨淋和防震荡。运输雏鸡的人员在出发前应准备好食品和饮用水，中途不能停留。远距离运输应有两个司机轮换开车。押运雏鸡的技术人员在汽车启动后30分钟检查车厢中心位置的雏鸡活动状态。如果雏鸡的精神状态良好，每隔1～2小时检查1次。检查间隔时间的长短应视实际情况而定。

五、雏鸡的环境条件控制

育雏期间要严格控制室内各项环境条件，为雏鸡创造适宜的生活环境是保证育雏效果的重要基础。

1. 温度控制　温度直接关系到雏鸡体温调节、运动、采食和饲料的消化吸收等。雏鸡体温调节能力差，温度低，很容易引起挤堆而造成伤亡。1～3日龄雏鸡身体周围温度控制为35℃左右，4～7日龄掌握在34℃左右，以后每周下降2℃左右，6周龄时降至22～25℃。

控制温度不仅要观察温度计的读数，还要看雏鸡的采食、饮水行为是否正常。如果雏鸡采食饮水正常、活泼好动，卧地休息时全身舒展，呼吸均匀，羽毛丰满干净有光泽，证明温度适宜；雏鸡挤堆，发出轻声鸣叫，采食饮水减少，羽毛耸立，站立不稳甚至瘫软在笼底网上，说明温度偏低；雏鸡双翅下垂、张口喘气，饮水量增加，寻找低温处休息，往笼边缘跑，说明温度偏高，应立即进行降温；如果雏鸡往一侧拥挤，说明有贼风袭击，应立即检查口处的挡风板是否借位，检查门窗是否未关闭或被风刮开，并采取相应措施保持舍内温度均衡。

育雏温度对1～21日龄的雏鸡至关重要，温度偏低会严重影响雏鸡的生长发育和健康，甚至导致死亡；还可能加重鸡白痢的危害。表6－1是育雏期间雏鸡身体周围温度控制参考标准。

表6－1　雏鸡的供温参考标准

日龄	0～3	4～7	8～14	15～21	22～28	29～35	36～42
控温标准（℃）	35～34	34～33	32～30	30～28	28～26	26～24	25～22

育雏室内温度应保持相对稳定，避免出现忽高忽低的情况；否则，容易造成雏鸡感冒，导致继发其他疾病的。育雏温度随季节、鸡种、饲养方式不同有所差异。育雏室加热系统见图6－4。

图6－4　育雏室加热系统

2. 湿度控制　雏鸡从高湿度的出雏器转到育雏室应有一个过渡期。第一周要求育雏室相对湿度为70%，第二周为65%，以后保持在62%左右即可。

育雏前期具有较高的相对湿度有助于剩余卵黄的吸收，维持正常的羽毛生长和脱换。必要时需要在育雏室内喷洒消毒药水，既能够对环境消毒，又可以适当提高湿度。环境干燥易造成雏鸡脱水、饮水量增加而引起的消化不良；干燥的环境中尘埃飞扬，可诱发呼吸道疾病。育雏后期需要采取防潮措施，如增加通风量、及时更换潮湿垫料、防止供水系统漏水等。

3. 通风控制　通风的目的主要是排出舍内污浊的空气，换进新鲜空气。如果育雏室内有害气体含量过高会影响雏鸡的健康和生长发育。

雏鸡代谢功能旺盛，每千克体重每小时的耗氧量与二氧化碳的排放量远远高出其他动物。此外，鸡排出的粪便还有20%～25%尚未被利用的有机物质，其中包括蛋白质，被细菌分解后会产生大量的有害气体（氨和硫化氢）。因此，育雏期间必须在保温的同时进行合理的通风换气，保证室内良好的空气质量。

育雏前期，应选择晴朗无风的中午进行开窗换气。第二周以后靠机械通风和自然通风相结合来实现空气交换，但应避免冷空气直接吹向鸡群，若气流的流向正对着鸡群则应该设置挡板，使其改变风向，以避免鸡群直接受凉风袭击。

育雏室内有害气体的控制标准为氨气不超过 20 毫克/千克，硫化氢不超过 10 毫克/千克。实际工作中通风控制是否合适应该以工作人员进入育雏室后不感觉刺鼻、刺眼为度。

4. 光照控制　光照对雏鸡的生长发育是十分重要的，它关系到雏鸡的采食、饮水、运动、休息，也关系到工作人员的管理操作以及可以减少老鼠的活动。

育雏期前 3 天采用 24 小时光照制度，白天利用自然光，夜间补充光照的强度约为 50 勒克斯，相当于每平方米 10 瓦白炽灯光线。这便于雏鸡熟悉环境，找到采食、饮水位置，也有利于保温。4～7 日龄每天光照 22 小时，8～21 日龄每天为 18 小时，22 日龄后每天光照 14 小时，光线强度也要逐渐减弱。育雏前期较长的日照明时间有助于增加雏鸡的采食时间。

育雏室内的光线分布要均匀，尤其是采用育雏笼的情况下，需要在四周墙壁靠 1 米高度的位置安装适量的灯泡，以保证下面 2 层笼内雏鸡能够接受合适的光照。

光的颜色以红色或弱的白炽光为好，能有效防止啄癖发生。

5. 饲养密度控制 合理的饲养密度，有利于雏鸡采食正常，生长均匀一致。密度过大，生长发育不整齐，易感染疫病和发生啄癖，死亡率较高，对羽毛的生长也有不良影响。饲养密度大小与育雏方式有关，因此要根据鸡舍的构造、通风条件、饲养方式等具体情况灵活掌握。育雏期不同育雏方式雏鸡饲养密度可参照表6－2。

表6－2 不同育雏方式雏鸡饲养密度（每平方米饲养只数）

地面平养		立体笼养		网上平养	
周龄	密度	周龄	密度	周龄	密度
0～2	30～35	0～1	60	0～2	40～50
2～4	20～25	1～3	42	2～4	30～35
4～6	15～20	3～6	34	4～6	20～24
6～12	5～10	6～11	24	6～8	14～20
12～20	5	11～20	14		

六、雏鸡的饲养

（一）雏鸡的初饮与饮水管理

1. 初饮要求 初生雏鸡接入育雏室后，第一次饮水称为初饮。初饮应在雏鸡安置好之后立即进行，一般的方法是把装有适量水的真空饮水器放在笼内并用手指轻轻敲击，引诱雏鸡用喙啄饮水器的水盘。对于无饮水行为的雏鸡应将其喙部浸入饮水器内以诱导其饮水。

初饮用水最好用凉开水，温度控制为25℃。为了刺激饮欲和补充能量，可在水中加入葡萄糖或蔗糖（浓度为5%～7%）。对于长途运输后的雏鸡，在饮水中要加入口服补液盐，有助于调节体液平衡。在饮水中加入速溶多维，电解多维、维生素C可以

减轻应激反应，提高成活率。

图6－5　雏鸡开水（初次饮水）

2. 饮水管理　合理的饮水管理有助于促进剩余卵黄的吸收、胎粪的排出，有利于增进食欲和对饲料的消化吸收（图6－6）。饮水管理上应注意：

（1）使用合适的饮水用具。一般在第一周使用真空饮水器，可以直接通过育雏笼的门取放，第二周同时使用真空饮水器和乳头式饮水器，并要引导雏鸡使用乳头式饮水器，第三周以后完全使用乳头式饮水器。

（2）保证良好的饮水质量。饮水要干净，在10日龄前最好饮用凉开水，以后可换用深井水或自来水。在使用井水或自来水的最初几天的饮水中，通常加入0.01%左右的高锰酸钾，以消毒饮水和清洗胃肠，促进雏鸡胎粪的排出。使用真空饮水器要每天清洗消毒，防止污染；每天更换饮水3～4次，保证饮水新鲜。

（3）保证充足的饮水供应。饮水器的数量要足够（表6－

图6－6　雏鸡的饮水

3)，在每日有光照的时间内尽可能保证饮水器具中有水。一般情况下，雏鸡的饮水量是其采食量的1～2倍。要注意观察饮水器的位置高低是否方便雏鸡饮水，使用乳头式饮水器要经常调整高度，经常观察饮水乳头是否堵塞或漏水。雏鸡在各周龄日饮水量见表6－4。

表6－3　雏鸡的采食、饮水位置要求

雏鸡周龄	采食位置		饮水位置		
	料槽（厘米/只）	料桶（只/个）	水槽（厘米/只）	饮水器（只/个）	乳头饮水器（只/个）
0～2	3.5～5	45	1.2～1.5	60	10
3～4	5～6	40	1.5～1.7	50	10
5～6	6.5～7.5	30	1.8～2.2	45	8

注：料槽食盘直径为40厘米、饮水器水盘直径为35厘米。

表6-4　雏鸡的饮水量参考标准［毫升/（只·日）］

周龄	1	2	3	4	5	6
饮水量	12~25	25~40	40~50	45~60	55~70	65~80

（二）雏鸡的饲料与饲喂

1. 雏鸡的饲料　根据雏鸡的消化吸收特点和生长发育需要，雏鸡饲料应满足4点要求：

（1）营养浓度要高。因为雏鸡的消化道短、容积小，每天采食的饲料量有限，提高饲料的营养浓度有助于增加其营养摄入量。

（2）颗粒大小要适中。雏鸡的胃对饲料的研磨能力差，一些饲料颗粒还没有被消化就被排出体外。因此，使用较小颗粒的饲料有利于消化。但是，饲料颗粒过小如粉状则不利于采食。

（3）饲料的消化率要高。减少消化率低的饲料原料用量，如菜籽粕、棉仁粕中蛋白质的含量和消化率都比豆粕低，羽毛粉和血粉中蛋白质的质量及消化率也显著低于鱼粉和肉粉。

（4）饲料要新鲜。雏鸡的饲料要新鲜，加工后的产品存放时间不宜超过1个月。不能使用发霉变质的饲料和饲料原料。

2. 雏鸡的开食（图6-7）　雏鸡第一次喂料称为开食。开食时间一般掌握在出壳后24~36小时，初饮后可以随即进行。开食不是越早越好，过早开食胃肠软弱，有损于消化器官。但是开食过晚会造成体内营养消耗较多，影响正常生长发育。

开食可以使用开食盘（直径约30厘米、深度约1.5厘米、盘的表面有凸起斑点以防滑），将饲料撒在盘内，放到雏鸡笼内用手指敲击料盘，引诱雏鸡啄食饲料颗粒。开食所用饲料量不宜多，平均每只雏鸡不超过2克。

3. 雏鸡的喂饲　雏鸡采食有模仿性，一旦有几只学会采食，很短时间全群都会采食。开食料最好用全价饲料。开始几天可以

图6－7　雏鸡开食

把饲料放在盘内让雏鸡采食。4 天后的雏鸡要逐步引导其使用料桶或料槽，10 天后完全更换为料桶或料槽。每天至少要清洗 1 次喂料用具，必要时要进行消毒处理。尽量减少雏鸡踩进盘内并在盘内排粪，以减少饲料的污染。

喂饲次数要合理，由于饲料在消化道内停留时间短，雏鸡容易饥饿（尤其是 10 日龄内的雏鸡），在喂饲时要注意少给勤添。每次喂料量以雏鸡在 30 分钟左右吃完为度，每次喂饲的间隔时间随雏鸡日龄而调整。前 3 天，每天喂饲 7 次，4～7 天每天喂饲 6 次，8～12 天每天喂饲 5 次，13 天以后每天喂饲 4 次。

为了促进采食和饮水，育雏前 3 天，全天连续光照。这样有利于雏鸡对环境适应，找到采食和饮水的位置。

（三）促进雏鸡的早期增重

早期增重稍快的雏鸡体质较好，以后的产蛋性能也较高。因此，育雏期间要设法促进雏鸡增重，使其体重略高于标准体重。

促进雏鸡早期增重可以通过提高饲料营养水平、增加喂饲次数、促进采食、保证饮水供应、保持适宜的饲养密度、适当的运动、舒适的环境条件、严格的卫生防疫管理等措施来实现。

（四）生长鸡的体重与饲料消耗

在我国农业部制定的《鸡饲养标准》（NY/T 33—2004）中，提出了20周龄前生长期的蛋用鸡体重发育和饲料消耗标准，具体见表6－5。

表6－5　生长蛋鸡体重与耗料量

周龄	周末体重（克/只）	耗料量［克/（只·周）］	累计耗料量（克/只）
1	70	84	84
2	130	119	203
3	200	154	357
4	275	189	546
5	360	224	770
6	445	259	1 029
7	530	294	1 323
8	615	329	1 652
9	700	357	2 009
10	785	385	2 394
11	875	413	2 807
12	965	441	3 248
13	1 055	469	3 717
14	1 145	497	4 214
15	1 235	525	4 739
16	1 325	546	5 285
17	1 415	567	5 852
18	1 505	588	6 440
19	1 595	609	7 049
20	1 670	630	7 679

此外，各个育种公司在其配套系的饲养管理手册中也都有各自的体重发育标准和喂料量参考标准，可供参考。

在饲养实践中，要求每周龄末要抽测雏鸡的体重，了解其发育情况并合理调整每周的饲料供给量。

七、雏鸡的管理

（一）断喙

在笼养条件下各个阶段的鸡群都可能发生啄癖（啄羽、啄肛、啄趾等），会造成鸡只的严重伤亡。引起啄癖的原因很多，如营养失调、密度过大、通风不良、疾病、换羽等，一旦发生后很难确定其病因，而且不容易纠正。另外，鸡在采食时常常用喙将饲料勾出食槽，造成饲料浪费。断喙是解决上述问题有效途径，效果明显（图 6－8）。

1. 断喙时间 断喙时间一般在 7～21 日龄进行。断喙日龄过早则雏鸡喙太软，易再生，而且不易操作，对鸡的损伤大。断喙太晚则出血较多，不利于止血，应激大。

2. 断喙方法 断喙要用专门的断喙器来完成，刀片温度在 800℃左右（颜色暗红色）。断喙长度上喙切去 1/2（喙端至鼻孔），下喙切去 1/3，断喙后雏鸡下喙略长于上喙。

3. 断喙操作要点 单手握雏，拇指压住鸡头顶，食指放在咽下并稍微用力，使雏鸡缩舌防止断掉舌尖。将头向下，后躯上抬，上喙断掉较下喙多。在切掉喙尖后，在刀片上烫 1.5～2 秒，有利于止血。

4. 断喙注意事项

（1）断喙器刀片应有足够的热度，切除部位掌握准确，确保一次完成。

（2）断喙前后 2 天应在雏鸡饲粮或饮水中添加维生素 K（2 毫克/千克）和复合维生素，有利于止血和减轻应激反应。

（3）断喙后立即供饮清水，一周内饲槽中饲料应有足够深度，避免采食时啄痛伤面。

（4）鸡群在非正常情况下（如疫苗接种、患病等）不进行断喙。

（5）断喙时应注意观察鸡群，发现个别喙部出血的雏鸡，要及时烧烫止血。

图6－8　断喙后的雏鸡

（二）剪冠

饲养蛋种鸡的时候，需要对父本雏鸡进行剪冠处理（图6－9、图6－10）。剪冠的目的在于切除鸡冠后成年公鸡的鸡冠残留比较小，在采食和饮水的过程中头部更容易伸出笼外；冬季能够防止鸡冠冻伤；对于父本和母本羽毛颜色一致的品种，剪冠还能够很容易地发现雌

图6－9　育雏期剪冠处理的成年公鸡

雄鉴别错误的个体。

剪冠通常在1日龄进行，在雏鸡接入育雏室后可立即进行，日龄大则容易出血。操作时，用左手握雏鸡，拇指和食指固定雏鸡头部；右手持手术剪，在贴近头皮处将鸡冠剪掉，用消毒药水消毒即可。只要不伤及皮肤一般不会有较多出血。

图6－10　育雏期未剪冠处理的成年公鸡

（三）检查各项环境条件控制是否得当

如查看温度计并根据雏鸡的行为表现了解温度是否适宜；根据干湿温度计读数确定湿度是否合适；根据饲养人员的鼻眼感觉了解室内空气质量是否合适；通过观察室内各处的饲料、粪便、饮水、垫草等了解光照强度和分布是否合理。如果发现问题应及时解决。保证各项环境条件的适宜是提高育雏效果的前提，检查过程中发现的问题要及时解决（图6－11）。

（四）弱雏复壮

在集约化、高密度饲养条件下，尽管饲养管理条件完全一样，但难免会因为个体间生长发育的不平衡而出现弱雏。适时进行强弱分群，可以保证雏鸡均匀发育，提高鸡群成活率。

图6－11　观察雏鸡

1. 及时发现和隔离弱雏　饲养人员每天定时巡查育雏室，发现弱雏及时挑拣出来放置到专门的弱雏笼（或圈）内。因为弱雏在大群内容易被踩踏、挤压，采食和饮水也受影响，如果不及时拣出很容易死亡。

2. 注意保温　弱雏笼（或圈）内的温度要比正常温度标准高出1～2℃，这样有助于减少雏鸡的体温散失，促进康复。

3. 加强营养　对于挑拣出的弱雏不仅要供给足够的饲料，必要时还应该在饮水中添加适量的葡萄糖、复合维生素、口服补液盐等，增加营养的摄入。

4. 对症治疗　对于弱雏有必要通过合适途径给予抗生素进行预防和治疗疾病，以促进康复。对于有外伤的个体还应对伤口进行消毒。

（五）疫病预防

严格执行免疫接种程序，预防传染病的发生。每天早上要观察粪便了解雏鸡健康状况，主要看粪便的稀稠、形状、颜色等。每天及时清理粪便、刷洗饮水设备和消毒。按照种鸡场提供的免疫程序及时接种疫苗。对于一些肠道细菌性感染（如鸡白痢、大肠杆菌病、禽霍乱等）要定期进行药物预防。20日龄前后要预防球虫病的发生，尤其是地面垫料散养。

通常情况下，育雏室与周围要严格隔离，杜绝无关人员的靠近，尽可能减少育雏人员的外出。

（六）观察鸡群

饲养人员每天要定时观察鸡群以便于及早发现和解决问题，减少其影响。

1. 观察项目 雏鸡的采食、饮水情况，行为表现，粪便的颜色和形状，绒毛特征，设备完好性等。

2. 观察时间 采食和饮水情况在喂料后及时观察；行为表现在雏鸡活动或休息时观察；粪便情况和设备情况在雏鸡休息时观察。

（七）减少意外伤亡

1. 防止野生动物伤害 雏鸡缺乏自卫能力，老鼠、鼬、鹰都会对它们造成伤害。因此，育雏室的密闭效果要好，任何缝隙和孔洞都要堵塞严实。当雏鸡在运动过程中要有人照料。猫、狗也不能接近雏鸡群。

2. 减少挤压造成的死伤 室温过低、受到惊吓都会引起雏鸡挤堆，造成下面的雏鸡死伤。

3. 防止踩、压造成的伤亡 当饲养员进入雏鸡舍的时候，抬腿落脚要小心以免踩住雏鸡、放料盆或料桶时避免压住雏鸡；工具放置要稳当、操作要小心，以免碰倒工具砸死雏鸡。

4. 防止中毒 育雏期间造成雏鸡中毒的原因主要有煤气中

毒和药物中毒两种。前者主要出现在使用煤火炉加热的育雏室内，如果不注意煤烟的排放就可能造成煤气中毒；后者发生的情况有药物使用剂量过大、药物与饲料混合不均匀，雏鸡采食含有杀虫剂或毒鼠药的饲料等。

5. 其他　笼养时防止雏鸡的腿脚被底网孔夹住、头颈被网片连接缝挂住等。如果有雏鸡饮水时绒毛浸湿则需要及时拣出放在加热器附近烘干，防止受凉发病。

（八）提高免疫接种效果

雏鸡阶段免疫接种的次数多，使用的疫苗种类多，疫苗的接种方法多，如果没有按要求接种就可能影响雏鸡乃至以后鸡群的健康。

1. 确定免疫接种的时机　根据鸡群血清中抗体水平的高低决定相应疫苗的接种时间是最科学的方法，在规模化蛋鸡场内为雏鸡进行免疫接种除常规的免疫程序外，需要定期监测抗体水平。

2. 选择合适的免疫接种方法　疫苗的接种方法很多，包括个体免疫，如滴鼻、点眼、浸喙、注射、刺种等和群体免疫如喷雾、饮水、拌料等。总体来看，个体免疫效果稳定，而群体免疫容易出现雏鸡接受疫苗的量不均匀问题，但是后者省时省力。

活疫苗可以采用滴鼻、点眼、浸喙、喷雾、饮水、拌料等方式接种，而灭活疫苗采用注射方式。

3. 疫苗的选择、疫苗使用前的检查　不同企业生产的同种疫苗的质量存在差异，选择时要结合有关鸡场的使用效果，不要贪图廉价、方便，一定要重视质量。

疫苗在使用前要仔细检查是否有问题，如瓶子是否有裂纹、瓶塞是否松动、疫苗的生产日期是否过久、疫苗的颜色是否正常、油苗有无油水分层现象等。有问题的疫苗一定不要使用。

4. 按要求进行稀释、现用现配 不同的疫苗对稀释液的要求不一样，有的要求使用蒸馏水，有的则有专用稀释液，而油乳剂疫苗则不需要稀释。疫苗使用前一定要看清楚稀释要求。

疫苗的稀释一般都是在使用前进行，经过稀释的疫苗存放时间越久其效价会越低。大多数活苗在稀释后还要求放置在低温的冰水中，如果处于高温条件下同样影响疫苗活力。

5. 剂量准确并保证疫苗真正进入接种部位 疫苗的接种剂量同样会影响接种效果，因此在使用前一定要注意每瓶疫苗可接种雏鸡的数量，并确定每只雏鸡需要接种的经过稀释的疫苗量，宁可让每只鸡的接种剂量略大些也不要不足。有的鸡场采用滴鼻、点眼、浸喙接种方式的时候会将接种剂量加大0.5~1倍，采用饮水免疫方式的时候接种剂量加大2~4倍。

要防止接种疫苗的时候疫苗没有进入接种部位，如点眼或滴鼻的时候要待雏鸡将疫苗吸入眼结膜囊或鼻腔后再放下，注射疫苗的时候防止针头没有刺入皮下或肌肉中（图6-12）。

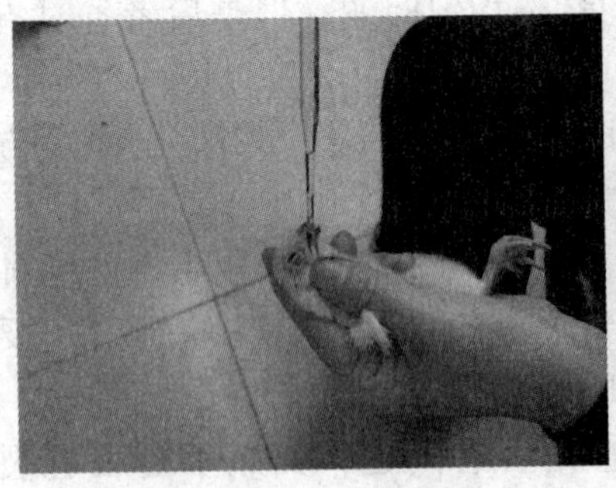
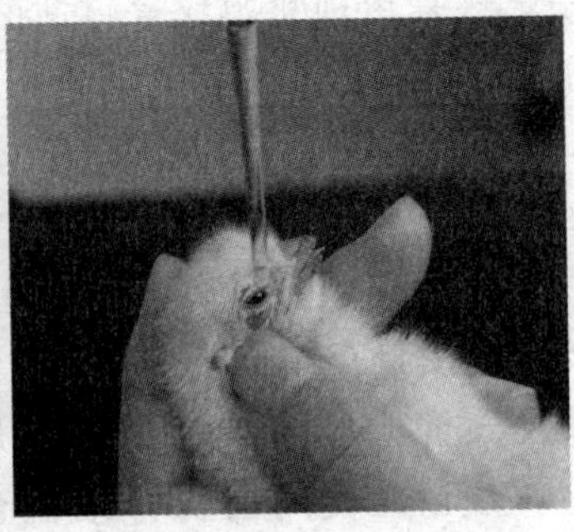

图6-12　雏鸡的接种疫苗方法（左为滴口法，右为点眼法）

6. 防止漏免　接种疫苗前要将跑出笼外的雏鸡全部抓进笼内，接种疫苗抓鸡的时候注意防止雏鸡逃出笼外，保证每只鸡都被接种。接种间隔要及时进行标记。

饮水免疫时要保证每只雏鸡都饮到足量的水。

7. 减少外界因素对疫苗的不良影响　疫苗接种过程要将容器放在温度较低的保温瓶或盆内，防止高温堆疫苗造成的不良影响。饮水免疫要使用凉开水或经过过滤的井水，饮水用具要冲洗干净，减少水中所含各种物质对疫苗造成的损害。不能使用含有消毒药的自来水，防止消毒药杀死疫苗。不要对处于严重应激状态或健康状况不好的鸡群接种疫苗，要待鸡群状况好转后再接种。

8. 免疫接种前后各 2 天增加复合维生素用量　采用这种方法有助于提高免疫接种效果。

9. 保证用品及操作过程的卫生　所有免疫接种用品用具在使用前都应经过冲洗和高温高压消毒处理，防止其表面附着的灰尘和微生物污染疫苗。在免疫接种操作过程中也要注意避免环境中灰尘飞扬，防止杂物接触疫苗。

10. 操作人员要经过技术培训　为了保证疫苗接种过程操作准确无误，所有参与疫苗接种的人员都应提前进行技术培训，掌握要领。

（九）提高育雏合格率

1. 选养健雏　健康的初生雏在以后的饲养过程中才能更好地发育，出现不合格的情况才较少。

2. 饲养密度合理　饲养密度高常常是造成不合格雏鸡出现的重压原因。

3. 弱雏复壮　对于发现的弱雏及早隔离和进行复壮处理能够减少不合格雏鸡的数量。

4. 合理分群、避免大小强弱混群　同一个群内个体的大小强弱相似才能保证均匀发育，才能减少弱残个体的出现。

5. 保证笼具接缝处的严密（图 6 - 13、图 6 - 14） 笼养雏鸡会因为笼具接缝处较大的缝隙而被挂伤致残。

图 6 - 13　叠层式育雏笼内的雏鸡

图 6 - 14　阶梯式育雏笼内的雏鸡

6. 减少惊群　雏鸡惊群的时候到处乱跑会将个别雏鸡踩踏致残。

7. 断喙操作规范　如果断喙不当很容易造成鸡的伤残。如果上喙被切去过长则鸡将会采食困难，影响生长发育和产蛋；如果断喙的创面烧烙止血时间不够则会造成出血、渗血问题，同样影响雏鸡发育和健康甚至造成雏鸡死亡。正确断喙后 2 周雏鸡的喙部见图 6－15。

图 6－15　正确断喙后 2 周雏鸡的喙部

8. 搞好卫生防疫　做好卫生防疫工作，保证雏鸡的健康是减少弱残雏的重要基础。

（十）做好记录

记录内容有每日雏鸡死淘数，耗料量、温度、防疫情况、饲养管理措施、用药情况等，便于对育雏效果进行总结和分析，可参考表 6－6、表 6－7。

表6－6 育雏工作记录表

进雏时间__________ 进雏数量________ 品种（配套系）________

日期	日龄	雏鸡变动情况				饲料情况		卫生防疫情况	环境条件	记录人签名
		死亡	淘汰	转出	存栏	总耗料量	平均耗料量			

表6-7　雏鸡卫生防疫工作记录表

进雏时间＿＿＿＿＿＿＿　进雏数量＿＿＿＿＿　品种（配套系）＿＿＿＿＿

日期	日龄	疫苗接种情况				药物使用情况				消毒情况		其他情况	记录人签名
		名称	接种方法	疫苗生产商	批号	名称	用法用量	生产商	批号	名称	用法用量		

第七章　育成鸡的培育

育成鸡是指处于7～18周龄阶段的青年鸡群，也称青年鸡、后备鸡。在三阶段饲养工艺中育成鸡饲养于专门的育成鸡舍内的育成笼中，通常在6周龄末或7周龄初从育雏室转入育成鸡舍，在17周龄从育成鸡舍转入产蛋鸡舍；在两阶段饲养工艺中，13周龄之前一直饲养在育雏室内的育雏育成一体笼内，13周龄转入产蛋鸡舍。

一、育成鸡的培育目标

1. 较高的群体发育整齐度　群体发育整齐度是指体重在该周龄标准体重±10%范围内的个体占总数的百分比。对于育成鸡群来说，发育的整齐度高就意味着鸡群中绝大部分的个体大小相似，能够在达到性成熟日龄的时候生殖系统发育成熟，在较短的时间段内集中开产。

大量的研究和生产实践证明，发育整齐度高的鸡群在性成熟后产蛋率上升快、产蛋高峰维持时间长、每只鸡的总产蛋量高、饲料效率高、鸡只死淘率低。

发育整齐度差的群体往往表现为：初产阶段产蛋率上升速度慢、产蛋高峰维持时间短、产蛋中后期鸡只的死淘率高等。这主要是因为整齐度低的时候有的成熟早、有的成熟晚，开产时间不一致，部分个体体质弱。要求在16周龄的时候青年鸡群的整齐

度要达到80%以上。

2. 体重发育适中　合适的体重是衡量青年鸡良好发育状况的重要指标。对于每个蛋用型鸡品种或配套系来说，都有自己的体重发育标准，这个标准是育种公司经过大量实验研究得出的结果，当鸡群的体重与标准体重相符合的时候才能获得最佳的生产成绩。

体重过大往往是鸡只过肥的表现，过于肥胖的鸡由于腹腔中脂肪沉积过多而影响以后的产蛋；体重过小说明鸡的发育不良，以后的产蛋性能也不理想。统计发现，蛋鸡育成结束时的体重每小于标准体重50克，全期产蛋量少6个左右。

在实际生产中对育成鸡体重的控制可以让育成前期鸡的体重适当高于推荐标准，育成后期则控制在标准体重范围的中上限之间。

3. 适时达到性成熟　青年鸡发育到一定时期，体重达到规定标准，生殖系统发育基本完成的时期就是性成熟期。目前，在蛋鸡生产实践中合适的性成熟期在18～20周龄。

如果青年鸡的性成熟期提早则鸡的各系统发育不成熟，无法维持开产后长期高产的需要而出现产蛋高峰持续期短、死淘率高，初产蛋重小等问题；如果性成熟期推迟则说明鸡的前期发育遇到障碍，某些器官的发育可能会出现机能障碍，同样影响以后的产蛋。

二、育成鸡的环境条件控制

育成鸡羽毛的保温性较好、各项基本的生理功能发育区域完善，对外界条件的适应性较强，尤其是对环境温度的变化能够较好地适应。因此，不像育雏期对环境条件的要求那么严格。但是，一些恶劣的环境条件同样会影响鸡群的健康和发育，需要注意控制。

（一）光照控制

光照控制是育成期环境条件控制的重点，它不仅影响到鸡群的采食、饮水、运动和休息，更重要的是直接影响到鸡生殖系统

的发育，影响鸡群的性成熟期。

1. 光照时间控制

（1）固定短光照方案。在育成期内把每天的光照时间控制在8小时左右，或在育成前期（7～12周龄）把每天光照时间控制在10小时，育成后期控制在6～8小时。这种方案在密闭鸡舍容易实施，在有窗鸡舍内使用的时候需要配备窗帘，在早晚进行遮光。

（2）逐渐缩短光照时间。一般在有窗鸡舍使用。育成初期（10周龄前）每天光照时间约15小时，以后逐周缩短，16周龄后控制在每天10小时以内，必要时对窗户采取遮光处理。

育成后期的光照时间对鸡群的性成熟期影响比较大，如果每天都是长光照（超过12小时）或光照时间逐渐延长就会刺激母鸡的卵巢发育，促进性成熟；如果采用短光照（每天光照时间不超过12小时）或采用逐渐缩短光照时间的模式则可以抑制卵巢发育，防止性成熟期提前。目前，绝大多数的蛋鸡配套系都有性成熟期提早的趋势，如果不在育成后期控制光照时间则很可能出现早熟现象。

2. 光照强度控制　育成期光照强度大也会对生殖系统发育产生刺激作用，也容易引起啄癖。一般要求在育成期内光照强度不超过50勒克斯，由于育成期主要是利用自然光照，因此常常需要在鸡舍南侧的窗户上设置遮光设施以降低舍内光照强度。

3. 育成后期加光时间的掌握　育成后期需要逐周递增光照时间以刺激鸡群生殖系统的发育，为产蛋做准备。加光时间需要考虑鸡群的周龄和发育情况。发育正常的鸡群可以在18周龄或19周龄开始加光，如果鸡体重偏低则应推迟1～2周加光。即便鸡的发育偏快，加光时间也不能早于17周龄。加光的措施，第一周在原来基础上增加1小时，第二周递增40分钟，以后逐周递增20～40分钟，在26周龄时每天光照时间应达到16小时，以后保持稳定。

生产中有时会出现初期加光幅度大而导致的新母鸡脱肛、难

产问题，这主要是加光后卵泡发育快而输卵管和泄殖腔发育略滞后造成的。

（二）温度控制

1. 适宜温度　育成鸡对于环境温度的适应性明显比雏鸡强，周龄越大适应性越强。一般来说15～28℃的温度对于育成鸡是非常适宜的，这个温度范围有利于鸡的健康和生长发育，也有利于提高饲料利用率。需要注意的是冬季要采取合适的防寒保暖措施，尽量使舍温不低于12℃；夏季则要采取防暑降温措施，尽量使舍温不超过30℃。温度控制要注意相对的恒定，不能忽高忽低，尤其是温度突然降低常常造成鸡只受凉感冒，降低抗病力。

2. 育成初期的脱温　刚进入育成前期的鸡对低温的适应性还不强，如果鸡群6周龄育雏结束时处于冬季的低温季节，则需要认真做好脱温工作，使温度由育雏期的较高温度逐渐降至自然温度。至少在10周龄前，舍内温度不能低于15℃，尤其是夜间有时需要采取加热或保温措施。

（三）通风控制

1. 保证鸡舍内良好的空气质量　通风的目的是促进舍内外空气的交换，保持舍内良好的空气质量。由于鸡群生活过程中不断消耗氧气和排出二氧化碳，加上鸡粪被微生物分解后产生氨气和硫化氢等有害气体，而且脱落的毛屑和空气中的粉尘都会在舍内积聚，不注意通风就会导致空气质量恶化而影响鸡的健康。

2. 通风控制　无论采用任何通风方式，每天都有必要定时开启通风系统进行通风换气。要求在人员进入鸡舍后没有明显的刺鼻、刺眼等不舒适感。春、夏和秋季外界温度较高，可以打开门窗和风扇进行充分的通风换气。冬季由于气温低，通风时需要注意在进风口设置挡板，避免冷风直接吹到鸡身上。

（四）湿度控制

鸡群对环境湿度的适应性较强，在温度适宜的条件下相对湿

度保持在50%～75%都是可以的。但是，长期的相对湿度偏高或偏低也会影响鸡群的健康。在蛋鸡育成期很少会出现舍内相对湿度偏低的问题，常见问题是相对湿度偏高。因此，需要通过合理通风、减少供水系统漏水等措施降低湿度。

三、育成鸡的饲养

（一）育成鸡的饲料

在蛋鸡的育成期根据前期和后期鸡不同的生理特点和培育目标，所使用的饲料也有差异，按照育成前期和后期的特点分别配制前期料和后期料是比较科学的。一般前期饲料中粗饲料的使用量相对较少，蛋白质、钙等营养素的浓度较高，分别达到16%和1.2%。而后期饲料中粗饲料的使用较多，蛋白质和钙含量较低，分别为14.5%和0.9%。如果后期饲料中蛋白质含量高则容易造成生殖器官发育过快，性成熟期提前；如果钙含量过高则易诱发肾脏尿酸盐的沉积，并易出现稀便（这种现象能够持续到产蛋高峰期）。

对于中小型蛋鸡养殖场户常常从饲料厂购买浓缩饲料，然后在添加玉米后喂饲鸡群。目前，大多数饲料生产企业为了蛋鸡养殖户的使用方便，在育成期采用一段式饲料配制方法，其营养水平介于上述两阶段之间。

使用商品性育成鸡浓缩饲料常见问题是营养水平偏低，需要定期补充一些复合维生素和微量元素添加剂，同时要注意监测鸡群的体重和检查其体况（触摸龙骨部位），确定是否需要添加适量的豆粕。

（二）育成鸡的喂饲管理

1. 喂饲次数 育成前期为了促进鸡的生长，每天喂饲2次；育成后期每天喂饲1次或2次。一般是随周龄增大，喂饲次数减少。需要注意的是喂饲次数要根据鸡的发育情况和喂饲量及喂饲

方式而定。体重和体格发育落后时可增加喂饲量和次数，体重发育偏快则减少喂饲量和次数。

2. 喂饲量控制标准　喂饲量的控制目的是控制鸡的体重增长，可以参考表6－5的标准执行。但是，在实际生产中通常要根据育种公司提供的鸡体重发育和饲料喂饲量标准安排喂饲量。下面介绍饲养较多的罗曼褐和海兰褐蛋鸡育雏育成期体重喂饲量标准（表7－1、表7－2），供参考。

表7－1　罗曼褐商品代蛋鸡育雏育成期体重喂饲量标准

周龄	体重（克）	喂饲量［克/（日·只）］	累计喂饲量（克/只）
1	72～78（75）	10	70
2	122～132（127）	17	189
3	182～198（190）	23	350
4	260～282（271）	29	553
5	341～370（356）	35	798
6	434～471（453）	39	1 071
7	536～580（558）	43	1 372
8	632～685（659）	47	1 701
9	728～789（759）	51	2 058
10	819～888（854）	55	2 443
11	898～973（936）	59	2 856
12	969～1 050（1 010）	62	3 290
13	1 030～1 116（1 073）	65	3 745
14	1 086～1 176（1 131）	68	4 221
15	1 136～1 231（1 184）	71	4 718
16	1 182～1 280（1 231）	74	5 236
17	1 230～1 332（1 281）	77	5 775
18	1 280～1 387（1 334）	80	6 335
19	1 339～1 450（1 395）	84	6 923
20	1 402～1 518（1 460）	88	7 539

注：体重一列括号内为平均体重。

表7－2 海兰褐商品代和父母代蛋鸡育雏育成期体重喂饲量标准

周龄	商品代		父母代（CD系母鸡）	
	体重（克）	喂饲量［克/（日·只）］	体重（克）	喂饲量［克/（日·只）］
1	70	13	70	13
2	115	20	115	20
3	190	25	190	25
4	280	29	270	29
5	380	33	370	34
6	480	37	480	39
7	580	41	580	44
8	680	46	680	50
9	770	51	770	56
10	870	56	860	62
11	960	61	960	67
12	1 050	66	1 060	72
13	1 130	70	1 150	73
14	1 210	73	1 230	74
15	1 290	75	1 310	75
16	1 360	77	1 380	76
17	1 430	80	1 450	77
18	1 500	82	1 510	78

3. 抽测体重以调整喂饲量 育成鸡每日喂料量的多少要根据鸡体重发育情况而定，每周或间隔1周称重一次（抽样比例为1%左右，每次不少于50只，逐只称重），计算平均体重，与标准体重对比，确定下周的饲喂量。如果实际体重与标准体重相差幅度在5%以内可以按照推荐喂饲量标准喂饲，如果低于或高于标准体重5%则下周喂饲量在标准喂饲量的基础上适当增减。

喂料量的多少关键是看体重发育情况，不能以表中的数据为

准，原因是生产实际中所使用的饲料营养水平对营养素的摄入量影响较大（图 7－1）。

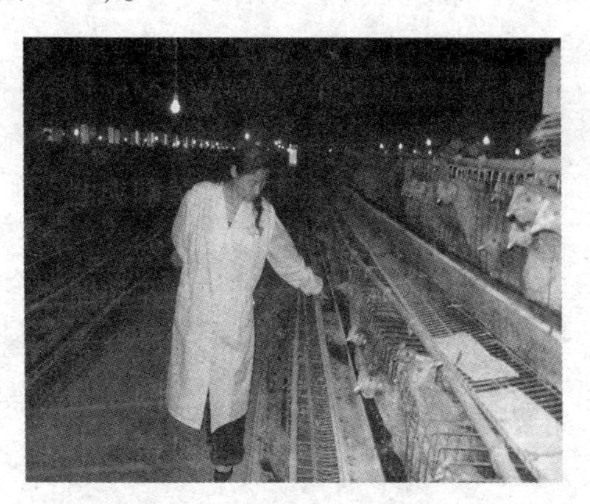

图 7－1　检查鸡群的采食情况

（三）饮水管理

饮水供应要充足，保证饮水设备内有足够的水，需要注意的是应该经常检查饮水设备内的水分布情况，防止缺水和漏水。

饮水质量要好，必须符合饮用水卫生标准。使用水槽和钟形饮水器时每天要刷洗，定期进行消毒处理。

四、育成鸡的管理

（一）补充断喙

在 7～8 周龄期间对第一次断喙效果不佳的个体进行补充断喙。用断喙器进行操作，要注意断喙长度合适，避免引起出血。补充断喙的时间不能晚于 10 周龄，否则会影响鸡的初产日龄和早期产蛋性能。注意事项与雏鸡阶段相同。

（二）转群

三段制饲养方式，在一生中要进行两次转群。第一次转群在 6～7 周龄时进行，由育雏舍转入育成舍；第二次转群在 18～19

周龄时进行，由育成鸡舍转入产蛋鸡舍。两段制饲养方式则仅在13周龄前后进行一次转群（图7－2）。

图7－2　转群使用的周转箱和车辆

1. 转群前的准备　转群前应对新鸡舍进行彻底的清扫消毒，提前检修和调试新鸡舍内的笼具、喂饲、饮水等饲养设备，调试好清粪、照明和通风设备。

做好人员的安排，使转群在短时间内顺利完成。一般来说，转群需要较多的人员参与，要合理分工，提高工作效率。所有参与转群的人员都要经过消毒和更换工作服。准备转群所需的抓鸡、装鸡、运鸡用具，并经严格消毒处理。转群前4～5小时停止喂饲并将料槽中的剩余饲料清理出去，转群前1小时关闭饮水器阀门，停止供水。

2. 转群时间安排　为了减少对鸡群的惊扰，转群要求在光线较暗的时候进行。傍晚天空具有微光，这时转群鸡较安静，而且便于操作。夜里转群，舍内应有小功率灯泡照明，抓鸡时能看清舍内情况。白天转群则至少要求在原鸡舍内采取遮光措施，如使用窗帘使舍内光线昏暗。

转群还要考虑天气情况，避开大风、雷雨、酷热、严寒的天

气和时间段。

3. 转群注意事项

（1）减少鸡只伤残。抓鸡时应抓鸡的双腿，不要只抓单腿或鸡脖、单侧翅膀。每次抓鸡不宜过多，每只手1～2只。从笼中抓出或放入笼中时，动作要轻，最好两人配合，防止挂伤鸡皮肤。装笼运输时，不能过分拥挤。

（2）笼养育成鸡转入产蛋鸡舍时，应注意来自同层的鸡最好转入相同的笼层，避免造成大的应激。

（3）转群时将发育良好、中等和迟缓的鸡分栏或分笼饲养。对发育迟缓的鸡应放置在环境条件较好的位置（如上层笼），加强饲养管理，促进其发育。

（4）结合转群可将部分发育不良、畸形个体淘汰，降低饲养成本。

（5）转群前在饲料或饮水中加入镇静剂，可使鸡群安静。另外结合转群进行疫苗接种，以免增加应激次数。

（6）转群后及时供给饮水并提供少量的饲料，让鸡只尽快适应新环境。

（三）鸡的选留

在育成后期（17周龄前），要根据鸡的体格和体质发育情况进行选留。淘汰那些有畸形、过肥、过于瘦小、体质太弱的个体。因为，这样的鸡在将来也不会有好的产蛋效果。一般淘汰率为5%左右。许多农户在养殖过程中舍不得淘汰这样的个体，往往会影响以后鸡群的产蛋性能。

（四）生产记录

做好生产记录（表7－3、表7－4）是建立生产档案、总结生产经验教训、改进饲养管理效果的基础。每天要记录鸡群的数量变动情况（死亡数、淘汰数、出售数、转出数等）、饲料情况（饲料类型、变更情况、每天总耗料量、平均耗料量）、卫生防疫情况（药物和疫苗名称、使用时间、剂量、生产单位、使用方法、抗体监测结果）和其他情况（体重抽测结果、调群、环境条件变化、人员调整等）。

表7－3　育成鸡群工作记录表

鸡群转入时间＿＿＿＿　转入数量＿＿＿　品种（配套系）＿＿＿　鸡舍号＿＿＿

日期	日龄	鸡群变动情况			饲料情况		卫生防疫情况	环境条件		记录人签名
		死亡	淘汰	存栏	总耗料量	平均耗料		光照时间	天气	

注：卫生防疫情况主要记录是否接种疫苗、使用药物、消毒等；天气主要记录是否出现恶劣气候条件。

表7－4 育成鸡群体重测定记录表

品种（配套系）________ 鸡舍号________

抽测日期	抽测周龄	体重测定结果	标准体重	实测平均重	均匀度	工作建议

注：工作建议主要是根据测定结果对下周喂料量的调整、均匀度调整等。

（五）提高育成鸡的发育均匀度

由于育成鸡的均匀度直接影响以后的产蛋性能，因此，提高均匀度就是育成鸡管理的关键环节。

1. 合理分群和调群 分群的目的在于按照不同群内鸡只的体重采取不同的饲养管理措施。在育成鸡的饲养管理过程中，要根据体重进行合理分群，把体重过大和过小的分别集中放置在若干笼内或圈内，使不同区域内的鸡笼或小圈内鸡的体重相似。

调群的目的在于及时将群内体重偏大偏小的个体调整到合适的群内。要求各周需要通过目测或称量方式检查体重，及时调整，将各群内体重偏大偏小的调整到相应的群内。

2. 根据体重调整喂饲量 体重适中的鸡群按照标准喂饲量提供饲料。体重过大的鸡群则应该适当降低喂饲量标准，体重过小的则适当提高喂饲量标准。这样使大体重的鸡群生长速度减慢、小体重的鸡群体重生长加快，最终都与中等体重的鸡群相接近。

喂料量的调整幅度不宜太大，一般每只鸡的每天喂料量增减幅度不超过 5 克。

3. 保证均匀采食

只有保证所有鸡都能均匀采食，每天摄入的营养相近才能达到均匀度高的育成目标。由于在育成阶段一般都是采用限制饲喂的方法，绝大多数鸡每天都吃不饱，这就要求有足够的采食位置，而且投料时速度要快。这样才能使全群同时吃到饲料，平养时更应如此。

（六）卫生防疫

1. 隔离与消毒 减少无关人员进入鸡舍，工作人员进入鸡舍必须经过更衣消毒。定期对鸡舍内外消毒，饮水消毒。每天清扫鸡舍。

2. 疫苗接种和驱虫 育成期防疫的传染病主要有新城疫、鸡痘、传染性支气管炎、禽流感等。具体时间和方法见鸡病防治部分。地面平养的鸡群要定期驱虫，驱虫药有左旋咪唑、丙硫咪唑等。

3. 病死鸡和粪水的合理处理 生产过程中出现的病死鸡要定点放置，由兽医在指定的地点进行诊断。病死鸡必须经过消毒后深埋，不能出售和食用。鸡粪要定点堆放，最好进行堆积发酵处理。污水集中排放，不能到处流淌。

五、预产阶段鸡群的饲养管理

预产阶段是指 18 ~ 22 周龄的时期，跨越育成末期和产蛋初期。在生产上这个时期是鸡病死率比较高的时期，其饲养管理方法也是对后期产蛋性能影响比较大的阶段。

（一）预产阶段鸡的生理特点

进入 14 周龄后卵巢和输卵管的体积、重量开始出现较快的

增加，17 周龄后其增长速度更快，19 周龄时大部分鸡的生殖系统发育接近成熟。发育正常的母鸡 14 周龄时的卵巢重量约 4 克，18 周龄时达到 25 克以上，22 周龄能够达到 50 多克。

在 18 ~20 周龄期间骨的重量增加 15 ~ 20 克，其中有 4 ~ 5 克为髓质钙。髓质钙是接近性成熟的雌性家禽所特有的，存在于长骨的骨腔内，在蛋壳形成的过程中，可分解并将钙离子释放入血用于形成蛋壳，白天在非蛋壳形成期采食饲料后又可合成。髓骨钙沉积不足，则产蛋高峰期常诱发笼养鸡产蛋疲劳综合征等问题。

在 18 ~22 周龄，平均每只鸡体重增加 350 克左右，这一时期体重的增加对以后产蛋高峰持续期的维持是十分关键的。体重增加少会表现为高峰持续期短，高峰后死淘率上升。体重增加过多则可能造成腹腔脂肪沉积偏多，也不利于高产。

（二）预产阶段鸡的管理要求

1. 环境条件控制

可以参考育成鸡的环境控制要求。

2. 采用预产期饲料　为了适应鸡只体重、生殖器官的生长和髓骨钙的沉积需要，在 18 周龄就应使用预产期饲料。预产期饲料中粗蛋白质的含量为 15.5% ~16.5%、钙含量为 2.2% 左右，复合维生素的添加量应与产蛋鸡饲料相同或略高。饲料能量水平为 11.6MJ/千克左右。当产蛋率达 10% 时换用产蛋期饲料。

3. 喂饲要求　预产阶段鸡的采食量明显增大，而且要逐渐适应产蛋期的喂饲要求，日喂饲次数可确定为 2 次或 3 次。日喂饲 3 次时，第一次喂料应在早上光照开始后 2 小时进行，最后一次在晚上光照停止前 3 小时进行，中间加一次。喂料量以早、晚两次为主。此阶段饲料的喂饲量应适当控制，防止营养过多而导致脱肛鸡的出现。饮水要求为充足、洁净。

4. 加强疫病防疫工作

（1）免疫接种。根据免疫计划在17～19周龄，需要接种新支减灭活苗、传染性喉气管炎疫苗、禽痘疫苗和新支流灭活苗，如果是种鸡还需要接种传染性法氏囊炎疫苗。本阶段免疫接种效果对产蛋期间鸡群的健康影响很大。

（2）合理使用抗菌药物。定期通过饮水或饲料添加适量的抗生素以提高抗病能力，如氟哌酸、环丙沙星、庆大霉素等，17周龄和19周龄各用药3天，以预防大肠杆菌病、沙门杆菌病、肠炎等。

（3）坚持严格的消毒。按照要求定期进行带鸡消毒和舍外环境消毒，生产工具也应定期消毒，保持良好的环境卫生。舍内走道、鸡舍门口，要每天清扫，窗户、灯炮应根据情况及时擦拭。粪便、垃圾按要求清运、堆放。

第八章　产蛋鸡的饲养管理

进入产蛋期是蛋鸡饲养的收获时期，这个阶段鸡群的饲养管理目标是为了获得更多的可利用蛋。

一、产蛋鸡的饲养管理目标

1. 提高产蛋率　产蛋率是衡量产蛋鸡群生产性能的主要指标，要求19～70周龄的平均产蛋率不低于75%，高峰期（26～45周龄）产蛋率不低于90%，高峰期的持续时间不低于15周。

2. 提高饲料效率　饲料效率是指产蛋鸡群每产蛋1千克所需要消耗的饲料量，一般要求全程的饲料效率不高于2.4，即每生产1千克鸡蛋消耗的饲料量不超过2.4千克。

3. 提高产蛋期存活率　产蛋期鸡群的死淘率偏高是当前国内蛋鸡生产中的常见问题，多数蛋鸡场产蛋鸡群的月死淘率超过1.2%，而高水平的鸡场该指标则不超过0.8%。

4. 降低蛋的破损率　蛋壳破裂的鸡蛋其商品价值显著降低甚至失去商品价值，如果破蛋率高就会严重影响经济效益。一般要求破蛋率不能超过1%。

二、产蛋鸡的环境条件控制

环境条件和饲料质量是影响蛋鸡生产性能的关键因素，当前在蛋鸡生产中配合饲料的质量相对稳定，大多数情况下鸡群的产

蛋性能不好主要是由于饲养环境条件差造成的，甚至可以说产蛋鸡的多数疾病也都与环境条件有密切关系。

1. 温度控制　蛋鸡生产的最适宜温度为15～25℃，在这个温度范围内鸡的产蛋量、饲料效率和健康状况都能够保持在良好状态。温度低于15℃饲料效率就会下降，低于8℃不仅影响饲料效率，还影响产蛋率；高于28℃蛋重就会减轻，超过30℃则出现热应激，产蛋性能受影响，如果舍内温度超过35℃鸡只就有可能出现中暑。

在生产实践中需要注意预防夏季的高温和冬季的严寒对鸡群造成的不良影响。注意天气预报，一旦将出现恶劣气候，要提前做好防范工作。

2. 光照控制　参照育成鸡群光照时间增加的方案，在产蛋初期随产蛋率的增加光照时间也在增加，26周龄鸡群产蛋率达到高峰，光照时间也应该达到每天16小时并保持稳定。在鸡群淘汰前5周可以将每天的光照时间延长至17小时。

每天开关灯的时间要相对固定，光照时间也不能忽短忽长。遇到停电要用其他照明设备为鸡群提供照明。早晚人工补充光照要保证鸡舍内的光照强度，至少为30勒克斯，工作人员在鸡舍内应该能够清楚地观察到饲料、饮水情况和鸡群的精神状态。鸡舍内的灯泡要在白天关闭电源后用软抹布搽拭，以保证其亮度；损坏的灯泡要及时更换。

白天要注意避免强光对鸡群的影响，靠南侧的窗户有必要进行适当的遮光，以免光线过强而诱发鸡的啄癖。

3. 通风换气　产蛋鸡舍要保持良好的空气质量，氨气、硫化氢的含量不能超标，如果鸡舍内有害气体含量长期超标则会造成鸡群的产蛋性能和健康状况下降。良好的空气质量主要通过人员的感官感受来衡量，要求鸡舍内没有明显的刺鼻、刺眼等不舒适感。

合理的通风控制是保持空气质量的主要措施，无论任何季节都需要适当通风。通常，在气候温和或炎热的季节通风不会造成多大的问题，但是在低温季节则常常会由于舍温突然下降造成鸡群受凉而诱发呼吸道疾病。低温情况下通风需要注意避免舍温的大幅度下降，防止冷空气直接吹到鸡身上，一般在白天温度较高的时候多开几个窗户或风扇，夜间少开几个窗户和风扇。

三、产蛋鸡的饲养

（一）产蛋鸡的饲料

1. 产蛋鸡群的饲料特点　产蛋鸡群的饲料中钙的含量比较高，要求为3.3%～3.5%，是非产蛋鸡群的3～4倍，这主要是因为蛋壳形成需要消耗较多的钙。饲料中由于钙含量高（通常需要添加7.5%左右的石粉或贝壳粉来满足），很容易造成饲料中蛋白质含量和能量水平偏低，需要注意调整所用原料。维生素和微量元素添加剂要按照产品使用说明添加，甚至可以将添加量提高25%左右。

2. 饲料配制　根据蛋鸡的产蛋规律和各个时期鸡的生理特点，适当调整鸡的饲料营养水平，以保证最佳的产蛋性能。生产上一般按两阶段配合饲料，即产蛋前期料（也称高峰料）和产蛋后期料。生产上一般是以45周龄为分界点，之前为产蛋前期。之后为产蛋后期。前期饲料的营养浓度比较高、后期略低。

保证每天蛋鸡的营养素摄入量是保证鸡群高产的前提（表8－1）。

表8－1　伊萨巴布考克 B—380 商品蛋鸡每日主要营养素摄入量标准

营养素	单位（每天每只）	开产至45周龄前	45周龄以后
粗蛋白质	克	21.0	20.0
粗赖氨酸	毫克	930	900
粗蛋氨酸	毫克	450	400
粗蛋氨酸和胱氨酸	毫克	790	700
粗色氨酸	毫克	200	190
粗异亮氨酸	毫克	730	695
粗苏氨酸	毫克	620	590
亚油酸	克	1.6（最少）	1.8（最大）
有效磷	克	0.42	0.38
钙	克	3.8～4.2	4.2～4.6
钠（最少）	毫克	180	180
氯（最少/最多）	毫克	170/200	170/200

（二）保证良好而稳定的饲料质量

饲料质量是影响鸡群产蛋性能和健康的关键因素，产蛋期鸡的饲料营养水平要符合相应育种公司提供的饲养标准，保证鸡每天采食足够的营养。不能使用发霉变质的饲料原料，含有抗营养因子或毒素的饲料原料要控制其使用量（如棉仁粕、菜籽粕、花生粕等）。如果饲料营养水平和卫生质量达不到要求，鸡群的产蛋性能就难以达到正常的标准。

饲料要相对稳定（饲料形状、颜色等），如果随意变换饲料则可能会影响产蛋性能。如果不是饲料质量问题，产蛋鸡群不建议经常更换饲料，如果需要更换则饲料的变换要有一个过渡期，通常不少于5天，以便让鸡能够逐渐适应。

饲料质量要有保证，购买的浓缩饲料的保存期一般不要超过2个月。发霉结块的饲料坚决不要使用。

（三）喂饲与饮水要求

1. 喂饲要求

（1）喂料量控制。如果饲料营养水平能够达到该配套系的饲养标准，则按照饲养管理手册中建议的喂料量执行。但是，在使用商品饲料的情况下由于饲料营养水平常常偏低、蛋白质质量不佳，在产蛋前期（性成熟后至产蛋高峰结束）要促进采食，使鸡只每天能够摄入足够的营养，保证高产需要。产蛋后期适当控制喂饲，根据产蛋率变化情况将采食量控制为自由采食的90%～95%，以免造成母鸡过肥和饲料浪费。

喂料量受许多因素的影响，如饲料中能量水平高则采食量会减少，环境温度高也会降低采食量，高产鸡群的采食量比低产鸡群多，饮水不足或水质差也会降低采食量。

（2）喂饲次数。产蛋期一般每天喂饲3次，这样既能够刺激鸡的食欲，又能够使每次添加的饲料量不超过料槽深度的1/3，有助于减少饲料浪费。第一次喂饲在早晨开灯后1小时内，最后一次在晚上关灯前3～4小时，中午喂饲1次。

早中晚3次喂料量分别占全天喂料量的40%、25%和35%。

有的蛋鸡场每天喂饲2次，分别在上午8时和下午5时。不建议每天喂饲一次，这样容易出现饲料浪费和营养损失。

（3）喂饲方法。在一些大中型蛋鸡场一般都使用自动喂料设备，每次喂料前将饲料量确定好并加入料箱内，启动电源即可。要求每次的喂料量相同，并定期检查料箱有无饲料积存和结块，检查出料口控制板和螺丝有无变形和松动。中小型蛋鸡养殖场户有的采用人工加料，要注意掌握好加料量和均匀度，防止饲料抛撒。

（4）匀料。每次添加饲料时要尽量添加均匀，当鸡群采食20分钟后用小木片将料槽内的饲料拨匀。对于饲料堆积的地方要注意观察，出现这种情况的原因可能有：加料时没控制好加料量，添加量太多；该笼内鸡数量少；该笼内鸡的健康状况有问题；笼具变形影响鸡的采食；该笼的乳头式饮水器堵塞，影响鸡的饮水。

（5）净槽措施。是指每天要让鸡群将料槽内的饲料吃干净1次，防止料槽内饲料的积存，其目的在于：保证摄入营养的全价性，因为只有当所有饲料都被采食才可能摄入完善的营养；减少饲料营养的分解、减少饲料的发霉变质，饲料在料槽内积存时间越长则营养素分解越多、饲料发霉的概率越大（图8－1）。

图8－1　鸡群在料槽内吃饲料

2. 影响产蛋鸡采食量的因素

采食量是影响产蛋率的主要因素，在生产中如果鸡群出现采食量下降则在1～2天就会表现出产蛋率的下降；或者说，产蛋率低的鸡群常常伴随着采食量偏低。因此，在生产中要关注鸡群的采食量变化，一旦出现这种情况就需要及早查找和解决问题。

（1）饲料的卫生质量。饲料卫生质量出问题就会影响饲料的适口性，进而影响采食量。

（2）产蛋量的高低。产蛋率高低与采食量成正比。

（3）健康状况。健康状况不好的鸡群其采食量会显著减少。

（4）鸡舍内温度。温度偏高会造成采食量下降。

（5）笼具前网有无变形而影响采食。有些时候鸡笼前网变形会使笼缝变窄，鸡头伸出和缩入受影响，不便于采食。

（6）饮水情况。当饮水供应不足或水质不好的时候采食量也会下降。

（7）应激。如突然换料、注射疫苗、断喙过度等也会降低采食量。

（8）饲料的营养浓度。饲料营养浓度低会使采食量增加，如正常情况下，产蛋高峰期鸡群的采食量为每只每天 115 克 ±5 克；如果采食量达到 125 克或更多，则说明饲料的营养水平偏低。

3. 饮水要求

（1）饮水供应方式。目前，在笼养蛋鸡生产中采用最多的供水方式是乳头式饮水器，其次为水槽。乳头式饮水器的使用效果比较好，能够节约用水、减少水的污染、降低粪便中的水含量和鸡舍内的湿度。使用乳头式饮水器要注意保持水箱盖的密闭，有的鸡场或鸡舍内水箱盖常常被丢在一边，容易造成灰尘、杂物落入箱内，时间长了不仅影响水的卫生质量，还可能影响出水乳头的密封效果；要定期冲洗水管（水线），即将末端的放水阀打开 15 分钟左右，让水从水管内快速流出，减少水管壁污垢的形成；经常观察出水乳头有无堵塞或漏水现象；观察出水乳头的位置是否有利于鸡只的饮水。

（2）饮水量。一般情况下鸡的饮水量是采食量的 2 ~ 3 倍。由于鸡的唾液腺不发达，采食时唾液分泌少，因此每啄食几口饲料就需要饮 1 次水。饮水供应不足会影响采食量。要求在有光照的时间内，供水系统内必须有足够的水。如果需要停止供水，则不能超过 2 小时。

（3）饮水质量。饮水质量要符合饮用水的卫生标准。供水系统必须定期清洗消毒，防止藻类滋生。饮水也需要定期进行消毒处理。由于饮水卫生质量不达标而影响鸡的产蛋量、蛋壳质量以及鸡的健康的情况在生产中经常发生。安装在水管前端的过滤器要定期清洗滤芯。

(4) 供水管理。无论采用哪种供水方式，都要保证方便于鸡群的饮水，各处水的供应均衡，能够减少水的抛洒和泄漏，供水设备的安装位置不影响笼门的打开和关闭。使用乳头式饮水器如果通过饮水途径进行免疫、给药、补充维生素或电解质等，要在使用后及时冲洗水线，保持水管内壁的洁净。

四、产蛋鸡的管理

(一) 捡收鸡蛋

1. 捡蛋方法 当前，在一些大型蛋鸡场多数使用自动化捡蛋方式，即在鸡舍内安装自动集蛋设备，设备启动后位于鸡笼底网前端盛蛋网内的传送带向前运行，将鸡蛋送到鸡笼前端的集蛋台上，工作人员将台上的鸡蛋捡起放置到蛋托或蛋箱内（图 8 –2)。

图 8 –2 自动化集蛋设备

在大多数蛋鸡场依然采用人工拣蛋方式，工作人员将蛋箱（蛋筐）放在小推车上，在鸡舍内边前进边拣蛋放在箱（筐）内，一般情况下一个蛋箱可以放 16.5 千克的鸡蛋。如果是种鸡则一般用蛋托盛放鸡蛋（图 8－3、图 8－4）。

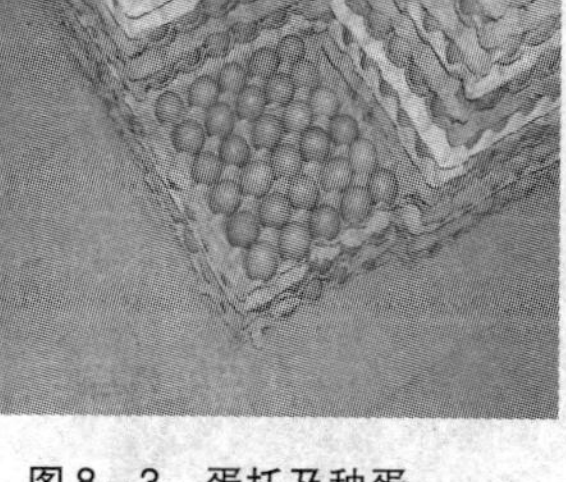

图 8－3　蛋托及种蛋　　　　图 8－4　商品蛋及蛋箱

2. 拣蛋次数和时间

蛋鸡场一般每天拣蛋 3～4 次。

第一次一般在上午 10 时 30 分，第二次在 11 时 30 分，第三次在 14 时前后，第四次在 17 时 30 分前后。

勤拣蛋的目的在于缩短鸡蛋在鸡舍内的停留时间，减少蛋被污染的机会。鸡舍内的温度、湿度、空气中的粉尘、微生物和有害气体都不利于鸡蛋品质的保持。

3. 拣蛋时的要求

拣蛋时将破蛋、薄（软）壳蛋、双黄蛋单独放置（图 8－5），拣蛋后应及时清点蛋数并送往蛋库，不能在舍内过夜。拣蛋的同时应注意观察产蛋量、蛋壳颜色、蛋壳质地、蛋的形状和重量与以往有无明显变化。

4. 褐壳蛋壳色变浅的可能原因　在褐壳蛋鸡饲养过程中有时会发现蛋壳颜色变浅，在市场上如果是蛋壳呈现不均匀的浅色则会影响其价格。褐壳蛋壳色变浅的可能原因有如下几方面：

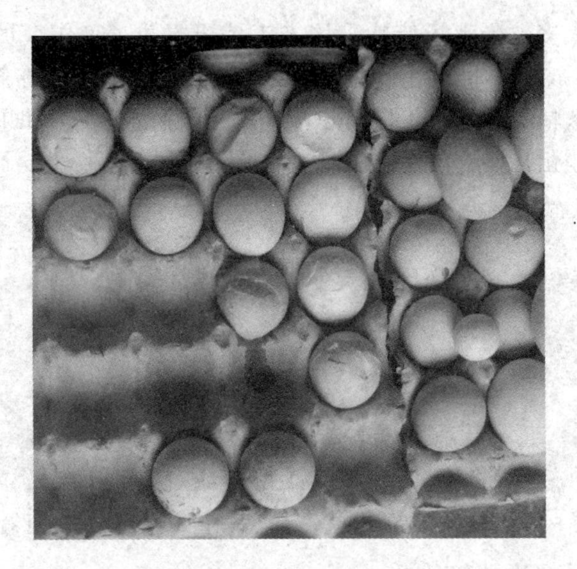

图8-5　不合格的鸡蛋

(1) 某些有呼吸道症状的疾病发生（传染性支气管炎、喉气管炎、新城疫等），当鸡群处于发病初期的时候会有少量鸡蛋的颜色变浅，呈现浅褐色、灰白色等，如果已经有病鸡出现则浅色蛋数量较多，还会出现薄壳蛋、软壳蛋。

(2) 饲料中杂粕用量大、使用时间长会引起蛋壳颜色变浅，如果以豆粕为主的蛋白质原料则这种情况出现的很少；饲料中维生素D、B族维生素不足也会使蛋壳颜色变浅。

(3) 产蛋后期，大龄母鸡由于生理机能逐渐退化，涉及蛋壳色素形成的一些代谢过程也会受影响，因此，在产蛋后期即便是鸡群健康、饲料质量良好也可能会出现部分蛋壳颜色变浅的情况。

(4) 发生应激，鸡群受到任何类型的应激都会在之后的一段时间内产生一些浅色鸡蛋，尤其是受惊吓后表现更明显。

(5) 使用了某些药物也会造成蛋壳颜色变浅，有的药物如尼卡巴嗪、磺胺类、呋喃类、抗球虫药或驱虫药，使用时间或剂量不当会对蛋壳颜色的形成有不良影响。

(二) 日常管理

日常管理是通过细心观察鸡群的状态及各项生产措施的具体实施，不断地发现、分析和解决问题，为鸡群的高产提供必要的保证。日常管理工作是否精细，对鸡群的生产水平会产生很大的影响。

1. 观察鸡群状况　一般在喂料时观察鸡只的采食情况、精神状态（冠的颜色、大小，眼的神态等）、是否伏卧在笼底等（图8－6）。白天观察鸡只的呼吸状态、有无甩头情况，夜间关灯后细听鸡群有无异常的呼吸声音。检查有无啄肛、啄羽现象。凡有异常表现的，均应及时隔离并采取相应的处理措施。

图8－6　观察鸡群

2. 观察鸡群的粪便 正常的鸡粪为灰褐色，上面覆有一些灰白色的尿酸盐，偶有一些茶褐色枯粪为盲肠粪。若粪便发绿或发黄而且较稀，则说明有感染疾病的可能。夏天鸡喝水多，粪便较稀是正常现象，其他季节若粪便过稀则与消化不良、中毒或患某些疾病有关。

3. 观察水槽、料槽情况 检查水槽流水是否通畅、有无溢水现象，若是用乳头式饮水器则检查有无漏水或断水问题。检查料槽有无破损，槽内饲料分布是否均匀，槽底有无饲料结块。观察水槽、料槽的放置位置，是否会因笼的横丝影响鸡的饮水、采食。

4. 检查舍内设备的完好情况 窗户是否有破损、是否能固定（打开或关闭后）；灯泡有无损坏、是否干净；风机运转时有无异常声音、其百叶窗启闭是否灵活；笼网有无破损、是否有鸡只外逃或挂伤、蛋是否能顺利地从笼内滚到盛蛋网中、是否会从缝隙中掉下。

（三）监控体重变化

产蛋鸡从开产到40周龄期间随着产蛋率的增长，体重也在逐渐增加；产蛋后期体重也会有所增加。一般要求产蛋期间每2～4周抽测1次体重（表8－2）。

表8－2 商品蛋鸡产蛋期间鸡体重变化

周龄	罗曼褐蛋鸡体重（克）	新红褐蛋鸡体重（克）
20	1 402～1 518	1 830
22	1 519～1 646	1 900
24	1 600～1 734	1 950
26	1 651～1 788	1 970
28	1 691～1 832	1 990
30	1 722～1 865	2 010

续表

周龄	罗曼褐蛋鸡体重（克）	新红褐蛋鸡体重（克）
32	1 732 ~ 1 876	2 020 ~ 2 050
34	1 737 ~ 1 882	2 030 ~ 2 100
36	1 742 ~ 1 887	2 030 ~ 2 100
38	1 747 ~ 1 893	2 030 ~ 2 100
40	1 752 ~ 1 898	2 040 ~ 2 100
44	1 762 ~ 1 909	2 040 ~ 2 100
48	1 772 ~ 1 920	2 050 ~ 2 100
52	1 777 ~ 1 926	2 050 ~ 2 100
56	1 783 ~ 1 931	2 060 ~ 2 100
60	1 788 ~ 1 937	2 080 ~ 2 200
64	1 793 ~ 1 942	2 100 ~ 2 200
68	1 798 ~ 1 948	2 150 ~ 2 250
72	1 803 ~ 1 953	2 200 ~ 2 300

产蛋高峰期，鸡只的体重应该没有大的变化，如果体重有所减轻则说明摄入的营养无法满足产蛋的需要，动用了体内积蓄的营养，如果不及时调整饲料营养水平则很快就会出现产蛋下降的问题；产蛋后期如果体重增加幅度较大，则说明营养过剩，腹部脂肪沉积过多，也是产蛋率下降较快的预兆。

（四）蛋鸡生产的卫生管理

产蛋期间应加强卫生防疫工作，避免因致病因素存在对鸡群健康产生不良的影响。目前，在产蛋鸡群饲养过程中所存在的产蛋率偏低、死淘率偏高、蛋品质量差等问题绝大多数都与鸡群的健康有密切联系。由于产蛋期间的鸡群在药物使用、灭活疫苗接种方面有很多的禁忌，也给卫生防疫工作带来了很多困难，需要把综合性的预防工作放在关键位置。

1. 采用全进全出制　全进的目的在于一个场或舍饲养同一

批鸡群，管理方便；全出的目的在于饲养到一定时间，所有鸡都达到淘汰时期，全部淘汰后便于鸡场（鸡舍）清理、消毒。

鸡场建设时各类房舍应配套，每批育雏数量要适当。不应把不同批次的鸡群混养于同一舍内，便于饲养管理措施的制定和实施，可有效防止疫病的相互感染。如果有条件的，一个小区内全部鸡舍的鸡群都应采取全进全出制管理方式。

2. 做好消毒工作

（1）搞好带鸡消毒工作。鸡群转入产蛋鸡舍后，就应经常性地进行带鸡消毒以尽可能降低鸡舍内的微生物浓度。冬季每周2次、春季和秋季每周3～4次，夏季每日1次。采用喷雾消毒方式，应使雾滴遍及舍内任何可触及的地方，保证单位空间内消毒药物的喷施量。药物应符合几项要求：消毒效果好、无刺激性、无腐蚀性、对家禽毒性低。应将几种化学性质不同的药物交替使用。

（2）鸡舍外环境消毒。带鸡消毒的同时不能忽视鸡舍外环境的消毒。因为在通风、人员走动、物品搬运过程中，鸡舍外周环境中的病原体都可能进入到鸡舍内，只有对鸡舍外周环境定期进行消毒，减少其病原体的数量才能保证鸡舍内带鸡消毒的效果。

3. 喂饲用具的消毒 水槽应每日清洗消毒，料槽应每周消毒1次。料车、料盆、加料斗不能作他用，保持干燥、清洁，并每周消毒1次。

4. 病死鸡的处理 从舍内挑出的病鸡、死鸡应放在指定处，最好是在鸡舍外用一个木箱，内盛生石灰，把死鸡放入后盖上盖子，当其他工作处理结束时请兽医诊断。病死鸡不允许乱放、乱埋，以减少场区内的污染源。一般可选择在粪便处理区内挖深坑掩埋病死鸡，每次填放死鸡的同时应撒适量的消毒药物。

5. 消灭蚊蝇 夏、秋季节蚊子、苍蝇较多，它们不仅干扰

鸡群的生活，还会传播疾病。因此，舍内、外应定期喷药杀灭。

6. 定期清理粪便　粪便在舍内堆积，会使舍内空气湿度、有害气体浓度和微生物含最升高，夏季还容易滋生蝇蛆。采用机械清粪方式时每天应清粪 2 次，人工清粪时 2 ~4 天清 1 次，清粪后要将舍内走道清扫干净。高床或半高床式鸡舍，在设计时要保证粪层表面气流的速度，以便及时将其中的水分和有害气体排出舍外。

（五）搞好生产记录

这是生产管理工作的基本内容，可参考表 8 –3。

表 8 –3　产蛋鸡鸡群生产情况一览表

鸡种　　第　　舍　　饲养员　　　　20　　年　　月

日期	日龄	存栏鸡数		鸡群变动		产蛋			饲料		备注
		公鸡	母鸡	死亡	淘汰	产蛋数	产蛋率（%）	总蛋重（克）	总耗料（克）	平均耗料(克)	

（六）减轻应激影响

应激会造成产蛋鸡生产性能、蛋品质量及健康状况的下降，

在生产中应设法避免应激的发生。

1. 引起应激的因素 生产中会引起鸡群发生应激反应的因素很多，如缺水、缺料、突然换料；温度过高、过低或突然变化，光照时间的突然变化（停电光照不足或夜间没关灯）；突然发出的异常声响（鸣喇叭、大声喊叫、工具翻倒、刮风时门窗碰撞等）、陌生人或其他动物进入鸡舍；饲养管理程序的变更、疫苗或药物的注射等。这些因素中有些是能够避免的，有些是无法避免但能够通过采取措施减轻其影响的。

2. 减少应激的措施 针对上述引起应激的原因，生产管理上应注意采取以下几项措施：

（1）保持生产管理程序的相对稳定。每天的加水、加料、拣蛋、消毒等生产环节应定时、依序进行。不能缺水、缺料。饲养人员不宜经常更换。

（2）防止环境条件的突然改变。每天开灯、关灯时间要固定。冬季搞好防寒保暖工作、夏季做好防暑降温工作，防止高温、低温带来的不良影响；春季和秋季在气温多变的情况下，要提前采取调节措施；夏、秋雷雨季节要防止暴风雨的侵袭。

（3）防止惊群。惊群是生产中容易出现的危害，也是较严重的应激。防止措施：生产区内严禁汽车鸣喇叭（图 8－7）、严禁大声喊叫，舍内更不能乱喊叫，门窗打开或关闭后应固定好，饲养操作过程动作应轻稳。陌生人和其他鸟、兽不能进入鸡舍。饲养员工作服的样式和颜色要稳定。

图 8－7　鸡舍附近禁鸣喇叭

(4) 更换饲料应逐渐过渡。生产过程中不可避免地要更换饲料，但每次更换饲料，必须有5天左右的过渡期，使鸡只能顺利地适应。

(5) 尽量避免注射给药。产蛋期间应尽可能避免采用肌内注射方式进行免疫接种和用抗菌药物治疗，以免引起卵巢肉样变性或卵黄性腹膜炎。

(6) 提早采取缓解措施。在某些应激不可避免地要出现的情况下，应提前在饲料或饮水中加入适量复合维生素和维生素C。

(七) 减少饲料浪费

蛋鸡生产总成本中有60%～70%来自于饲料，节约饲料能明显提高经济效益。减少饲料浪费的主要措施有：

1. 保证饲料的全价营养　全价饲料是根据蛋鸡的饲养标准，按科学配方加工配制而成，因此能够满足蛋鸡的各种营养需要，可提高蛋鸡的产蛋量；同时，它又是根据蛋鸡的需要提供营养的，所以能最有效地利用和节约饲料。如果喂饲的饲料不是全价营养，其中任何一种营养素的不足都会造成其他营养素利用率的下降。因此，饲料日粮营养不全面是蛋鸡生产中最大的浪费。

2. 注意保管好饲料　要有较好的饲料加工和贮存场所。对饲料要防鼠害、防霉变、防虫蛀，以减少饲料贮存的损耗；还要避光保存，以免多种维生素及其他养分受破坏而降低饲料的营养价值。

3. 加料量控制　料槽添料量应不超过料槽深度的1/3，由于添料过满造成抛撒的料，其数量实际上是很惊人的。

4. 饲料现状　饲料粉碎不能过细，否则易造成采食困难并“料尘”飞扬。

5. 喂料方法　高质量的喂料机械可减少饲料浪费；人工喂料可能会出现添加不均匀、抛撒等问题。

6. 及时淘汰、停产伤残鸡 在产蛋期间，根据鸡只的外貌和生理特征及体态，经常性地淘汰、停产伤残鸡。停产鸡从外貌上表现为鸡冠苍白或发绀并萎缩，精神萎靡，从生理特征上表现为耻骨间距变窄（小于2指宽）、肛门干燥紧缩，一些鸡后腹膨大，站立时如企鹅状。

7. 断喙 断喙能够改变喙的形状，改变鸡的采食行为进而减少饲料浪费。

8. 检查料槽 料槽的结构要合理，在添加饲料过程中和鸡采食过程中能够阻挡饲料被弄到料槽外面；检查料槽的接缝处是否严密、料槽两端的堵头是否脱落、料槽底部有无破损、料槽有无变形等，发现问题及时解决。

9. 补饲沙粒 要求每周为鸡群补饲一次沙粒，颗粒大小与黄豆相似，有助于提高肌胃对饲料颗粒的研磨效率。

10. 饮水装置的影响 使用乳头式饮水器与水槽相比每只鸡每天可节省2～3克饲料。

（八）降低破蛋率

破蛋的商品价值低，生产中破蛋率一般不应高于2%，但是有些鸡场可能会超过3%甚至更高。破蛋的商品价值低，有的无价值，因此破蛋率高会影响蛋鸡生产效益。

1. 良好的饲料质量 许多营养素会影响到蛋壳质量，如饲料中钙和磷的含量及两者之间的比例，钙、磷的吸收利用率，维生素 D_3 的含量等都对蛋壳的形成有一定的影响，任何一方面的不足都会增加破蛋率；锰含量不足则会降低蛋壳强度。氟、镁含量过高也会使蛋壳变脆。因此，饲料中各种营养成分的含量和比例要适当，有害元素含量不能超标。

2. 笼具的设计安装要合理 笼底的坡度以8°～9°为宜，过小则蛋不易滚出，过大则蛋滚动太快易碰破。两组笼连接处应用铁丝将盛蛋网连在一起，以免缝隙过大使蛋掉出。笼架要有较高

的强度，防止使用中出现的变形。

3. 勤拣蛋　每天拣蛋次数较多时，可以减少因相互碰撞而引起的破裂，也可减少因鸡只啄食而造成的破损。

4. 保持鸡群的健康　呼吸系统感染、肠炎、输卵管炎、非典型性新城疫等，都会引起蛋壳变薄或蛋壳质地不匀，甚至出现软壳蛋和无壳蛋。因此，做好卫生防疫工作，保持鸡群健康，对维持较高的产蛋量和良好的蛋壳质量，都是十分重要的。

5. 缓解高温的影响　当气温超过25℃时蛋壳就有变薄的趋势，超过32℃则破蛋率明显增高。

6. 防止惊群　产蛋鸡受惊后可能会造成输卵管发生异常的蠕动，使正在形成过程中的蛋提前产出，造成薄壳、软壳或无壳蛋的数量增多。惊群还可能会因鸡只的骚动而造成笼网变形挤破或踩破蛋。

7. 防止啄蛋　啄蛋是鸡异食癖的一种表现。除常拣蛋外，对有啄蛋癖的鸡，应放在上层笼内，若其本身为低产鸡，则可提前淘汰。

8. 其他　减少蛋在收拣、搬运过程中的破损。

（九）提高产蛋初期产蛋率上升速度

产蛋初期（19～25周龄）产蛋率的上升幅度会直接影响高峰期的产蛋率及高峰持续时间，只有在这个阶段产蛋率上升快的鸡群高峰期到得才早、高峰期持续的时间才长，总的产蛋量才高。要使这个阶段产蛋率能够快速增加，需要注意以下几方面的要求。

1. 及时增加喂料量　从鸡群初产开始鸡群的采食量逐日增加，这个阶段必须及时增加喂料量以满足产蛋率、蛋重和体重增长所需的营养。如果喂料量增加不够就会因为营养不足而影响产蛋率的上升速度。

2. 及时更换饲料　育成后期使用的育成后期饲料其蛋白质

和钙的含量较低，远不能满足产蛋所需，因此在18周龄当鸡群中大部分个体鸡冠变红、变大、个别鸡已经产蛋的时候就要将育成后期饲料更换为预产阶段饲料，及时增加营养浓度，满足鸡蛋形成过程对营养的需求。

3. 保证良好的饲料质量 初产期的鸡对饲料营养的要求很高，如果能量水平低，蛋白质、维生素、某些微量元素含量不足都会使产蛋率的上升速度减慢。

4. 合理补充光照 对于18周龄前后的鸡群来说其生殖器官对光照变红的敏感性增强，如果光照时间逐周延长则会刺激卵泡发育、促进鸡只产蛋；如果光照时间短或不逐渐延长则卵泡发育慢、产蛋时间推迟。因此，从18周龄开始要逐周延长光照时间，当鸡群达到25周龄时每天的光照时间要达到16小时。

5. 避免强烈应激的发生 在产蛋率快速上升时期发生任何强烈的应激都会造成产蛋率上升速度减慢甚至停滞，使产蛋高峰期到来的时间推迟甚至产蛋率达不到高峰值。

肌内注射疫苗是强烈的应激，在鸡群产蛋率上升到5%以后尽量不要再通过肌内注射方式接种疫苗，一些必须采用这种方式接种的疫苗应该在18周龄之前完成。

防止鸡群发生惊群非常重要，惊群常常造成产蛋率下降。

6. 适时转群 转群本身属于一种强烈应激，如果采用三段制饲养方式，转群的时间不能迟于17周龄，否则就会影响产蛋率的上升。

7. 保证鸡群健康 如果鸡群健康状况不好则产蛋率的上升速度肯定较慢。

8. 保证育成鸡群良好的培育质量 如果育成鸡群健康状况好、均匀度高、体重发育符合标准则性成熟后鸡群的产蛋率上升速度就会快。

（十）及时检查鸡群性能表现

生产过程中要经常通过记录表检查鸡群的产蛋性能表现，用实际产蛋率与标准产蛋率相对照，便于及时发现问题和采取解决措施。

1. 生产性能指标

（1）产蛋率。

①入舍母鸡产蛋率 = 某时期内产蛋总数/入舍鸡数 × 该时期天数。

注：入舍母鸡数指18周龄时存栏数。

②饲养只日产蛋率 = 某时期内产蛋总数/该时期饲养只日数。

（2）平均蛋重。40周龄期间，连续3天蛋重的平均值。

（3）蛋合格率。指当天某鸡群所产总蛋数中符合商品蛋外观品质的蛋所占比例。

（4）破蛋率。指当天某鸡群所产总蛋数中破蛋所占比例。

（5）料蛋比。指某群鸡当天消耗饲料的重量与所产鸡蛋的重量之比。

2. 产蛋性能标准　可以参考实际生产中所养的蛋鸡配套系的产蛋性能标准。这里以罗曼褐商品代蛋鸡为例介绍产蛋性能，见表8－4。

表8－4　罗曼褐商品代蛋鸡产蛋性能

周龄	存栏鸡产蛋率（%）	入舍鸡累计产蛋数（个）	平均蛋重（克）	入舍鸡累计产蛋重（千克）
19	10.0	0.7	44.3	0.03
20	26.0	2.5	46.8	0.12
21	44.0	5.6	49.3	0.27
22	59.1	9.7	51.7	0.48
23	72.1	14.8	53.9	0.75

续表

周龄	存栏鸡产蛋率（%）	入舍鸡累计产蛋数（个）	平均蛋重（克）	入舍鸡累计产蛋重（千克）
24	85.2	20.7	55.7	1.08
25	90.3	27.0	57.0	1.44
26	91.8	33.4	58.0	1.82
27	92.4	39.9	58.8	2.19
28	92.9	46.3	59.5	2.58
29	93.5	52.9	60.1	2.97
30	93.5	59.4	60.5	3.36
31	93.5	65.8	60.8	3.76
32	93.4	72.3	61.1	4.15
33	93.3	78.8	61.4	4.55
34	93.2	85.3	61.7	4.95
35	93.1	91.7	62.0	5.35
36	93.0	98.2	62.3	5.75
37	92.8	104.6	62.3	6.15
38	92.6	111.0	62.6	6.55
39	92.4	117.3	62.8	6.95
40	92.2	123.7	63.0	7.35
41	92.0	130.0	63.2	7.55
42	91.6	136.3	63.4	8.15
43	91.3	142.6	63.6	8.55
44	90.9	148.8	63.8	8.95
45	90.5	155.0	64.0	9.35
46	90.1	161.2	64.2	9.74
47	89.6	167.3	64.4	10.14
48	89.0	173.4	64.6	10.53
49	88.5	179.4	64.8	10.92
50	88.0	185.4	64.9	11.31

续表

周龄	存栏鸡产蛋率（%）	入舍鸡累计产蛋数（个）	平均蛋重（克）	入舍鸡累计产蛋重（千克）
51	87.6	191.4	65.0	11.70
52	87.0	197.3	65.1	12.08
53	86.4	203.2	65.2	12.46
54	85.8	209.0	65.3	12.84
55	85.2	214.7	65.4	13.22
56	84.6	220.4	65.5	13.59
57	84.0	226.1	65.6	13.97
58	83.4	231.7	65.7	14.33
59	82.8	237.3	65.8	14.70
60	82.2	242.8	65.9	15.06
61	81.5	248.3	66.0	15.42
62	80.8	253.7	66.1	15.78
63	80.1	259.0	66.2	16.14
64	79.4	264.3	66.3	16.49
65	78.7	269.5	66.4	16.83
66	77.9	274.7	66.5	17.18
67	77.2	279.8	66.6	17.52
68	76.5	284.9	66.7	17.86
69	75.7	289.9	66.8	18.19
70	74.8	294.9	66.9	18.52

五、蛋鸡的季节性管理

目前，我国大多数蛋鸡舍都为有窗式鸡舍，舍内环境条件受自然气候条件变化的影响较大，因而应考虑各季节的气候特点，采取措施消除不良气候条件的影响。

1. 春季鸡群的管理　春季是禽类的繁殖季节，一般的鸡群

在春天都会出现产蛋率回升的现象，回升时间早晚与持续时间的长短，主要取决于饲养管理的好坏。另外，春天随着气温的转暖，各种微生物的繁殖能力也开始加强。早春冷暖天气交替变化，昼夜温差较大，尤其是北方早春的风较大，再加上经过一个漫长的冬季，鸡的体质较弱。因此，春天也是鸡发病的高峰季节，尤其是呼吸道疾病，要注意预防。

（1）搞好通风换气工作。在气温尚未稳定的早春，有窗式鸡舍的通风换气要根据气温的高低、风力的大小、天气的阴晴来决定开窗的数量、时间的长短和方向。一般情况下，早春北面的窗户夜间关闭，白天无大风天气，可适当打开通风换气。南面窗户，白天可以打开，夜间少量窗户不关，有利于通风换气。昼夜温差不大，无大风天气，北面窗户全部或部分打开。这样能保持舍内空气新鲜，给鸡群创造一个良好的生活环境。

（2）调整日粮浓度。随着气温的转暖，鸡的采食下降，配制饲料时，可减少麸皮的用量，增加一些玉米。为了尽快让鸡群的体质恢复，定期在饮水中添加水溶性多维电解质，以补充营养。

（3）搞好卫生防疫及消毒工作。根据春季的气候特点，春季搞1次全场性的卫生防疫及消毒工作。有条件的鸡场，最好能做到每周带鸡消毒2～3次。对鸡群进行1次抗体监测，对抗体水平较低的鸡群，要进行免疫接种。及时清粪，这样既能保证鸡舍内的环境及空气卫生，同时也能降低鸡舍内的细菌密度，从而有效地预防呼吸道疾病的发生。

（4）根据鸡群精神状态合理用药。为了有效地抑制春季鸡的疾病发生，要注意观察鸡群，根据情况确定是否预防性投药以保证鸡群的健康。可以选择使用具有抗菌消炎、增强免疫力的中草药。

2. 夏季鸡群的管理 夏季的气候特点是气温高，鸡群会表

现出明显的热应激反应，如采食减少、饮水增加，产蛋率下降、蛋重变小、蛋壳变薄，严重时发生中署。一般10～28℃的温度对母鸡产蛋性能影响不明显，但不能忍受30℃以上的持续高温。因此，夏季管理的重点是防暑降温以缓解热应激。应采取的措施如下：

（1）遮阴。在房舍周围栽植高大阔叶乔木，在进风口（窗）设遮阴棚等。

（2）减轻屋顶的热负荷。如将屋顶涂白，以增强其热反射能力；在屋顶加铺草秸以降低屋顶内面温度；在屋顶喷水以降低屋面温度。

（3）加大舍内气流速度。使舍内气流速度不低于1米/秒。

（4）降低进舍空气温度。在进风口装设湿帘类设备，或将地下室内空气引入舍内。

（5）舍内喷水。在舍内气流速度较快的情况下向舍内喷水，水在吸收舍内空气中热量后，被吹出舍外而将舍内热量带走。也可在中午高温时，向鸡的头部喷水以防中暑。

（6）调整饲料营养。提高饲料营养浓度，以便在采食量下降的情况下，保证其主要营养成分的摄入量无明显减少。用适量脂肪代替部分碳水化合物以提供能量，将贝壳粒或石灰石粒在傍晚时加喂，或使用颗粒料都是合适的。

（7）使用抗热应激添加剂。如饮水或饲料中添加0.03%的维生素C或0.5%碳酸氢钠、1%的氯化铵，添加中草药添加剂，饮水中添加补液盐等，都可在一定程度上缓解热应激反应。

（8）改善饲养管理。保证充足的、清凉洁净的饮水供应，利用早晨、傍晚气温较低时，加强饲喂以刺激采食，用湿拌料促进采食。防止饲料变质变味。凌晨1时开灯1小时供水、供料可以有效缓解热应激的影响。

（9）消灭蚊蝇。夏季蚊蝇很多，尤其是吸血昆虫是住白细胞原虫病的主要传播者，需要及时杀灭。

3. 秋季鸡群的管理 经过炎热的夏天后，产蛋母鸡体力消耗很大，体重有所下降。因此，秋天的产蛋母鸡，除要保持一定的产蛋水平外，还要加强营养，使母鸡能够迅速恢复体力，而且还要有一定的营养贮备，以备冬季的产蛋需要。

立秋后北半球白天渐短，夜晚渐长，要注意调整开关灯的时间，保证每天有足够的照明时间。秋季是极地冷气团南下与热带海洋暖湿气团交替过渡的阶段，多出现秋雨，每次降雨都可能引起气温的大幅度下降，有窗式鸡舍要做好保温工作，夜间要注意关窗子；白天气温较高，又要注意将窗子打开，加强通风。这时的气温变化较大，变化也比较频繁，容易发生呼吸道疾病，需要做好免疫接种和药物预防工作。经历一年产蛋的母鸡有一部分鸡开始换羽，凡是秋季换羽的母鸡其生产性能都不太好，在秋季的管理中，应注意将其淘汰。

4. 冬季鸡群的管理

（1）保持适宜的舍温。冬季应采取防寒措施，防止冷空气直接吹向鸡群。采取必要的保温或加热措施，使舍温不低于10℃，并防止水管内结冰。

（2）合理通风。冬季为了保温，多数将门窗关闭或遮挡，影响正常的通风而造成舍内氨气和二氧化碳含量明显超标，进而诱发呼吸道感染。因此，冬季应在保持舍温的前提下，进行合理的通风。

（3）调整饲料营养。适当提高饲料的能量水平。

（4）注意灭虱。冬季易发鸡虱，需要经常观察。一旦发现鸡虱要及时采取灭虱措施。

六、鸡群的强制换羽

蛋鸡在经历了一个产蛋阶段后，在夏末或秋季就开始换羽。

群内不同的个体换羽开始时间和持续时期也不一样，自然换羽的持续时间可达14～16周，此期间部分个体停产，因而群体产蛋率不高，给饲养管理带来较多麻烦。强制换羽可使鸡群在7周左右的时间内完成羽毛脱换过程。换羽后鸡群产蛋率虽然比上一产蛋年度降低10%～20%，但是蛋品质量较好，鸡群成活率较高，可继续利用6～9个月。

实际生产中是在新鸡群不能及时替换老龄鸡群或是饲养价值高的种鸡的时候，常常使用强制换羽措施，而在鸡群周转计划正常的商品蛋鸡生产中使用较少。

有关资料介绍的强制换羽方法很多，最常用的强制换羽方法是饥饿法。

1. 强制换羽前的准备

（1）确定强制换羽的时间。商品蛋鸡一般在350～450日龄进行强制换羽。

（2）制定强制换羽方案。根据鸡群状况、季节及第一产蛋期鸡群的产蛋性能，制定强制换羽具体方案，以便强制换羽工作顺利进行。非特殊情况（如死亡率高或遇到大的疫情等）不要随便变更计划。

（3）鸡群的选择和淘汰。用于强制换羽的鸡群，应是已经产蛋7～11个月的健康鸡群，产蛋率已降至70%左右。如果鸡群健康状况差、产蛋性能低则没有必要进行强制换羽，因为其结果不理想。

将群内已开始换羽的个体挑出集中放在舍内某一区位，不断料断水。将病、弱、残及脱肛个体挑出淘汰，这样的个体在强制换羽期间的死亡率很高。

（4）免疫接种。在强制换羽措施实施前10天对鸡群接种新城疫和禽流感灭活疫苗。

（5）称重。在舍内抽测30只鸡的体重（被测个体佩戴脚号）并记录；这些鸡最好是采用单笼饲养以便于观测。

（6）准备饲料。强制换羽前要准备钙和恢复期所需的饲料、维生素等。

2. 强制换羽的实施

（1）第1~3天。停水、停料、采用自然光照。此期间每只鸡每天喂10克贝壳粒（或石粉）可减少薄壳蛋、软壳蛋出现，并能够减少换羽过程中鸡群的死亡率。若是夏季每天可供水1小时。

（2）第4~7天。停料、每天上下午各供水1次，每次1小时，采用自然光照；停止添加贝壳粒。

（3）第8~12天。此期间对已标记的鸡只每天称重，若当前体重与断料前体重相比减轻25%左右时，即可进入恢复期。不同的鸡群体重下降至换羽前体重的75%所需要的时间差异很大，有的鸡群9天即可，有的能够持续到14天。

称重要固定时间，每只被测体重的鸡体重要记录准确（表8－5）。

表8－5　换羽期间鸡群体重抽测记录表（体重：克，减幅：%）

鸡号	停料当日体重	停料8天		停料9天		停料10天		停料11天		停料12天		停料13天	
		体重	减幅	体重	减幅	体重	减幅	体重	减幅	体重	减幅	体重	减幅
1													
2													
3													
4													
5													
6													
7													

续表

鸡号	停料当日体重	停料8天		停料9天		停料10天		停料11天		停料12天		停料13天	
		体重	减幅	体重	减幅	体重	减幅	体重	减幅	体重	减幅	体重	减幅
8													
9													
…													
…													
29													
30													
平均													

（4）恢复期。当鸡群体重比初始期减轻25%左右时，开始进入恢复期。

恢复期的饲料，可以直接使用产蛋期饲料。在恢复期第1天的喂料量，按每只鸡每天20克，此后每天每只鸡递增15克，直至达到自由采食。如果最初几天喂料量大则容易诱发消化系统疾病，这主要是禁食时间长，鸡的消化功能明显减弱所致。恢复喂饲期间应保证饮水的充足供应。

光照时间从恢复喂料时开始逐渐增加，约经5周的时间，恢复为每天16小时，以后保持稳定。正常情况下，鸡群在恢复喂料后第3~4周开始产蛋，第6周产蛋率可达50%以上。

七、蛋种鸡的饲养管理要求

在蛋种鸡的日常管理、环境控制、饲料与饲喂、卫生防疫等方面与商品蛋鸡有很多相似或相同的地方，这里主要介绍蛋种鸡在生产中的一些特殊要求。

（一）雏鸡剪冠

1. 目的　剪冠的目的一是防止羽色相同的配套系公母混群

后难以辨认（如白壳蛋鸡父母本都是白色羽毛，混群后不利于按照各自喂料量和体重发育标准控制）；二是便于对雌雄鉴别错误的个体的辨认（种鸡中鉴别错误的个体在第二性征发育充分后要淘汰）；三是方便公鸡的采食饮水（公鸡的鸡冠大，采食饮水过程中伸出笼外和缩回笼内鸡冠容易被挂在笼网上）。

2. 时间　在雏鸡出壳后 24 小时内进行。如果出壳后时间越长则越容易造成伤口出血。

3. 剪冠对象　只对父本品系的雏鸡进行剪冠处理。一是父本雏鸡饲养的数量少，剪冠的工作量小；二是公鸡性成熟后鸡冠大，容易妨碍采食和饮水。

4. 方法　操作者一手握雏鸡并用大拇指和示指固定其头部，让鸡冠朝上，另一手持圆头剪刀贴近雏鸡头皮将鸡冠减掉，在不伤及头皮的情况下尽量减少冠的残留。之后用酒精棉球对创面进行消毒处理。

（二）公母分饲

1. 分群要求　雏鸡接入育雏室后就要按照不同的品系分笼放置并在笼的前面进行标记，防止不同品系的雏鸡混群。同一品系的雏鸡放置在相邻的育雏笼内以便于管理。

2. 饲养管理参照各自标准　种鸡的父本品系和母本品系在体重发育控制和各周喂料量控制方面存在一定的差异，只有将父本和母本分群饲养才能够落实定期称重、通过调整喂料量控制体重发育。因为，在各个阶段公鸡和母鸡的体重存在较大差别，具体见表 8－6。

表 8－6　罗曼白父母代种鸡的体重参考标准（周龄末平均体重：克）

周龄	1	4	8	12	16	20	70
公鸡体重	80	260	660	1 100	1 400	1 700	2 300
母鸡体重	80	240	550	860	1 100	1 300	1 700

（三）白痢净化

1. 意义　白痢是由鸡白痢沙门菌引起的传染病，是蛋鸡业所普遍面临的一个重要问题，这种疾病既可以通过消化道、呼吸道等途径传播，也可以垂直传播（种鸡感染后其体内的鸡白痢沙门菌能够通过鸡蛋传播给后代）。

感染该病的鸡将成为该细菌的永久携带者，该细菌可以侵害卵巢造成母鸡产蛋率下降（阳性个体产蛋率比未感染个体产蛋率约降低20%），影响鸡群生产性能和效益，同时阳性个体所产蛋中约有40%携带有该细菌，这种细菌能够感染人而引起肠炎，严重者会导致死亡。在出口蛋品中，鸡白痢沙门菌是必须检测的指标。

通过对种鸡进行检测、淘汰阳性个体，能够有效降低后代鸡群被感染的概率，对于提高商品鸡群生产性能和蛋品质量安全具有重要意义。

2. 方法　目前，在实际生产中白痢净化方法主要是采用“平板凝集试验”，即将特定的抗原取一滴放在玻璃板上，再用针头或消毒牙签从鸡冠处采血一滴与抗原混合均匀，静置2分钟后如果出现褐色凝集块则说明该鸡是阳性个体（即鸡白痢沙门菌携带者），如果不出现反应则为阴性（未感染鸡白痢沙门菌）。阳性个体按要求要淘汰处理（屠宰或消毒后深埋），坚决不能做种鸡使用。

检测效果受鸡只日龄的影响，一般要求在鸡群见蛋时（性成熟时）进行检测并在2个月后再次检测。

（四）免疫接种

育雏育成期蛋种鸡和商品鸡的免疫接种要求相同，在育成末期（性成熟之前）的疫苗使用方面有些差异。种鸡需要额外接种传染性法氏囊炎疫苗，以保证其后代雏鸡有较高而且均匀的母源抗体。在传染性脑脊髓炎发生过的地区，鸡场还要求在鸡群开产前接种传染性脑脊髓炎疫苗。

（五）饲料营养

育雏育成期后备种鸡和商品鸡的饲料要求基本相同，前者饲料中尽量不用或少用棉仁粕和菜籽粕，以减低饲料毒素对鸡生殖系统发育的影响。

性成熟后种母鸡饲料中多数维生素（如维生素 A、维生素 E、维生素 K、维生素 B_1、维生素 B_2、泛酸、叶酸、生物素等）和微量元素（锌、铁、铜、碘等）的添加量比商品代母鸡要多出20%～35%，其目的在于增加蛋内的相应含量，为雏鸡生长发育和健康提供充足的营养素。

（六）人工授精

目前，国内95%以上的蛋种鸡都采用笼养方式、采用人工授精技术。

1. 种公鸡的管理　育成后期要对后备公鸡进行选择，淘汰那些有外貌缺陷、健康状况不佳的个体，留下的种公鸡要饲养在专用的公鸡笼内，每个小单笼内饲养 1 只公鸡以减少相互的啄斗。

种公鸡要喂饲专用的公鸡料（母鸡饲料中的钙含量过高），保证良好的环境条件和卫生条件。室温控制在 10～30℃，每天光照时间 14～16 小时（要固定）。有条件的鸡场要建造专门的种公鸡舍，避免与母鸡饲养在同一个鸡舍内（图 8－8）。

20～21 周龄要对选留下来的公鸡进行采精训练，这是方便以后采精操作的基础。在采精之前应将公鸡肛门周围的羽毛剪去，要求公鸡的肛门能够显露出来，以免妨碍采精操作或污染精液。一般采用按摩法，保定人员将公鸡抱在身体的右前方，让公鸡尾部朝前，双手握住鸡的双腿并用大拇指压住其双翅。采精人员站在保定人员的右侧，将右手伸开放在公鸡后腹部，左手伸开从公鸡背部向尾部按摩 3～5 次，当公鸡有尾部下压反应时用左

图8－8　饲养在种公鸡舍内的公鸡

手大拇指和食指按压公鸡泄殖腔两侧中上部，公鸡即可排放精液。

一般的公鸡经过1～5天训练即可采出精液，但是训练过程要持续进行以使公鸡建立条件反射。对于不能采出精液或精液常常与粪便混合的个体要淘汰。

2. 采精操作

（1）采精用具。用具很简单，有采精杯或试管（10毫升）用于收集精液，胶头滴管用于输精，棉球或软纸用于擦拭粪便和滴管。

（2）人员安排。一般是3人一组，两个人抓鸡、一个人采精或输精。

（3）操作。按照训练时的方法，抓鸡人员将公鸡从笼内取出并保定后，采精人员左手抓住公鸡尾部背侧并用大拇指和中指按压公鸡泄殖腔两侧，同时右手持采精杯或试管置于泄殖腔下缘接取精液（图8－9）。

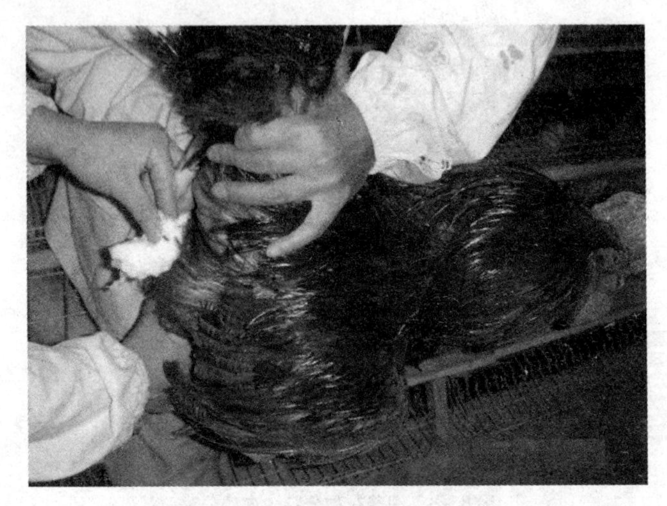

图8－9　公鸡的采精操作

（4）采精操作注意事项。采精操作时，要保持采精场所的安静和清洁卫生；采精人员要固定，不能随便换人，因各人按摩的手势轻重不同；采精日程也要固定，以利于射精反射的建立；在采精过程中一定要保持公鸡舒适，扑捉、保定时动作不能过于粗暴，不惊吓公鸡或使公鸡受到强烈刺激，否则会采不出精液、精液量少或受污染；挤压公鸡泄殖腔要及时和用力适当；整个采精过程中应遵守卫生操作，每次工作前用具要严格消毒，工作结束后也必须及时清洗消毒；工作人员手要消毒、衣服定期消毒。

3. 输精管理

（1）输精方法。在蛋种鸡生产中常用的是输卵管口外翻输精法，也称阴道输精法。输精时 3 人一组，其中：2 人负责抓鸡和翻泄殖腔，1 人输精操作。操作时助手抓住母鸡双翅基部从笼内取出，使母鸡头部朝向前下方，泄殖腔朝上，右手大拇指在母鸡后腹部柔软部位向前稍施压力进行推挤，其余 4 指压在母鸡尾部腹面，泄殖腔即可翻开露出输卵管开口，然后转向输精人员，

后者将输精管插入输卵管内即可输精。输精结束后把母鸡放进笼内。也可以用左手握住母鸡的双腿，右手大拇指在母鸡后腹部柔软部位向前稍施压力进行推挤，其余4指压在母鸡尾部腹面，泄殖腔即可翻开露出输卵管开口（图8－10、图8－11）。

图8－10　母鸡的输精操作

对于笼养母鸡可以不拉出笼外，输精时助手伸入笼内以食指放于鸡两腿之间，握住鸡的两腿基部，将尾部、双腿拉开笼门（其他部分仍在笼内）。使鸡的胸部紧贴笼门下缘，左手拇指和食指放在鸡泄殖腔上、下侧，按压泄殖腔，同时右手在鸡腹部稍施压力即可使输精管口翻出，输精者即可输精。

（2）输精时间。输精时间与种蛋受精率之间有密切关系，当母鸡子宫内有硬壳蛋存在时会影响精子向受精地点运行，若此时输精则明显地影响种蛋受精率和受精持续时间（其中有些原因目前尚不清楚）。如鸡在蛋产出之前输精种蛋受精率仅为50%左右，产蛋后10分钟内输精效果有所提高，而在产蛋3小时之后

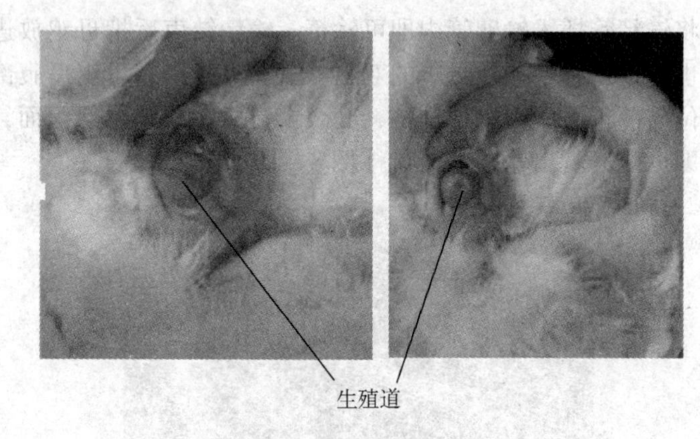

图 8－11　母鸡翻开的泄殖腔

输精则种蛋的平均受精率超过 90%。因此，应在鸡子宫内无硬壳蛋存在时输精。

鸡一般在 14～20 时输精，此时母鸡基本都已产过蛋。

第一次输精后间隔一天即可收集种蛋。生产中一般当种鸡群产蛋率达到 50% 左右开始输精。个别情况下也可以在产蛋率达到 30% 的时候开始输精。

（3）输精间隔。关于两次输精的间隔时间以 4～5 天为宜。生产上一般把鸡舍内的鸡群分为 4 个部分，每天为其中一部分输精，4 个部分全输完后休息 1 天，再开始下一轮输精。输精间隔超过 7 天种蛋受精率会受影响。如果间隔时间过短（少于 3 天）也不能提高种蛋受精率。

（4）输精深度。以输卵管开口处计算，输精器插入深度，一般为 2～3 厘米。深度不够在输精后容易造成精液回流；深度过大容易造成输卵管的损伤。

（5）输精剂量。输精剂量同样会影响种蛋受精率。若用未经稀释的原精液输精，鸡每次为 0.025～0.03 毫升，若按有效精子数计算，每次输入量为 0.5 亿～0.7 亿个，总精子数最好为

1 亿个。

（6）输精注意事项：

1）保证精液新鲜。精液采出后应尽快输精，未稀释（或用生理盐水稀释）的精液要求在半小时输完。

2）精液应无污染。凡是被污染的精液必须丢弃，不能用于输精。

3）输精剂量要足够，并保证每次输入足够的有效精子数。

4）减少对母鸡的不良刺激。抓取母鸡和输精动作要轻缓，插入输精管时不能用力太大以免损伤输卵管。输精后放母鸡回笼时都应该注意减少对母鸡可能造成的损伤。

5）防止精液回流。输精深度合适；在输入精液的同时要放松对母禽腹部的压力，防止精液回流。在抽出输精管之前，不要松开输精管的皮头，以免输入的精液被吸回管内，然后轻缓地放回母鸡；输精时防止滴管前端有气柱而在输精后成为气泡冒出。

6）注意输精卫生，防止输精污染。

7）防止漏输：第一是在一管精液输完后要做好标记，下一管精液输精时不会弄错位置；第二防止抓错鸡；第三输精时发现母鸡子宫部有硬壳蛋时可以将其放在最后输精。

8）人员相对固定。

9）不要对母鸡后腹部挤压用力太大。

（7）输精的卫生管理。由于人工授精的卫生管理不当所引起的家禽疫病相互传播问题也越来越受到重视，因此，人工授精过程的卫生管理对于种鸡的健康和种蛋质量的提高就成为了一个不可忽视的因素。

1）环境的卫生。采精环境的卫生状况会影响采出精液的质量，如果环境中灰尘多则在采精过程中容易飘落到精液中，这些灰尘进入精液后会诱使部分精子以头部与其接触，尾部向外做原地摆动（这是精子的趋触性表现），这样的精子尽管能够活动却

都丧失了受精能力；一些微生物也会随灰尘一同进入精液而造成污染，有可能影响到种母鸡的健康。在专门的房间采精或采精前向地面喷洒少量水则有助于减少空气中的灰尘。

2）器械的卫生。人工授精所使用的器械多数都直接与精液接触，这些器械在使用前必须要用高温高压或煮沸方法进行消毒以杀灭其上面黏附的微生物。如果使用消毒药物处理则在浸泡消毒后需要用蒸馏水冲洗若干次以去除其上面黏附的药物残液，这些残留的消毒药物残液能够杀灭精子。但是，这些经冲洗的器械应在使用前1个小时将口向下放置以使其内壁上的水珠流出或蒸发，这些水珠与精液混合后会改变精子周围的溶液渗透压，影响精子的活力。

3）采精的卫生。公鸡肛门周围的羽毛在采精前需要剪掉，否则会在采精时伸入采精杯而污染精液，羽毛剪的程度以能够完全使肛门显露出来为准；在按摩的过程中，采精杯的口应该被遮挡或朝外、朝下，以免对鸡体按摩时皮屑落入采精杯中；采精时遇到公鸡排粪应该先用棉球将粪便擦干净再接取精液，如果公鸡的精液和粪便一同排出则应弃去受污染的精液。采精时如果发现公鸡的精神状态不佳或肛门周围黏附有稀便、泄殖腔有炎症等情况，往往说明公鸡的健康状况有问题，需要及时隔离诊疗，不能对这样的公鸡采精（其精液有可能被微生物污染）。

4）输精器械的卫生。在输精过程中，输精滴管或输精枪的前端需要插入母鸡输卵管阴道部约1.5厘米深度，每次拔出时在其外表都可能黏附有一些黏液。如果母鸡是健康的则在黏液中可能没有病原微生物，如果母鸡有输卵管炎症或泄殖腔炎症，则输精器械上黏附的黏液中可能有病原微生物的存在。按照要求应该每为一只鸡输精后就需要更换一个新的输精滴管，但是这将会为实际操作带来很多麻烦，生产上至少需要在每为一只鸡输精后用干净的棉球擦拭1次。

5）母鸡排便时的处理。输精时按压母鸡后腹部使其泄殖腔外翻的同有可能会导致母鸡排粪，有的母鸡粪便会黏附在泄殖腔的内壁上，甚至在输卵管开口处。遇到这种情况，需要用棉球将粪便擦去，然后再输精，以免粪便污染输精滴管而对母鸡输卵管造成感染。

6）清洁用品的卫生。在输精过程中为了保持输精滴管的洁净和及时擦去母鸡泄殖腔表面的粪便，这些擦拭用的棉球或纸需要及时更换。因为，一旦棉球或纸使用若干次后其上面会黏附有许多黏液或粪便，继续使用不仅起不到卫生作用反而会进一步污染输精滴管。

7）患病母鸡的处理。在规模化种鸡生产中很容易发现鸡群中有患病的母鸡，如拉稀、输卵管炎症或其他传染病。这些母鸡的数量虽然少，但是对大群鸡的健康威胁却很大。在进行人工授精的过程中，由于输精滴管不是每只鸡更换 1 支，很容易在输精过程中传播疾病。因此，遇到这样的母鸡必须及时隔离，不再输精。

（七）种蛋管理

1. 种蛋收集　蛋种鸡生产中要求每天收集种蛋 3～4 次，每次收集后及时消毒并转入蛋库，尽量缩短种蛋在鸡舍内的停留时间。因为种蛋在鸡舍内放置时间越长造成的污染越大；高温季节还不利于胚胎保持活力。

种蛋收集的时候要将不合格的蛋单独放置，不能与合格种蛋混放。将沾有鸡粪的蛋作为不合格种蛋。

2. 种蛋选择　通常都是根据蛋的外观、性状进行选择，选择时主要从以下几方面着手：

（1）蛋壳颜色：是重要的品种特征之一，壳色应符合本品种的要求，颜色要均匀一致。单冠白来航鸡及其系间杂交种蛋壳白色，若呈灰色则可能是品种间的杂交种所产的；褐蛋壳系如罗曼褐、海兰褐、迪卡褐、伊萨褐等鸡蛋壳为棕褐色，但有时会出现色泽深浅不一致。

（2）蛋重：应符合品种标准，一般蛋用型鸡50～65克。超过标准范围±10%的蛋不宜作为种用，蛋重过小则雏鸡体重小且体质弱，蛋重大则孵化率低；蛋重大小均匀可以使出壳时间集中，雏鸡均匀一致。

（3）蛋的形状：应为卵圆形，一端稍大钝圆，另一端略小。蛋形指数（横径与纵径之比）以0.70～0.74为好。过长、过圆、腰凸、橄榄形（两头尖）的蛋都应剔除。

（4）清洁度：蛋壳表面应清洁无污物。受粪便、破蛋液等污染的蛋在孵化中胚胎死亡率高，易产生臭蛋，污染孵化器和其他胚蛋。

（5）蛋壳质地：要求蛋壳应致密，表面光滑不粗糙。首先要剔出破蛋、裂纹蛋、皱纹蛋；厚度为0.25～0.32毫米，过厚的蛋影响蛋内水分的正常蒸发，出雏也困难；蛋壳过薄容易破裂，蛋内水分蒸发过速，也不利于胚胎发育。砂皮蛋蛋壳厚薄不均也不宜用。

3. 种蛋消毒　种蛋收集后要及早进行消毒。一般采用福尔马林熏蒸消毒方法，即将种蛋放入消毒柜内，按消毒柜的内部空间每立方米用福尔马林30毫升、高锰酸钾15克置于消毒盆内，消毒盆放在消毒柜的下部，关闭柜门，密闭熏蒸20分钟之后打开风扇排出药物气体，再将种蛋送到蛋库贮存。

4. 种蛋保存　种蛋必须保存在专用的蛋库内。

（1）保存温度：一般认为鸡胚胎发育的临界温度为23.9℃，但是当温度达不到37.8℃时胚胎的发育是不完全发育，容易导致胚胎衰老、死亡；温度过低胚胎因受冻而失去孵化价值。在生产中保存种蛋时把温度控制在10～18℃，保存时间不超过一周时温度控制在14～18℃，超过一周时为10～13℃；45周龄前的

种鸡所产蛋保存温度可以取下限，45 周龄后的种鸡所产蛋保存温度可以取上限。防止蛋库内温度的反复升降。

注意，刚收集后的种蛋不能立即放置于 23℃以下的环境中，应该有一个缓慢的降温过程。

（2）相对湿度：种蛋保存期间蛋内水分的挥发速度与贮存室的相对湿度成反比（种蛋保存的重要要求之一在于尽可能减少水分的丧失）。蛋库中适宜的相对湿度为 75% ~80%。过低则蛋内水分散失太多；过高易引起霉菌滋生、种蛋回潮。

（3）存放室的空气：空气要新鲜，不应含有有毒或有刺激性气味的气体（如硫化氢、一氧化碳、氨气、消毒药物气体）。

（4）保存期限：保存期超过 5 天，随着保存时间的延长，种蛋的孵化率会逐渐降低，一般说来保存期在一周内孵化率下将幅度较小，超过 2 周下将明显，超过 3 周则急剧降低。保存期越长，在孵化的早期和中期胚胎死亡越多，弱雏也越多。

第九章　蛋鸡的卫生防疫

现代蛋鸡生产的核心是保证鸡蛋的卫生质量安全，基础是保证鸡群的健康和使用的药物及饲料、添加剂符合国家的规定标准。

一、树立全方位的保健观念

（一）影响鸡群健康的因素

鸡群的健康问题主要是疾病的发生，然而能够造成疾病的因素很多，要控制疾病就必须兼顾所有的相关因素。

1. 饲料与营养　饲料质量差、营养缺乏或过量，不仅影响生产性能，而且影响健康，如某些营养素的不足或缺乏会导致营养缺乏症的发生，在蛋鸡生产中常见的有维生素缺乏症、钙代谢障碍等，如果钙含量过高则会加重雏鸡传染性法氏囊炎和传染性支气管炎的症状，蛋白质质量不好或含量过高会诱发痛风；此外，大多数营养素与机体的免疫功能有关，如缺乏维生素 A、维生素 E 会减弱鸡群对疫苗产生的免疫应答和对大肠杆菌的抵抗力。

2. 环境　环境对鸡群健康影响也很直接，一些与环境条件密切相关的疾病也常称为条件性鸡病，如大肠杆菌病、支原体病、球虫病等。

冬季气温低、鸡舍内有害气体和粉尘含量高，通风时进风口

附近鸡只易受凉，这是造成低温季节有呼吸道症状的疾病（如大肠杆菌病、支原体病、禽流感、传染性喉气管炎、传染性鼻炎等）发生率高的重要原因；在高温潮湿的情况下球虫病、曲霉菌病容易发生。

3. 卫生防疫措施　鸡群疫病的控制需要靠有效的卫生防疫措施来做保证，这些措施包括了防止外来感染、防止环境污染、改善鸡舍环境、保证各项措施的扎实落实、保证良好的药品质量、做好疫病的监测、污染物的无害化处理等。

4. 种源的质量　过去的20多年中，我国在进口大量蛋鸡良种的同时也引进了很多种传染病，说明种源的质量（尤其是特定疫病的净化质量）会对鸡群的健康产生重要影响。

国家规定不允许发生重大疫情的地区向其他地方输出种蛋、雏鸡和肉蛋产品，因为这些物体都可能会是病原体的携带者，输往哪里就可能会把疫病带到哪里。

种鸡群是否对垂直传播的疾病（如淋巴白血病、鸡白痢、支原体等）进行有效的净化，是影响后代健康的重要因素。

（二）鸡场内控制鸡病要采取综合性措施

鸡场内的各种饲养管理和卫生防疫措施组合起来就如同篱笆，能够保护篱笆中的鸡群不受外界的伤害。如果篱笆的任何一个部分出现缺损，就会给病害对鸡群的侵害打开通路。

不要期望只强调某一环节就能够解决鸡群的健康问题。但是，这种情况在实际生产中很多见，一些蛋鸡场非常重视给鸡群接种疫苗、投药，而在其他方面重视不够，结果并未有效控制疾病的发生。

二、有完善的蛋鸡场卫生防疫设施

卫生防疫设施是保证卫生防疫管理措施落实的基本条件。蛋

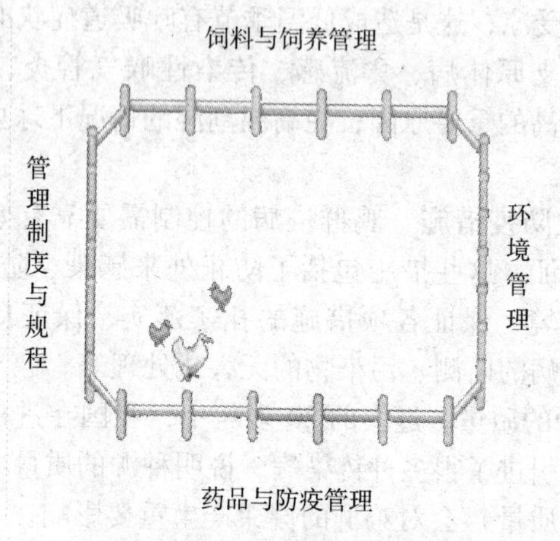

图9-1 综合性防疫措施示意

鸡场的卫生防疫设施包括鸡场周围的围墙或铁丝网、门卫、车辆消毒室、人员更衣洗浴消毒室、高压冲洗设备、死鸡无害化处理设备、粪便无害化处理设备、衣服清洗消毒设备、环境卫生用品等。这些设施、设备和用品是否完善，能否正常运转是衡量一个蛋鸡场卫生防疫管理的重要指标。要保证卫生防疫设施的完备和正常运行，定期检修以保证应用效果（图9-1）。

三、健全蛋鸡场卫生防疫制度

如果说卫生防疫设施和设备是鸡场卫生防疫的硬件，那么卫生防疫制度就是重要的软件。科学的卫生防疫制度能够让每个人在工作中有章可循，对于管理者开展监督则有据可依。

（一）无公害食品

蛋鸡卫生防疫准则（NY-5041-2001）

1. 范围 本标准规定了生产无公害食品的蛋鸡场在疫病预防、监测、控制及扑灭方面的兽医防疫准则。本标准适用于生产无公害食品蛋鸡场的卫生防疫。

2. 规范性引用文件　下列文件中的条款通过本标准的引用而成为本标准的条款。凡是注明日期的引用文件，其随后所有的修改单（不包括勘误的内容）或修订版均不适用于本标准，然而，鼓励根据本标准达成协议的各方研究是否可使用这些文件的最新版本。凡是不注明日期的引用文件，其最新版本适用于本标准。

GB 16548　畜禽病害肉尸及其产品无害化处理规程

GB/T 16569　畜禽产品消毒规范

NY/T 388　畜禽场环境质量标准

NY 5027　无公害食品　畜禽饮用水水质

NY 5040　无公害食品　蛋鸡饲养兽药使用准则

NY 5042　无公害食品　蛋鸡饲养饲料使用准则

NY/T 5043　无公害食品　蛋鸡饲养管理准则

《中华人民共和国动物防疫法》。

3. 术语和定义　下列术语和定义适用于本标准。

3.1　动物疫病　animalepidemic disease

动物的传染病和寄生虫病。

3.2　病原体　pathogen

能引起疾病的生物体，包括寄生虫和致病微生物。

3.3　动物防疫　animalepidemic prevention

动物疫病的预防、控制、扑灭和动物、动物产品的检疫。

4. 疫病预防

4.1　蛋鸡场的总体卫生要求

4.1.1　蛋鸡场的选址、设施设备、建筑布局、环境卫生等都应符合 NY/T 5043 和 NY/T 388 的要求。

4.1.2　蛋鸡场应坚持“全进全出”的原则；引进的鸡只应来自健康种鸡场，每批鸡出栏后，对整个鸡场进行彻底清洗、消毒。

4.1.3　蛋鸡场内的禽饮用水应符合 NY 5027 的要求。

4.1.4　蛋鸡的饲养管理应符合 NY/T 5043 的要求；所使用的饲料应符合 NY 5042 的要求。

4.1.5　蛋鸡场的消毒和病害肉尸的无害化处理应符合 GB/T 16569 和 GB 16548 的要求。

4.2　兽药和疫苗的要求

在蛋鸡整个生长发育及产蛋过程中所使用的兽药、疫苗应符合 NY 5040 的要求，并定期进行监督检查。

4.3　寄生虫控制

每年春秋两季对全群进行驱虫，用药应符合 NY 5040 的要求。

4.4　工作人员的要求

工作人员应定期进行体检，取得健康合格证后方可上岗，并在工作期间严格按照 NY/T 5043 的要求进行操作。

4.5　免疫接种

蛋鸡场应根据《中华人民共和国动物防疫法》及其配套法规的要求，结合当地实际情况，有选择地进行疫病的预防接种工作，并选择适宜的疫苗、免疫程序和免疫方法。

5. 疫病监测

5.1　蛋鸡场应依照《中华人民共和国动物防疫法》及其配套法规的要求，结合当地实际情况，制定疫病监测方案。

5.2　蛋鸡场常规监测的疫病至少应包括：高致病性禽流感、鸡新城疫、禽白血病、禽结核病、鸡白痢与伤寒。

除上述疫病外，还应根据当地实际情况，选择其他一些必要的疫病进行监测。

5.3　根据当地实际情况由疫病监测机构定期或不定期进行必要的疫病监督抽查，并将抽查结果报告当地畜牧兽医行政管理部门。

6. 疫病控制和扑杀　蛋鸡场发生疫病或怀疑发生疫病时，应依据《中华人民共和国动物防疫法》及时采取以下措施：

6.1　驻场兽医应及时进行诊断，并尽快向当地畜牧兽医行政管理部门报告疫情。

6.2　确诊发生高致病性禽流感时，蛋鸡场应配合当地畜牧兽医管理部门，对鸡群实施严格的隔离、扑杀。

措施：发生鸡新城疫、禽白血病、禽结核病等疫病时，应对鸡群实施清群和净化措施；全场进行彻底的清洗消毒，病死或淘汰鸡的尸体按 GB 16548 进行无害化处理，消毒按 GB/T 16569 进行。

6.3　蛋中不应检出以下病原体：高致病性禽流感、大肠杆菌0157、李氏杆菌、结核分支杆菌、鸡白痢与伤寒沙门杆菌；经检疫检验不合格的鸡所产的蛋应按照 GB 16548 的规定进行处理。

7. 记录　每群蛋鸡都应有相关的资料记录，其内容包括：鸡只品种、来源、饲料消耗情况、生产性能、发病情况、死亡率及死亡原因、无害化处理情况、实验室检查及其结果、用药及疫苗免疫情况。所有记录应在清群后保存两年以上。

（二）蛋鸡场卫生防疫制度示例

示例一：

为了有效控制疫病的发生与蔓延，保证养鸡生产的正常进行和健康发展，充分提高经济效益，特制定兽医卫生防疫制度如下：

1. 总则

（1）本场所有人员都要提高防疫意识，正确认识“防重于治”的原则，遵守本制度。

（2）场部成立兽医卫生防疫领导小组，负责兽医卫生防疫制度的制定、完善、领导、实施和监督检查工作。

（3）随时注意卫生，搞好各自所辖区域的卫生工作，全场每月1号大扫除，2号场部组织人员检查，对出现的问题及时处理。

（4）搞好除“四害”（鼠、蚊、蝇、鸟）活动，根据季节统一组织，随时进行。

（5）鸡场食堂不准从场外购进鸡肉及其产品，特别是生制品。

2. 大门卫生防疫制度

（1）大门必须关闭，一切车辆、人员不准擅自入内，办事者必须到传达室登记、检查，经同意后必须经过消毒池消毒后方可入内，自行车和行人从小门经过脚踏消毒池消毒后方准进入，消毒池内投放2%～3%的氢氧化钠，每3天更换1次，保持有效。

（2）不准带进任何畜禽及其畜禽产品，特殊情况由门卫代为保管并报场部。

（3）进入场内的车辆、人员必须按门卫指示地点和路线停放和行走。

（4）做好大门内外和传达室的卫生工作，做到整洁、整齐，无杂物。

3. 生产区卫生防疫制度

（1）生产区谢绝参观，非生产人员未经场部领导同意不准擅自进入生产区，自行车和其他非生产用车辆不准擅自进入生产区，必须进入生产区的人员应身着消毒过的工作衣、鞋、帽经过消毒池后方可进入，消毒池投放3%的氢氧化钠，并且每3天更换1次，保持有效。

（2）生产区内不允许有闲杂人员出现。

（3）非生产需要，饲养人员不要随便出入生产区和串舍。

（4）生产区内的工作人员必须做好自己辖区的卫生和消毒

工作；正常情况下，春夏每周用2%～3%氢氧化钠消毒1次，秋冬每半月消毒1次。

（5）饲养员、技术人员工作时间必须身着卫生清洁的工作衣、鞋、帽，每周洗涤1～2次（夏季），并消毒1次，工作衣、鞋、帽不准穿戴出生产区。

（6）生产区设有净道、污道，净道为送料、人行专道，每周消毒1次；污道为清粪专道，每周消毒2次。

4. 鸡舍兽医卫生防疫制度

（1）未经同意，任何非生产人员不准进入鸡舍，必须进入鸡舍的人员经同意后应身着消毒过的工作衣、鞋、帽，经消毒后方可进入，消毒池内的消毒液每2天更换1次保持有效。

（2）工作人员每天都要经常进行手的消毒。

（3）工作用具每周消毒最少2次，并要固定鸡舍使用，不得串用。

（4）每周进行一次鸡群喷雾消毒。

（5）饲养员要每天保持好舍内外卫生清洁，每周消毒1次，并保持个人卫生。

（6）每天清粪2次，清粪后要对粪锨、扫帚进行冲刷清洗。

（7）饲养员要每天观察鸡只，发现异常，及时汇报并采取相应的措施。

（8）对鸡群按指定的免疫程序和用药方案进行免疫和用药，并加强饲养管理，增强鸡群的抵抗力。

（9）兽医技术人员每天要对鸡群进行巡视，发现问题及时处理。

（10）饲养人员每天都要按一日工作程序规定要求进行工作。

（11）对新引进的鸡群应在隔离观察舍内饲养观察1个月以上方可进入正常鸡舍饲养。

5. 鸡舍空栏后的兽医卫生防疫措施

（1）鸡舍空栏后，应马上对鸡舍进行彻底清除、冲刷，不留死角。将舍内的粪、尿、蜘蛛网、灰尘等彻底清除干净。

（2）用3%的氢氧化钠液对地面、食槽、墙壁、顶棚等进行严格的消毒，然后空舍半月以上。

（3）进鸡前两天刷洗食槽、水槽，把残留的氢氧化钠液等清刷干净。

（4）进鸡前一天，整体卫生再整理一遍，卫生清洁的饲养工具备齐放好，再用百毒杀、威岛、1210、过氧乙酸或其他消毒剂彻底消毒1次，准备接鸡。

6. 发现疫情后的紧急措施

（1）当鸡群发生疫情时，要立即报告场部领导及兽医卫生防疫领导小组，及早隔离或淘汰病鸡，对死淘的鸡只用不漏水的专车或专用工具送往诊断室或送往处理车间，不准在生产区内解剖和处理。

（2）立即成立疫情临时控制领导小组，负责对以上工作进行综合的实施控制和监督检查。

（3）及时确定疫情发生地点并进行控制，尽量把病情及其污染程度局限在最小的范围之内，并严格控制人员的流动，饲养员及疫点内的工作人员不能随便走出疫点，并严格限制外界人员进入鸡场。

（4）对疫点及周围环境从外到内实行严格彻底的消毒，饲养设备和用具、工作衣、鞋、帽应全部进行消毒。

（5）对疫病进行早诊断、早治疗。做出正确诊断后，对其他健康鸡群和假定健康鸡群先后及时地进行相应的紧急免疫接种。

（6）加强鸡群的饲养管理，喂给鸡群以富含维生素的优质全价饲料，供给以新鲜清洁的饮水，增强鸡群的抵抗力。

7. 对供销的兽医卫生防疫要求

(1) 本场对饲养鸡只采取全进全出制。

(2) 不准从疫区购买饲料，不准购进霉败变质饲料。

(3) 不准从疫区和发病鸡场购鸡。

(4) 从外地购进鸡苗时，应会同兽医技术人员一起了解当地及其周边地区的疫情及所购鸡群的免疫情况及用药情况等，并经当地兽医检疫机构检疫后签发检疫证明，才能购入。

(5) 对所购鸡苗入场前要进行严格的消毒后放入隔离观察栏饲养。

(6) 销售鸡只时，应经兽医技术人员检查批准后备档方可销售。

示例二：

本示例是一个蛋鸡场卫生防疫的概括性规定。

生活区与鸡场分开，鸡场或鸡舍门口设立消毒池，及时更换消毒液，进入鸡场或鸡舍要更换鞋帽，鞋底在消毒池内经消毒液浸泡后，方可进入。

鸡场或鸡舍内要划分净道和污道，鸡苗、饲料、干净垫料从净道进入，鸡粪、死鸡以及其他废物从污道运出，这样可以避免交叉污染。

清除鸡场或鸡舍四周的杂草和垃圾，疏通排水管道，排除积水，定期喷洒药物，消除蚊蝇滋生地，消灭老鼠。

饲养人员、技术人员实行住场制。育雏期禁止离场，育雏结束后，每月离场不超过4次，祖代鸡场不超过1次。

鸡场谢绝参观，禁止饲养人员、技术人员相互串门，收购商禁止进入鸡场或鸡舍内，禁止将死鸡卖给商贩，以免引起鸡病的传播。

进鸡前、成鸡出栏后、雏鸡转群前后，鸡舍和用具要大清洗，做到无积尘、无蜘蛛网、无污物、无残余物，消毒做到不留死角，应用不同性质的药物交叉消毒，一般要求 3 ~ 5 次，空置鸡舍一段时间。

鸡场环境定期消毒，运输车辆、反复使用的用具应及时进行消毒，鸡舍保持清洁卫生，定期洗刷饲槽和饮水器，地面清洁干燥，舍内温度、湿度适宜，光照、通风良好，定期进行带鸡消毒以及饮水消毒。

制定有效的免疫程序，选用优质疫苗，采用正确的免疫接种方法。

采用“全进全出”的饲养制度，使得全场鸡群同龄化，有利于鸡场的净化和消毒。

鸡的免疫接种。免疫接种就是将疫苗或菌苗经一定的途径接种于鸡体，使其在不发病的情况下产生特异性的抵抗力，从而在一定时期内对某种传染病具有抵抗力。

示例三：

本示例为一个蛋鸡场总体的卫生防疫制度。

（1）鸡场谢绝参观，非生产人员不得进入生产区。本场的生产人员和管理人员进入生产区要在消毒室脱去内、外衣，洗澡消毒后更换消毒衣裤和鞋帽，经消毒池消毒后方可进入。

（2）消毒池内的消毒液要及时更换，保持有效。

（3）饲养人员要坚守岗位，不得串舍，按规定的工作程序进行工作。器具及所有设备都必须固定在本栋使用，不得相互借用。

（4）工作衣、鞋、帽绝不准穿戴出生产区，用后洗净，并按照每立方米用 28 毫升（有葡萄球菌病时用 42 毫升）福尔马林进行熏蒸消毒。

（5）鸡场工作人员的家庭内绝对禁止养鸡、鸟等禽类，所需食用蛋、鸡由场内提供。

（6）鸡舍内、外每日清扫 1 次，每周消毒 1 次（包括所

有用具、食槽和水槽）。育雏期内食槽、水槽每天消毒1次。雏鸡在饲养的前3周，每周用次氯酸钠或过氧乙酸带鸡消毒1～2次。

（7）鸡舍要按时通风换气，保持空气新鲜，光照强度、湿度和温度要适宜。

（8）要坚持“全进全出”饲养制，在一栋舍内不得饲养不同日龄的鸡。进雏的数目必须根据育雏室的面积合理安排，不得超过规定密度。

（9）育雏室、鸡舍进鸡前必须认真消毒。首先清除粪便，然后用高压清水将地面、墙壁、屋顶、笼网彻底冲洗干净。经检查无残渣，再用过氧乙酸、次氯酸钠或2%的氢氧化钠液喷洒，最后每立方米空间用28毫升福尔马林熏蒸或用火焰消毒。封闭一周到半月，开封立即进雏，严防再污染。

（10）加强饲养管理，要根据生长和生产的需要供给全价饲料。切勿喂发霉变质饲料。

（11）经常观察鸡群的健康状况，做好疫病的监测、疫苗的接种以及药物防治的工作。

（12）种鸡场的孵化厅只对生产场提供雏鸡、种蛋，雏鸡的用具（蛋盘、雏箱等）不得循环使用。

（13）种鸡场每年必须有计划地进行疾病的检疫净化工作，逐步增养无特定病原的种鸡群。

（14）种鸡产蛋箱底网要保持清洁，不定期用消毒药液刷拭、清洗，防止污染种蛋。污染的种蛋一律不准送入孵化厅。

（15）种蛋应按栋分别贮存、孵化、发雏，并注明母源抗体效价。

（本示例摘自《农村科技开发》1997年第6期，作者王守成）

四、隔离与消毒要落到实处

隔离的目的是将病原体阻挡在蛋鸡场或鸡舍之外，防止对鸡群造成感染；消毒的目的是杀灭外部环境（包括地面、空气、饲料、饮水、设备、粪便等）中的病原体，减少其感染鸡只的机会。

（一）蛋鸡场的隔离要求

1. 鸡场隔离措施

（1）鸡场应与外界完全隔离，并用围墙或防疫沟围起来，场门口设立消毒池。鸡舍门口也应设立消毒池，进入鸡舍更换鞋子或消毒过的胶鞋。

（2）严禁外来人员进入鸡场，尤其是生产区。外来车辆未经允许不得进入。

（3）场内不得饲养其他家禽。严禁将外来禽蛋、鸟类及其产品带入鸡场。保证老鼠、野鸟不进入鸡舍，并制订灭鼠计划。

（4）建议采用全进全出的饲养制度。一栋鸡舍只饲养同一日龄的鸡。需要接触不同鸡群的人员必须进行沐浴，并更换工作服及鞋帽。

（5）所有进入生产区的人员都必须更衣、洗澡，更换清洁的工作衣、帽、鞋，方可进入生产区。

2. 生产区的隔离措施

（1）在生产区与生产区之间的清洁道上设置行车消毒池，防止车辆在各鸡舍之间传播疾病。

（2）鸡舍与鸡舍之间相距越远，则传播疾病的可能性越低。

（3）路面消毒。对于生产区内的路面一般每 7 天消毒 1 次，特殊情况增加喷洒次数。

（4）任何进入鸡舍的物品必须消毒，如鸡笼、蛋箱、蛋盘、垫料。工作人员不可随意走动，更不能串舍。

（5）死鸡做焚烧或深埋处理。

（二）消毒方法

1. 喷洒消毒

（1）适用对象：可用于道路、地面、墙壁、设备、车辆、鸡体等的表面消毒。

（2）消毒方法：将消毒药配制成一定浓度的溶液，用喷雾器对消毒对象表面进行全面喷洒。

2. 浸泡消毒

（1）适用对象：饲槽、饮水器、蛋盘、粪板等。

（2）消毒方法：消毒液按照使用说明配制，放置在消毒池或盆内，将消毒物品浸泡数小时，不得少于30分钟。之后洗净晾干。

3. 熏蒸消毒

（1）适用对象：种蛋、衣物、空鸡舍等。

（2）消毒方法：福尔马林配合高锰酸钾等较常用。要求鸡舍密闭，消毒对象放散开，舍内相对湿度70%，温度18℃以上。用量按每立方米消毒空间，福尔马林30毫升，水15毫升，高锰酸钾15克，密闭消毒12~24小时后打开门窗，通风换气。

4. 紫外线消毒

（1）适用对象：主要用于人员和可移动物品的消毒，也可以用于固定设备的消毒。

（2）消毒方法：人员和可移动物品可以在消毒室用紫外线灯照射消毒（每次消毒不少于15分钟），固定设备的消毒可以将紫外线灯安装在房舍内定期照射消毒。太阳暴晒也是利用紫外线进行消毒。

5. 火焰灼烧

（1）适用对象：主要用于金属笼具、地面、墙壁消毒。

（2）消毒方法：用专用的火焰消毒器对消毒对象表面进行

灼烧，注意灼烧时间不能长以免损坏消毒对象。

6. 蒸煮消毒

（1）适用对象：主要用于耐高温的小件物品、用品的消毒。

（2）消毒方法：使用高压锅或一般的蒸锅，将待消毒物品按要求放入其中，开启电源或其他热源，使锅内的水升温（或压力升高），达到规定时间即可。

7. 生物消毒

（1）适用对象：适用于污染的粪便、饲料及污水、污染场地的消毒净化，是利用微生物间的拮抗作用或用杀菌植物进行消毒。

（2）消毒方法：主要是进行发酵处理，在某些种类的微生物对发酵对象（粪便、污水等）中有机质的利用的过程中产生热量而杀灭其中的病原体。

（三）不同消毒对象的消毒要求

1. 工作人员、参观人员及运载工具的消毒 由于人的活动，各种交通运输工具来往于不同养鸡场之间，有可能带来被污染的器具、饲料、种蛋、商品蛋、灰尘等，而将病原微生物带入鸡场，这是特别危险的因素，因此养鸡场应有很好的隔离条件。养鸡场要建有围墙，并且只有一个用于车辆和人员进出的控制入口。出入场区和生产车间、鸡舍的主要通道必须设置消毒池，消毒池的长度为进出车辆车轮2个周长以上，消毒池上方最好建顶棚，防止日晒雨淋。消毒液可用消毒时间长的复合酚消毒剂或3%～5%氢氧化钠溶液，每周更换2～3次。每栋鸡舍的门前要设置脚踏消毒池，消毒液每天更换1次。原则上不接待任何来访者，而场内人员不得随意进出场区；对许可出入场区的一切人员、运载工具，必须进行消毒并记录在案。

工作人员进入鸡舍必须要淋浴，换上清洁消毒好的工作衣帽。工作服不准穿出生产区，饲养期间应定期更换清洗，清洗

后的工作服要用太阳光照射消毒或熏蒸消毒。工作人员的手用肥皂洗净后，浸于消毒液如洗必泰或新洁尔灭等溶液内 3～5 分钟，清水冲洗后擦干。然后穿上生产区的水鞋或其他专用鞋，通过脚踏消毒池进入生产区。蛋箱、料车等运载工具频繁出入禽舍，必须事先洗刷、干燥后，再进行熏蒸消毒备用。舍内工具要固定，不得串用。其他非生产性用品，一律不能带入生产区内。

2. 养鸡场环境卫生消毒　在生产过程中保持内外环境的清洁非常重要，清洁是发挥良好消毒作用的基础。生产场区要无杂草、垃圾。场区净道、污道分开，运雏车和饲料车等走净道，病死鸡及粪便等走污道并在远离鸡舍的区域进行无害化处理。道路硬化，两旁有排水沟；沟底硬化，不积水，排水方向从清洁区流向污染区。平时应做好场区环境卫生工作，经常使用高压水清洗，每月对场区道路、水泥地面、排水沟等区域，用 3%～5% 氢氧化钠溶液等消毒液进行 4～5 次的喷洒消毒，育雏舍内及其周围在育雏期间最好每天消毒 1 次。保持鸡舍四周清洁无杂物，定期喷洒杀虫剂消灭昆虫。在老鼠洞和其出没的地方投放毒鼠药消灭老鼠。

3. 空鸡舍的消毒　每栋鸡舍全群移出后，在下一批鸡进鸡舍之前，必须对鸡舍及用具进行全面彻底的严格消毒。鸡舍的全面消毒包括鸡舍排空、机械性清扫、用水冲净、消毒药消毒、干燥、再消毒、再干燥。

在空舍后，要先用 3%～5% 氢氧化钠溶液或常规消毒液进行 1 次喷洒消毒，如果有寄生虫还要加用杀虫剂，主要目的是防止粪便、飞羽和粉尘等污染舍区环境。移出饲养设备（料槽、饮水器、底网等），在一个专门的清洁区对它们进行清洗消毒。对排风扇、通风口、天花板、鸡笼、墙壁等部位的积垢进行清扫，经过清扫后，用高压水枪由上到下、由内向外冲洗干净。对较脏的地方，可先进行人工刮除，要注意对角落、缝隙、设施背面的冲洗，做到不留死角，真正达到清洁。

鸡舍经彻底洗净干燥，再经过必要的检修维护后，即可进行消毒。首先用2%氢氧化钠溶液或5%甲醛溶液喷洒消毒。24小时后用高压水枪冲洗，干燥后再喷雾消毒1次。为了提高消毒效果，一般要求使用2种以上不同类型的消毒药进行至少3次的消毒（建议消毒顺序：甲醛→氯制剂→复合碘制剂→熏蒸），喷雾消毒要使消毒对象表面至湿润挂水珠，最后一次最好把所有用具放入鸡舍再进行密闭熏蒸消毒。熏蒸消毒一般每立方米的鸡舍空间，使用福尔马林42毫升、高锰酸钾21克、水21毫升，先将水倒入耐腐蚀的容器内，加入高锰酸钾搅拌均匀，再加入福尔马林，消毒人员操作时要带防毒面具，操作完毕迅速离开。门窗密闭24小时后，打开门窗通风换气2天以上，散尽余气后方可使用。

4. 鸡舍的带鸡消毒　带鸡消毒就是对鸡舍内的一切物品及鸡体、空间用一定浓度的消毒液进行喷洒或熏蒸消毒，以清除鸡舍内的多种病原微生物，阻止其在舍内积累，并能有效降低禽舍空气中浮游的尘埃，避免呼吸道疾病的发生，确保鸡群健康。它是当代集约化养鸡综合防疫的重要组成部分，是控制鸡舍内环境污染和疫病传播的有效手段之一。实践证明，坚持每日或隔日对鸡群进行喷雾消毒可以大大减轻疫病的发生，在夏季还有降温的作用。

带鸡消毒须慎重选泽消毒药，要对人和鸡的吸入毒性、刺激性、皮肤吸收性小，不会侵入并残留在肉和蛋中，对金属、塑料制品的腐蚀性小或无腐蚀性。养鸡场常选用0.3%过氧乙酸、0.1%次氯酸钠等。消毒剂稀释后稳定性变差，不宜久存，应现用现配，一次用完。配制消毒药液应选择杂质较少的深井水或自来水，寒冷季节水温要高一些，以防水分蒸发引起家禽

受凉而患病；炎热季节水温要低一些并选在气温最高时，以便消毒的同时起到防暑降温的作用。喷雾用药物的浓度要均匀，必须由专职人员按说明规定配制，对不易溶于水的药应充分搅拌使其溶解。

带鸡消毒的着眼点不应限于鸡的体表，而应包括整个鸡群所在的空间和环境，否则就不能对部分疫病取得较好的控制。先对鸡舍环境进行彻底的清洁，以提高消毒效果和节约药物的用量。消毒器械一般选用高压喷雾器或背负式手摇喷雾器，将喷头高举空中，喷嘴向上以画圆圈方式先内后外逐步喷洒，使药液如雾一样缓慢下落。要喷到墙壁、屋顶、地面，以均匀湿润和鸡体表稍湿为宜，不得直喷鸡体。喷出的雾粒直径应控制在 80～120 微米，不要小于 50 微米。雾粒过大易造成喷雾不均匀和禽舍太潮湿，且在空中下降速度太快，与空气中的病原微生物、尘埃接触不充分，起不到消毒空气的作用；雾粒太小则易被鸡吸入肺泡，诱发呼吸道疾病。

5. 饮水消毒 目前，使用最多的是在水源中加入适量的氯制剂，以有效抑制饮水系统中微生物的生存。消毒药可以直接加入蓄水池或水箱中，用药量应以最远端饮水器或水槽中的有效浓度达到该类消毒药的最适饮水浓度为宜。开放式饮水系统中，施放的氯制剂，使有效氯含量达到 0.003 毫克/升。乳头饮水系统中有效氯含量应达到 0.001 毫克/升。定期检测水中的含氯水平和水的卫生指标。大肠菌群数应小于 3 个/升，细菌总数小于 100 个/升。在每次饮水免疫前 48 小时，停止使用氯制剂。

不能随意加大水中消毒药物的浓度或长期饮用，以免引起急性中毒以及杀死或抑制肠道内的正常菌群，影响饲料的消化吸收。饮水消毒应该是预防性的，而不是治疗性的，因而对消毒剂饮水要谨慎行事。

（五）常用的消毒药种类与特点

1. 复合酚类 包括菌毒敌、农家福、菌毒灭、来苏儿等，对病原微生物有较好的杀灭作用，使用方便。但对皮肤、黏膜有一定腐蚀性。

2. 醛类 包括戊二醛、环氧乙烷、甲醛等，属高效消毒剂，其气体或液体均有强大杀灭微生物的作用。但对皮肤、黏膜有较强刺激作用。

3. 含碘化合物 包括威力碘、络合碘、金典威等，生产成本高，且碘有升华特性，放置时间较长时有效碘含量降低，直接影响消毒效果。

4. 季铵盐类 包括消毒－99、百毒杀等，对细菌繁殖体和亲脂性病毒有较好杀灭作用。但对细菌芽孢和亲水性病毒不能杀灭。

5. 含氯制剂 常用的有：84 消毒液、菌毒净、优氯净、次氯酸钠等。可杀灭所有类型微生物，可用于饮水消毒。缺点是易受有机物及酸碱度影响，能漂白、腐蚀物品。

6. 过氧化类 主要是过氧乙酸、高锰酸钾等，消毒效果较好，价格便宜，但有一定腐蚀性。因此，在选用消毒剂时，要多种轮换、交叉使用。

（六）鸡场消毒注意事项

1. 环境中的有机物含量 消毒药物的消毒效果与环境中的有机物含量是成反比的，如果消毒环境中有机物的污物较多，也会影响消毒效果，因为有机物一方面可以掩盖病原体，对病原体起保护作用，另一方面可降低消毒药物与病原体的结合而降低消毒药物的作用，所以建议养殖户在对鸡舍消毒时，尽量清理干净鸡舍内的鸡粪、墙壁上的污物，以提高消毒效果。

2. 药物浓度和作用时间 药物的浓度越高，作用时间越长，消毒效果越好，但对组织的刺激性越大。如浓度过低，接触时间

过短，则难以达到消毒的目的。因此，必须根据消毒药物的特性和消毒的对象，恰当掌握药物浓度和作用时间。

3. 消毒药物的拮抗作用　两种消毒药物混合使用时会降低药效，这是由于消毒药的理化性质决定的，所以养殖户在消毒时尽量不要用两种消毒药物配合使用，并且两种不同性质的消毒药使用时要隔开时间。如过氧乙酸、高锰酸钾等氧化剂与碘酊等还原剂之间可发生氧化还原反应，不但会减弱消毒作用，还会加重对皮肤的刺激性和毒性。

4. 微生物的敏感性　不同的病原体对不同的消毒药敏感性有很大差别，如病毒对酚类的耐受性大，而对碱性的消毒药物敏感，乳酸杆菌对酸性耐受性大，生长繁殖期的细菌对消毒药较敏感，而带芽孢的细菌则对消毒药物耐受性较强。

5. 消毒剂温度和被消毒物品的温湿度　在适当范围内，温度越高，消毒效果越好，据报道，温度每增加10℃，消毒效果增强1~1.5倍，因此消毒通常在25~30℃的温度下进行。

6. 环境中的酸碱度　环境中的酸碱度对消毒药物药效有明显的影响，如酸性消毒剂在碱性环境中消毒效果明显降低，表面活性剂的季铵盐类消毒药物，其杀菌作用随pH值的升高而明显加强，苯甲酸则在碱性环境中作用减弱，戊二醛在酸性环境中较稳定，但杀菌能力弱，当加入0.3%碳酸氢钠，使其溶液pH值达7.5~8.5时，杀菌活性显着增强，不但能杀死多种繁殖性细菌，还能杀死带芽孢的细菌。含氯消毒剂的最佳pH值为5~6，以分子形式起作用的酚、苯甲酸等，当环境pH升高时，其杀菌作用减弱甚至消失，而季铵盐、氯己定、染料等随pH升高而增强。

7. 喷雾消毒　消毒前12小时内给鸡群饮用0.1%维生素C或水溶性多种维生素溶液；选择刺激性小、高效低毒的消毒剂，如0.02%百毒杀、0.2%抗毒威、0.1%新洁尔灭、0.3%~0.6%

毒菌净、0.3% ~0.5%过氧乙酸或0.2% ~0.3%次氯酸钠等；喷雾消毒前，鸡舍内温度应比常规标准高2 ~3℃，以防水分蒸发引起鸡受凉造成鸡群患病；进行喷雾时，雾滴要细。喷雾量以鸡体和网潮湿为宜，不要喷得太多太湿，一般喷雾量按每立方米空间15毫升计算，干燥的天气可适当增加，但不应超过25毫升/米^3，喷雾时应关闭门窗；冬季喷雾消毒时最好选在气温高的中午，平养鸡则应选在灯光调暗或关灯后鸡群安静时进行，以防惊吓，引起鸡群飞扑挤压等现象。

8. 石灰消毒 石灰水溶液必须现配现用，不能停留时间过长，否则易使石灰水溶液形成碳酸钙而影响消毒效果。在干燥的天气不要用石灰粉在鸡舍内撒布消毒，以免漂浮在鸡舍内的石灰粉吸入鼻腔和气管，对鸡的鼻腔和气管产生刺激，容易诱发呼吸道病。

五、蛋鸡场内的疫苗接种

疫苗接种是为了预防某些主要由病毒感染所导致的传染病的发生，个别使用细菌制作的菌苗给鸡接种后也可以预防相应的细菌性传染病。当前，在蛋鸡生产中要求不能使用抗病毒药物，因此由病毒所引起的传染病主要依靠接种疫苗进行预防。

蛋鸡生产中需要通过接种疫苗进行预防的传染病主要有鸡新城疫、传染性法氏囊炎、传染性支气管炎、马立克病、禽流感、禽痘、传染性喉气管炎、产蛋下降综合征等，可以通过免疫接种进行预防的其他传染病还有传染性鼻炎、败血支原体病（慢性呼吸道病）、禽霍乱等。

（一）疫苗接种方法

1. 滴鼻点眼法 是弱毒疫苗从黏膜或呼吸道进入体内的接种方法，减少母源抗体对疫苗病毒的中和作用。将500支剂量的疫苗用24毫升生理盐水稀释摇匀，用标准滴管（眼药水塑料瓶

也可）各在鸡的眼、鼻孔滴1滴（约0.05毫升），让疫苗从鸡气管吸入肺内，渗入眼中。此法适合雏鸡的鸡新城疫Ⅱ、Ⅲ、Ⅵ系疫苗和传染性支气管炎、喉气管炎等弱毒疫苗的接种，鸡疫苗接种均匀，效果好。

2. 浸喙免疫法　按每只鸡0.5～1毫升的生理盐水稀释疫苗(20日龄内用0.5毫升)，盛在茶碗内，将鸡腿和翅膀捉住。按住鸡头浸入疫苗中（没过眼部）2秒，使鸡的眼鼻口中都沾上疫苗。此法适合鸡新城疫Ⅱ系、Ⅲ系、Ⅵ系和法氏囊等弱毒苗。

3. 饮水免疫法　在饮水免疫前3小时（夏季2小时）停供饮水，将饮水器反复冲刷干净，再用凉开水冲洗1遍，确保无残留消毒剂或异物。用两倍于疫苗的凉开水稀释，疫苗在1小时内饮完。此法适于鸡新城疫Ⅱ系、Ⅳ系和法氏囊等弱毒疫苗的接种。

4. 皮下注射法　此法适合马立克疫苗接种。将1 000支剂量的疫苗稀释于200毫升专用稀释液中，在鸡颈部皮下注射0.2毫升，注射时应提起皮肤刺入注射，防止伤及鸡颈部血管和神经。注射部位也可以在翅膀、胸部、腿部。

5. 肌内注射法　按每只鸡0.5～1毫升的剂量将疫苗用生理盐水稀释，用注射器注射在眼、胸或翅膀肌肉内。注射腿部应选在腿外侧无血管处，顺着腿骨方向刺入，避免刺伤血管神经；注射胸部应将针头顺着胸骨方向，选中部并倾斜30°刺入，防止垂直刺入伤及内脏；2月龄以上的鸡可以注射鸡翅肌肉，要选翅根肌肉多的地方注射。此法适合鸡新城疫Ⅰ系疫苗、油苗及禽乱弱毒苗或灭活疫苗。注射前将灭活疫苗置于室温下，使之达到周围环境的温度。

6. 喷雾免疫法　喷雾免疫前，关闭门窗和通风设备，同时关闭灯泡或拉上窗帘，使鸡群处于昏暗的环境中以减少惊群。将1 000支剂量的疫苗加无菌蒸馏水150～300毫升稀释后，用喷雾器喷于存养500只的鸡舍中，通过鸡呼吸进入体内，要求气雾喷射均匀。将疫苗溶液均匀地喷向一定数量的鸡只，喷洒距离为30～40厘米。免疫前后须在饲料中加入抗生素，防止发生气囊炎。此法适合鸡新城疫Ⅱ、Ⅲ、Ⅳ系和传支H_{120}苗接种。

7. 搽肛免疫法 此法主要用于传染性喉气管炎疫苗接种。将1 000支剂量的疫苗加入30毫升生理盐水稀释，把鸡倒提，用手捏鸡腹使肛门黏膜外翻，用接种刷或棉球刷肛门黏膜至发红为止，每500只鸡换一把刷子。

8. 翅内刺种法 将1 000支剂量的疫苗，用25毫升生理盐水稀释，充分摇匀，用接种针蘸取疫苗，在鸡翅膀内侧无血管处刺种，20日龄内雏鸡刺1针，大鸡刺2针。适用于鸡新城疫Ⅰ系和鸡痘疫苗的接种，但3天后要检查刺种部位，若有小肿块或红斑则表明免疫成功，否则需要重新接种。

（二）蛋鸡的免疫程序

免疫程序是科技工作者和鸡场技术人员根据鸡体内抗体消长规律、生产中的应用效果等所总结出的经验性免疫接种的疫苗类型应用时间顺序。但是，在不同地区、不同季节、不同的疫情流行状况、不同的疫苗类型都会对免疫程序产生影响，因此在使用之前最好先向当地的兽医专家请教，确定是否需要调整。

1. 蛋鸡推荐免疫程序一

1日龄：注射马立克疫苗（一般是雏鸡出壳后在孵化室内接种）。

7日龄：新城疫和传支（H_{120}）二联苗浸喙或滴鼻点眼。

14日龄：传染性法氏囊炎苗滴鼻、点眼或饮水。

20日龄：新、支、法（小三联）冻干苗饮水、小三联油苗肌内注射（0.3毫升/羽）。

30日龄：鸡痘苗刺种（需两针约0.01毫升/羽）。

38日龄：禽流感油苗肌内注射。

50日龄：慢呼（鸡毒支原体）苗点眼。

70 日龄：新城疫油苗同时肌内注射（0.5 毫升/羽）。

100 日龄：注射大三联（新、支、减）苗（0.8 毫升/羽）。

110 日龄：禽流感油苗肌内注射。

120 日龄：注射鼻炎苗 0.5 毫升。

250 日龄：大三联油苗胸肌内注射（0.8 毫升/羽）。

2. 蛋鸡推荐免疫程序二

1 日龄：注射马立克疫苗。

7 日龄：新、支二联苗（H_{120}）滴鼻、点眼或饮水。

10 日龄：法氏囊苗饮水、点眼或滴鼻。

20 日龄：法氏囊苗饮水。

25 日龄：禽流感油苗肌内注射。

30 日龄：新、支二联苗（H_{52}）滴鼻、点眼或饮水。

35 日龄：鸡痘苗刺种（需两针约 0.01 毫升/羽）。

50 日龄：慢呼（鸡毒支原体）苗点眼。

80 日龄：Ⅰ系苗、新城疫油苗同时肌内注射。

100 日龄：新城疫禽流感油苗肌内注射。

110 日龄：注射新、支、减（大三联）苗（0.8 毫升/羽）。

125 日龄：注射鼻炎苗（0.5 毫升/羽）。

250 日龄：大三联油苗胸肌内注射（0.8 毫升/羽）。

3. 蛋鸡推荐免疫程序三

1 日龄：马立克疫苗，1.5 ~3 头份/羽，肌内或皮下注射。

5 ~7 日龄：新城疫克隆 -30 + 传支 H_{120} + 肾传支弱毒苗同时新城疫—支气管炎多价（包括呼吸型、肾型、腺胃型和生殖型）二联油佐剂灭活苗 0.25 ~0.3 毫升/羽，颈背侧皮下或肌内注射；冻干苗 1 羽份，滴鼻或点眼。

11 ~13 日龄：法氏囊弱毒苗 1 头份/羽，滴口。

19 日龄：新城疫克隆 -30 + 传支 H_{120} + 肾型传支弱毒苗，2 羽份混合饮水；新城疫油苗（此苗选作）0.25 ~0.3 毫升，颈背侧皮下注射。

26 日龄：法氏囊中毒苗，2 头份/羽，饮水。

35 日龄：新城疫Ⅳ系传支 H_{52} 二联弱毒苗，2 头份/羽，饮水免疫；同时禽流感油佐剂灭活苗 0.3 毫升/羽，皮下或肌内注射。

42 ~ 45 日龄：传染性喉气管炎弱毒苗，1 ~ 1.5 头份/羽，涂肛或点眼。

55 日龄：新城疫Ⅰ系中毒苗同时新城疫油苗，2 ~ 4 头份/羽，肌内注射 0.3 ~ 0.5 毫升/羽。

65 日龄：禽流感油佐剂灭活苗，0.5 毫升/羽，肌内注射。

90 日龄：传染性喉气管炎弱毒苗，1.5 ~ 2 头份/羽，点眼。

110 日龄：新城疫Ⅰ系中毒苗，4 头份/羽肌内注射；新、支、减三联油佐剂灭活苗 0.5 ~ 0.7 毫升/羽，皮下或肌内注射。

120 日龄：禽流感油佐剂灭活苗，0.5 毫升/羽，皮下或肌内注射。

160 ~ 180 日龄：新城疫克隆—30 弱毒苗，4 头份/羽，饮水免疫。

4. 蛋鸡推荐免疫程序四

1 日龄：马立克疫苗，1.5 头份/羽，皮下注射。

3 ~ 5 日龄：新—支多价苗（进口），点眼。

8 ~ 10 日龄：传染性法氏囊炎疫苗，滴口。

13 ~ 15 日龄：新—支多价苗点眼、新城疫油苗注射，0.3 毫升鸡痘刺种。

20 日龄：传染性法氏囊炎疫苗，滴口或饮水。

25 日龄：禽流感（H5）灭活苗注射 0.3 毫升。

30 日龄：新城疫疫苗（C30），2 倍量饮水。

40 日龄：传染性喉气管炎疫苗点眼（选用）。

45 日龄：禽流感（H9）灭活苗注射 0.5 毫升。

55 ~ 60 日龄：新城疫Ⅰ系苗（油苗选用），2 倍量注射。

75 日龄：禽流感（H5）灭活菌，注射 0.5 毫升。

85 日龄：传染性鼻炎油苗，注射 0.5 毫升（选用）。

90 日龄：传染性支气管炎疫苗（H52），2 倍量饮水。

100 日龄：传染性喉气管炎疫苗点眼（选用）。

115 日龄：新城疫Ⅰ系 3 倍量，鸡痘，新、支、减三联灭活苗 0.5 毫升，肌内注射。

125 日龄：禽流感（H5）灭活苗、禽流感（H9）灭活苗，各 0.5 毫升，肌内注射。

（三）不同接种方法的注意事项

1. 滴鼻点眼法　这是使疫苗通过上呼吸道或眼结膜进入体内的一种免疫方法，适用新城疫苗、传支苗及喉气管炎弱毒苗的免疫，这种方法可以避免疫苗被母源抗体中和，应激小，对产蛋影响小，用于幼雏和产蛋鸡免疫效果良好。

生产中应注意逐只进行，以确保每只鸡都得到剂量一致的免疫，从而保证抗体整齐，免疫效果确实，具体方法是将稀释好的疫苗用滴注器给鸡的鼻或眼滴 1 ~ 2 滴疫苗悬浮液，一般滴鼻点眼并用，操作中注意固定雏鸡的手，食指堵上非滴鼻侧的鼻孔，以利于疫苗吸入。点眼要待疫苗扩散后才能放开鸡只，一般用 50 ~ 100 毫升的生理盐水来稀释 1 000 头份的疫苗，充分摇匀后，给每只鸡的鼻、眼各滴一滴，相当于 0.05 毫升，此法剂量准确，效果好。新城疫Ⅱ系疫苗、克隆一 30 疫苗、传染性气管炎弱毒疫苗，传染性支气管炎 H_{120} 和 H_{52} 疫苗均可用滴鼻点眼法进行免疫。

2. 浸喙法　这是弱毒疫苗常用的接种方法，疫苗能够同时进入雏鸡的口腔和鼻孔，应用效果比较可靠。

应用此方法一是要注意疫苗稀释的量要合适，保证够用而又没有较多的剩余；二是疫苗的用量为正常量的 2 倍；三是将雏鸡喙部浸入疫苗中要将鼻孔淹没以保证疫苗能够进入鼻孔；四是待雏鸡鼻孔冒出气泡后才可以将雏鸡放下。

3. 饮水免疫　饮水免疫最为方便，适用于大型鸡群，有些疫苗在饮水免疫时，只有当疫苗接触到口咽黏膜时才引起免疫反应，进入腺胃前的苗毒在较酸的环境中很快死亡，失去作用。饮水免疫的免疫效果很差，一般不适用于初次免疫，常用于鸡群的加强免疫。

稀释疫苗的水量要适宜，不可过多或过少，应参照使用说明和免疫鸡日龄大小，数量及当时的室温来确定，疫苗水应在1～2小时内饮完，但为了让每只鸡都能饮到足够量的疫苗，饮水时间应不低于1小时，但不能超过2小时，一般疫苗水的用量：1～2周龄，8～10毫升/只；3～4周龄，15～20毫升/只；5～6周龄，20～30毫升/只；7～8周龄，30～40毫升/只；9～10周龄，40～50毫升/只。也可在用疫苗前3天连续记录鸡的饮水量，取其平均值以确定饮水量。

饮水免疫的正确操作要求：

（1）所用疫苗必须有高效的弱毒苗，饮水前必须注意疫苗的质量，有效期，疫苗的运输、贮存、保管等，劣质疫苗、过期的疫苗不可使用。

（2）在饮水免疫前，将供水系统、饮水器彻底清洗干净，但不能使用消毒药或洗涤剂，饮水器具不能使用金属制品，最好用瓷器。

（3）饮水免疫所用的水应是生理盐水或清洁的深井水，水中不应含有重金属离子和卤族元素，自来水应煮沸后放置过夜再用，对大型养鸡场，可在自来水中加入去氧剂，每10升水中加入10%的硫代硫酸钠3～10毫升，具体用量视水中卤的含量而定。

（4）疫苗应开瓶倒入水中，用清洁的棍棒搅拌均匀，若室内风大，应在室内进行稀释，最好在稀释液中加入0.2%～0.5%的脱脂奶粉，以保护疫苗的效价，提高免疫效果，水中加

入保护剂 15～20 分钟后再加入疫苗。

（5）饮水前应停水 3～6 小时，停水时间长短应视天气冷热和饲料干湿度灵活掌握，天气热或喂干粉料时，停水时间短一些。

（6）饮水前必须按照鸡群数量多少、鸡龄大小调整饮水器数量，使 80%～90% 的鸡能同时饮到足够的疫苗水；鸡群大，饮水器不足可分批进行，做到随稀随饮，防止过早稀释的疫苗在拖延过程中失效。

（7）稀释疫苗的水量要适量，不可过多或过少，应参照使用说明和免疫鸡日龄大小、数量及当时的室温来确定，疫苗水应在 2 小时内饮完。

（8）炎热季节，饮水免疫应在清晨进行，应避免高温时进行，疫苗稀释液不可暴露在阳光下。

（9）饮水免疫前后两天，合计 5 天（最好是 7～10 天）内饲料中不得加入能杀死疫苗（病毒或细菌）的药物及消毒剂。

（10）疫苗的接种途径与免疫效果有直接关系，并非所有疫苗都适合饮水免疫，如油乳剂灭活苗只能采用注射法免疫，对不适合饮水法免疫的疫苗用饮水法免疫，可能导致免疫失败。

4. 注射法　用此法免疫，疫苗剂量准确，见效快，注射法包括皮下（颈部）注射和肌内（胸肌）注射两种。马立克疫苗用皮下注射法，其他灭活苗均用肌内注射法。注射法免疫比较费时费力，抓鸡时对鸡群的干扰应激也比较大。

（1）皮下注射法：部位在鸡的颈背部，局部消毒后，用食指和拇指将颈背部皮肤捏起呈三角形，沿三角下部刺入针头注射，常用于马立克病的免疫，皮下注射时，疫苗通过毛细血管和淋巴系统吸收，作用缓慢而持久，维持时间长（图 9－2）。

（2）肌内注射法：部位有胸肌和腿肌，成鸡多用（图 9－3）。注意刺入深度，避免伤及内脏和血管神经，灭活苗最好用此法。肌内注射疫苗作用迅速，免疫效果确实。一般 16 时以后注射；疫苗应升温到 25℃左右，可用温水升温，不能用开水升温。

图 9－2　雏鸡皮下接种疫苗

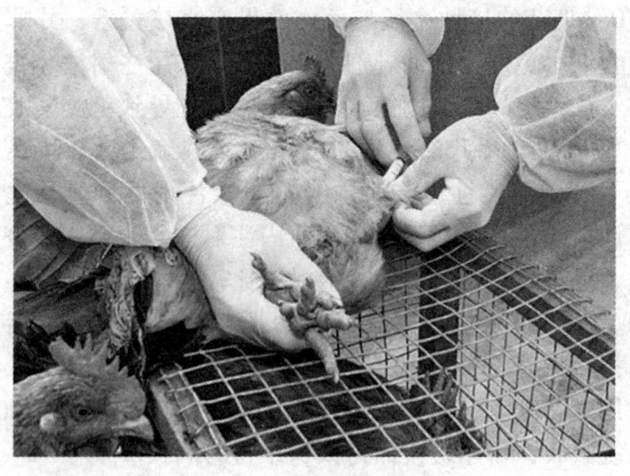

图 9－3　胸肌注射疫苗

油苗注射免疫注意事项：

（1）避免冻结，使用前疫苗常室温（15～25℃）。

（2）使用前和使用中应不断振荡。

（3）禁止与其他疫苗混合使用。

5. 刺种免疫　常用于鸡痘苗的刺种。1 000 羽份疫苗加 8～10 毫升灭菌生理盐水，用鸡痘刺种针蘸取稀释液的疫苗在翅膀内侧无血管处刺种。

（1）刺种量：20～30 天雏鸡刺种 1 针，1 月龄以上鸡刺种 2 针，6～20 天鸡用稀释至 1 倍的疫苗刺种 1 针。

（2）保护期：成鸡 5 个月，出生雏鸡 2 个月，后备鸡可于雏鸡免疫 2 个月后进行二免。

刺种后的结痂可在 2～3 周后自行脱落。

6. 气雾免疫　气雾免疫分为喷雾免疫和气溶胶免疫两种方法。喷雾免疫的雾粒大小为 10～100 微米，气溶胶为 1～50 微米。在 ND 免疫中，气雾免疫效果较好，该方法不可诱导产生循环抗体，而且也产生局部免疫力，但气雾引起的应激反应程度与雾粒大小成反比，因此，有呼吸道病史的鸡更适合采用较大雾滴的喷雾免疫。

5. 其他注意事项

（1）针对某些疾病需选择特制疫苗，比如大肠杆菌、H9 型禽流感，在应用时应该选择针对本地区流行毒株生产的疫苗，使用疫苗毒株与流行毒株一致，就能取得良好的防制效果。

（2）使用疫苗时，还要注意疫苗是弱毒疫苗还是中毒疫苗。如新城疫、法氏囊疫苗在首免时一般选用弱毒疫苗，在二免和三免时选用中毒疫苗进行加强免疫，否则会引起明显的临床反应。

（3）针对假母鸡的发生，可以采取 1 日 Ma5 喷雾免疫的方法来控制传染性支气管炎的早期感染。

（4）育雏期实行严格的封闭管理，做好卫生消毒，避免鸡群早期被马立克、传支、新城疫等病毒感染，鸡群感染疾病越早损失越大。

(四) 疫苗的选择

当前，疫苗的类型很多，从疫苗病毒看有传统的致弱毒株疫苗，还有现代的基因工程疫苗；从疫苗病毒的毒力看有弱毒疫苗和中毒疫苗，从疫苗病毒是否被灭活看有活毒苗和油乳剂灭活苗，同一种疫苗病毒还有不同的血清型，如禽流感疫苗常用的有 H_5 和 H_9，传染性支气管炎疫苗有 H_{120} 和 H_{52} 等。这就要求养鸡生产者要根据具体情况选择和使用合适的疫苗。

1. 要考虑疫苗毒株血清型或基因型 选择疫苗时，第一步要选择该疫苗所含毒株，只有毒株对型了才能产生保护力，起到良好的保护效果。

鸡群免疫后产生的抗体水平在保护值范围以上，或疫苗毒株优先占领疾病所侵害的靶器官，才能够对疾病产生坚强保护力。许多病原有多种血清型或基因型，相互之间的保护率不一致，甚至差异很大，所以，必须选择与病原相同血清型的疫苗免疫，才能产生良好的保护效果。

常用的疫苗毒株情况：传染性支气管炎（IB）有 H120、MA5、M41、28/86、4/91、Mass、Conn，新城疫（ND）有 Lasota、Clone30、VH，禽流感（AI）有 H5N1 – Re5、H5N1 – Re4、H9N2（SS）H9N2（HL），传染性法氏囊炎（IBD）有 CA、CF、B87、M65、MB 等，标准毒株或常用毒株的选择不是一成不变的，要根据免疫程序、当地疾病流行状况、本场疾病流行状况、鸡群品种、易感日龄等选择合适的疫苗。标准毒株的使用，对我们预防疾病起到了很好的作用。

只有选择毒株对型的疫苗，才能产生很好的保护，才能防控疾病。毒株不对型，免疫得再多也不能使鸡群产生均匀有效的抗体，不能抵御疾病的攻击，最终还会发病。所以做好基础免疫，

关注疾病流行状态，及时选择对型的疫苗，才能使鸡群发挥良好的生产性能。

2. 考虑疫苗的安全性 疫苗的安全性，比如油乳剂疫苗灭活是否彻底、是否使用SPF鸡胚进行病毒繁殖、疫苗抗原含量、佐剂的选择、疫苗纯度、疫苗制作工艺及生产环境等都影响疫苗的安全性。

使用不安全的疫苗，不仅不能预防疾病，还容易诱发疾病或引起其他疾病。例如，内毒素的存在可能在免疫后引起免疫应激甚至致死；活疫苗中含有其他成分，如马立克病（MD）、禽痘（POX）疫苗被鸡网状内皮组织增生病毒（REV）等污染，鸡群免疫后发生肿瘤；使用甲醛含量过高的油乳剂疫苗免疫后，鸡群产蛋性能下降等。

3. 考虑疫苗的稳定性 灭活疫苗在正常保存过程中是否会发生分层，黏度、pH值、理化性质活苗真空性等变化。

4. 考虑疫苗的来源 目前，蛋鸡生产中使用的疫苗有国产疫苗和进口疫苗。有人认为进口疫苗的质量优于国产疫苗，其实这是个误区。盲目使用进口疫苗，既增加了生产成本，又无法有针对性地预防本地特定血清型传染病。从一定程度上讲，国产疫苗的种毒选自国内的病料，有较强的针对性。只要在应用时能正确选择针对本地区毒株的疫苗，就能取得良好的防疫效果。在实际应用中国产的减蛋综合征灭活油乳剂苗、大肠杆菌灭活油乳剂苗、新城疫—传支二联灭活油乳剂苗等的防疫效果均优于进口苗。

5. 考虑疫苗的毒力 注意疫苗是弱毒疫苗还是中毒疫苗。如新城疫疫苗在首免时一般选用弱毒疫苗，在青年鸡免疫时选用中毒疫苗进行加强免疫，如果初免就使用中毒疫苗，则会引起明显的临床反应。在实际生产中一些专家选用Clone30和Ⅳ系新城疫疫苗进行首免，而在二免、三免时选用Ⅳ系或Lasota

系疫苗，在蛋鸡发生非典型新城疫时选用Ⅰ系苗进行紧急接种；在传染性法氏囊病首免时选用弱毒疫苗如传染性法氏囊B87疫苗或法氏囊三价疫苗、传染性法氏囊2号或3号弱毒疫苗，二免时选用中毒疫苗。

（五）如何提高鸡群的免疫接种效果

1. 确定合适的接种时机 鸡的免疫接种时间是由传染病的流行和鸡群的实际抗体水平决定的，目前在生产中大型蛋鸡场常常把抗体检测结果作为确定下次免疫接种时间的主要依据，而中小型蛋鸡场则多是参考有关资料介绍的免疫程序。对于雏鸡易感的马立克病、传染性支气管炎，最好在1日龄接种疫苗，防止接种前已隐性感染；对于危害较大的新城疫、传染性法氏囊病，应根据母源抗体情况确定首免日期。强化免疫的间隔时间，要根据鸡体内抗体情况确定。

2. 做好免疫准备 免疫前要对鸡舍进行适当遮光；光线稍暗些有助于减少鸡只应激；采用个体免疫方法（滴眼、注射等）不仅要选择技术熟练、责任心强的人员操作，还要求免疫速度适中，保证免疫质量，同时对免疫过的鸡进行检查，看是否有漏免的鸡；在夏季免疫尽量避开一天中最热的时间。

3. 保证疫苗质量 超过有效期或变质失效的疫苗不能使用，贮存条件不符合要求也会影响疫苗质量。疫苗在运输和保存过程中，要避免温度过高和直接暴晒。通常冻干活疫苗在-15℃条件下，保存期为1~2年；在0~4℃条件下，保存期为8个月；在25℃条件下保存期不超过15天。同时冻干苗不可反复冻融。油乳剂疫苗应保存在4~8℃条件下，不可冻结或油水分层。

4. 按照要求稀释疫苗 一些疫苗的稀释要用专用的稀释液，如马立克苗。对于无特殊要求的疫苗，可用灭菌生理盐水、蒸馏水或冷开水稀释。稀释液不得含有任何消毒剂及消毒离子，不得用含有氯离子的自来水或含有病原微生物的井水直接稀释疫苗，

可将其煮沸后充分冷却再用。

5. 合理确定免疫途径和部位　免疫接种方法很多，有肌内注射、饮水、点眼、滴鼻等多种。采用不同方法，其效果不同，对剂量的要求也不一样，不可随意改变。

（1）肌内注射免疫：接种用的注射器、针头和稀释疫苗用的各种容器等要清洗干净，不能有残留的消毒药；稀释后的疫苗不宜在常温下存放过久，使用时摇匀；接种剂量要准确，部位要恰当；所用针头不能太粗，以免拔针后疫苗流出；注射过程中过一段时间要混匀一次疫苗，活苗最好在1小时内用完，灭活苗必须在24小时内用完。

（2）饮水免疫：饮水必须用蒸馏水或冷开水，水中不得有消毒剂、金属离子、抗生素；在疫苗溶液中加0.2%～0.5%的脱脂奶粉作保护剂；在饮水前要适当限水，让所有的鸡能同时饮到疫苗水；饮疫苗时间应在1小时左右。炎热夏天要在早上进行。

（3）喷雾免疫：喷雾要均匀，雾滴大小、喷雾高度和速度要适当。

（4）点眼、滴鼻免疫：要保证疫苗进入鸡的眼睛、鼻腔里。

6. 减少疫苗间的相互影响　鸡一生中接种多种疫苗，几种疫苗同时使用（联苗除外）或接种时间相近时，有时会产生干扰作用。如传支疫苗、球虫疫苗、鸡痘疫苗，会干扰新城疫的免疫。接种新城疫弱毒疫苗后1周内不得接种传支弱毒苗；用过传支弱毒苗2周内不能接种新城疫弱毒苗；鸡痘疫苗的干扰因素会影响10天左右。所以接种时间要统筹兼顾，制定一个科学的免疫程序。

7. 考虑鸡群的健康状态　免疫之前要对鸡群进行全面的观察，观察有无发蔫、呼吸道疾病、腹泻等症状，以及有无较大的应激反应。免疫只能对健康鸡群进行，对于发病鸡群则要先进行治疗，康复后方可进行。

8. 合理使用免疫增强剂 免疫增强剂能够明显提高疫苗的接种效果，临床上常用的免疫增强剂主要有中药类、化学合成类（左旋咪唑、西咪替丁等）、生物因子（转移因子、胸腺肽等）、细胞因子［如白介素－1、粒细胞—巨噬细胞集落刺激因子（GM－CSF）、Ⅱ型干扰素、白介素－2、白介素－12］和某些微量元素类，可以结合具体情况选用。

9. 慎用某些药物 在免疫前后 2 天不要用消毒药、抗生素或抗病毒药，否则会杀死活疫苗，破坏灭活疫苗的抗原性。另外，某些抗生素如磺胺类、呋喃类药物会影响淋巴细胞的免疫功能，抑制抗体产生，因此要慎用。

10. 减少应激影响 在接种疫苗前后 1 周内，不要安排断喙、转群，不能断水，尽量减少应激反应。鸡患病期间不能接种疫苗。温湿度适宜、舍内空气新鲜、环境安静，将有利于抗体产生。免疫接种前后添喂维生素 A、维生素 E、维生素 C 和蛋氨酸，对提高免疫力有利。

六、蛋鸡场生物安全检测

（一）鸡白痢鸡伤寒血清学试验

常用的有全血平板凝集试验和血清平板试验、琼脂扩散试验等。其中全血平板试验方法简便易行，适宜于田间或大群养鸡的诊断，但准确性较差。

1. 全血平板凝集操作方法与结果判断

（1）器械与药品：采血针头，接种环（或铁丝环、火柴棒、牙签亦可），毛细滴管，酒精灯，已知的（购买）鸡白痢鸡伤寒有色平板凝集抗原，洁净无油质的载玻片，被检鸡。

（2）操作方法：将已知的鸡白痢鸡伤寒有色平板凝集抗原摇匀，用滴管吸取抗原 1 滴（约 0.05 毫升）置于玻板上，在鸡

冠或鸡的翅静脉部用针头刺至出血，用接种环或毛细滴管吸取血液1滴（约0.05毫升），迅速与玻片上的抗原混合均匀。将针头或接种环在酒精灯上灼烧后，可继续采取另外鸡只的血液。可准备数个针头和接种环（或铁丝环），有利于工作。

（3）结果判定：阳性反应：抗原和血液混合在2分钟内出现明显凝集颗粒或凝集块者为阳性反应（图9－4）；可疑反应：2～10分钟，有凝集，但不成块状者；阴性反应：2～10分钟不凝集者。

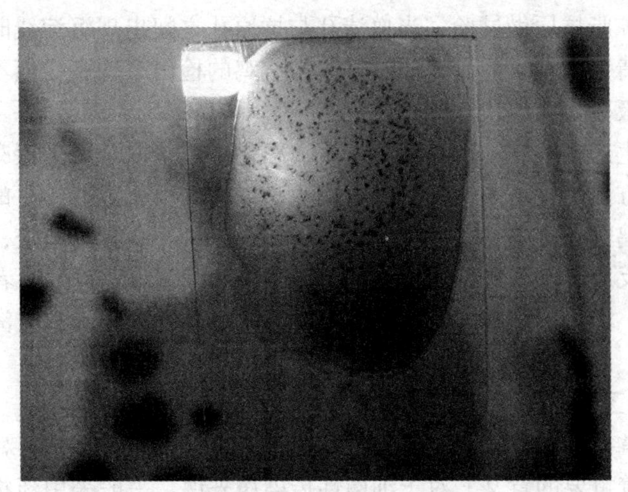

图9－4　鸡白痢全血平板凝集（阳性表现）

（4）注意事项：本抗原用时须振荡均匀，应保存于2～10℃冷暗处。本试验适应于产蛋母鸡及一年以上的公鸡，对幼龄鸡敏感度较差。操作应在20℃左右室温中进行，温度低反应慢。

2. 血清平板凝集试验操作方法及结果判断

（1）准备：已知的抗原（同全血平板凝集用抗原）。

（2）分离血清：用玻璃注射器带针头自鸡翅静脉或直接自心脏采血1.5～2毫升置小试管内，按鸡编号，将试管斜置，让血液自然凝固后分离血清或用塑料管自翅静脉采血，待其凝固后即有血清析出。

（3）操作及结果判定：将血清1滴置于载玻片上，加等量的已知抗原，用火柴棒或牙签搅拌均匀，立即或几分钟内细菌凝集成团块者为阳性反应，无凝集现象，混浊如常者为阴性反应；似有凝集而不显著者为可疑反应。

此方法准确但较复杂，不易大群鸡检疫。

3. 琼脂扩散试验 采集可疑鸡血液、分离血清与已知的鸡白痢琼脂抗原做试验，当血清孔与抗原孔之间出现沉淀线时，则此血清为阳性反应。此法对雏鸡与成鸡的检出率均高，但不如全血平板凝集反应快。

生产实践中，对种鸡群检疫、净化主要采取全血平板凝集试验的方法，检出阳性鸡，进行淘汰，以达到净化鸡群的目的。一般种鸡群每年进行2～3次检疫，第一次可以60日龄检疫，出现阳性反应者淘汰，对可疑的可隔离喂养，20天后对可疑者再次检疫，淘汰阳性鸡。6月龄时可再次全面检疫1次，及时淘汰阳性鸡，以后定时进行检疫，直至不再出现阳性鸡为止。

（二）细菌性鸡病药物选择

掌握细菌性鸡病药物选择（药敏试验）技术，在养鸡生产中有着重要的意义。对于细菌性传染病来说，一般采用药物如抗生素、磺胺类、喹诺酮类、头孢类等药物进行预防或治疗，但用药不当即会产生抗药性和耐药性，使药效降低而达不到预期目的，造成明显的经济损失。进行药敏试验，可以尽快找到适合于本病的有效药物，针对性强，可提高疗效，加速疾病的好转，减少损失，因此很受广大养殖户的欢迎。

1. 试验准备

（1）细菌。从病、死鸡分离的待试病原菌的肉汤培养液。

（2）培养基。普通琼脂平板。

（3）药物纸片。

（4）灭菌棉签。

2. 试验方法（注意无菌操作）　用灭菌棉签蘸取待试细菌肉汤培养液，均匀地涂布到琼脂表面，加盖待水分稍干后，用眼科尖镊子，夹取已备的各种抗菌药纸片，分别贴到涂有细菌的培养基表面，一个平皿贴 4 ~ 6 片，纸片与纸片之间的距离相等，纸片离平皿边缘约 1.5 厘米，37℃经 24 小时培养后，观察有无抑菌圈，并测量各种药物的抑菌圈的大小。各种药物抑菌圈的直径用毫米表示，抑菌圈越大则该病菌对该药的敏感性越高，用这种药物治疗，会有好的效果（图 9 – 5）。

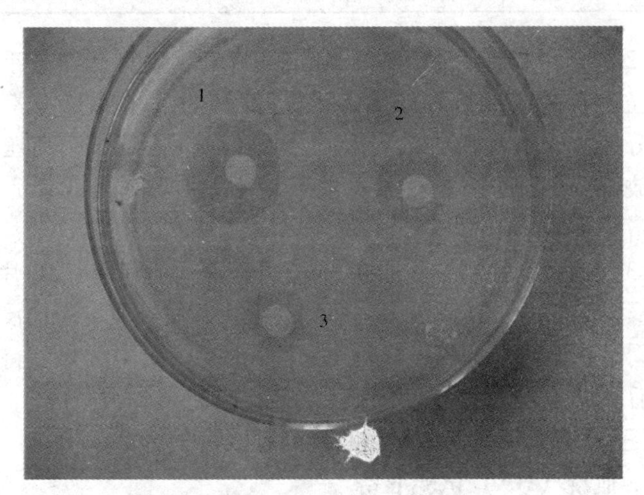

图 9 – 5　药敏试验的抑菌圈

多黏菌素至少抑菌圈直径在 9 毫米以上为高敏，6 ~ 9 毫米为低敏，无抑菌圈者为不敏感。其他抗菌药抑菌圈的直径在 20 毫米以上为极敏，18 ~ 20 毫米为高敏，11 ~ 18 毫米为中敏，10 毫米以下为低敏，无抑菌圈者为不敏感。

（1）药液的制备：见表 9 – 1。

表9-1 常见药液的配制要求

药品	药液配制	药液浓度（微克/毫升）	纸片含药量（微克/片）
卡那霉素	20毫克+水10毫升	2 000	10
庆大霉素	20毫克+水10毫升	2 000	10
链霉素	40毫克+pH 7.8缓冲液13.1毫升	2 000	10
磺胺嘧啶	200毫克（1毫升）+水9毫升	2 000	100
青霉素	20毫克+pH 6缓冲液15.5毫升，混匀后取1毫升+pH 6缓冲液9毫升混匀	2 000	1
新霉素	20毫克+pH 6缓冲液10毫升	2 000	10

（2）纸片制备。取新华1号定性滤纸，用打孔器或手工剪成直径为6毫米的圆形纸片。在已备好的洁净的青霉素空瓶内，分别放入纸片50片，用单层牛皮纸包扎瓶口，高压灭菌后，放37℃温箱中数天（或烘干箱中），至使其纸片完全干燥，备用。

（3）药敏纸片制备。取0.25毫升药液，加到装有50片纸片的青霉素小瓶内，轻轻按压，并翻动纸片，使药液均匀地浸入纸片，同时贴上药名标签，浸泡1~2小时后，真空干燥，待完全干燥后，加盖放阴凉干燥处保存，有效期3~6个月。

（三）新城疫血凝试验和血凝抑制试验

1. 血凝（HA）试验准备

（1）被检材料：可用鸡胚接种后的含毒的鸡胚尿囊液，或含毒细胞培养液。

（2）0.5%~1%鸡红细胞的制备：取洁净的注射器吸取20%柠檬酸钠溶液0.5毫升，鸡翅静脉或心脏采血3~5毫升并迅速将柠檬酸钠与血液混匀，注入离心管内。加生理盐水或PBS液稀释，以2 000~2 500转/分离心后，弃去上清液，再加生理

盐水稀释，以2 000～2 500转/分离心，弃去上清液，这样反复洗2～3次，离心管底沉淀的红细胞即为血球泥。用刻度吸管吸取血球泥0.5～1毫升加生理盐水或PBS液稀释至100毫升，即为0.5%～1%鸡红细胞悬浮液。

注：采血鸡最好用无免疫的3只3月龄小公鸡的混合血液，无未免疫鸡时，可用免疫后时间较长的鸡血液。采血的多少可根据检验的量而定。

（3）几种PBS液的配制：

pH 7.0 PBS液

氯化钠	8克
氯化钾	0.2克
磷酸氢二钠	1.56克
磷酸二氢钾	0.2克
蒸馏水	1 000毫升

不同pH值的磷酸缓冲液（PBS液）配制法：

先配制M/15的磷酸氢二钠和M/15的磷酸二氢钾液（母液）。

磷酸氢二钠（无水）	9.47克
蒸馏水	1 000毫升
（或）磷酸二氢钾	9.08克
蒸馏水	1 000毫升

以上母液根据需要，不同pH值的磷酸缓冲液配制法：

pH	M/15磷酸氢二钠(毫升)	M/15磷酸二氢钾(毫升)
7.0	62毫升	38毫升
7.2	73毫升	27毫升
7.4	82毫升	18毫升
7.6	88毫升	12毫升

2. 鸡新城疫病毒血凝试验(HA)操作方法 见表9－2。

3. 血凝抑制试验（HI）试管法 4单位抗原的配制：如果血凝试验结果以红细胞凝集50%的稀释倍数为1∶320时，则4单位抗原的稀释倍数为320/4＝80倍。即取抗原1毫升＋生理盐水79毫升。

操作如表9－3所示。

凡能使4个凝集单位的抗原凝集红细胞作用，完全受到抑制的血清最高稀释倍数为血凝抑制滴度，即血凝抑制价。本表内的血凝抑制价为1∶640。红细胞发生凝集后，能被该病毒之神经氨酸酶裂解，而使凝集现象消失，因此观察结果时应每3～5分钟观察1次，观察至60分钟。

4. 血凝抑制试验(HA)微量法 血凝试验和血凝抑制试验近来多采用微量法，即在V型96孔塑料反应板内试验，原理与试管法相同，只是加入的各种材料量相应地缩小10倍(为0.25毫升)。

在做流行病学调查时，HI试管法10倍、微量法8倍为临界点；试管法15倍、微量法4倍以下为阴性；试管法20倍、微量法16倍以上为阳性。如表9－4所示。

5. 微量HI试验 见表9－5、图9－6。

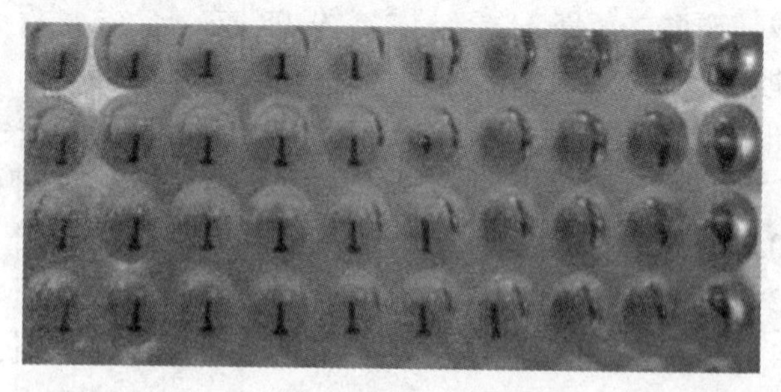

图9－6 新城疫HI试验观察

表 9－2　红细胞凝集试验 HA（试管）操作术式（单位：毫升）

管号	1	2	3	4	5	6	7	8	9	10	11	12
效价（滴度）	5	10	20	40	80	160	320	640	1 280	2 560		/
PBS 液	0. 4	0. 25	0. 25	0. 25	0. 25	0. 25	0. 25	0. 25	0. 25	0. 25	0. 25	
待检抗原（或鸡胚尿囊液）	0. 1	0. 25	0. 25	0. 25	0. 25	0. 25	0. 25	0. 25	0. 25	0. 25	0. 25	0. 25 *
0. 5% 红细胞悬浮液	0. 25	0. 25	0. 25	0. 25	0. 25	0. 25	0. 25	0. 25	0. 25	0. 25	0. 25	0. 25
作用时间及温度	振荡 2～3 分钟混匀　18～20℃　静置 15～60 分钟观察结果											
结果举例	++++	++++	++++	++++	++++	++++	++++	++	++	－	－	+

弃 0.25

注：（1）第 11 孔混匀后弃去 1 滴；第 12 孔“ * ”表示该孔不加抗原，做红细胞对照。

（2）“ + + + + ”为红血球完全凝集、“ + + ”为红细胞部分凝集、“ － ”为红细胞自然沉淀，不凝集。凡能使鸡红细胞完全凝集的病毒最高稀释倍数，称为该病毒的血凝滴度（凝集效价）。本表内试验血凝滴度为 1∶320，也就是一个血凝单位。

表 9-3　红细胞凝集试验 HI（试管法）操作术式（单位：毫升）

管号	1	2	3	4	5	6	7	8	9	10	11	12
滴度（效价）	5	10	20	40	80	160	320	640	1 280	2 560	5 120	阳性对照
PBS 液	0. 25	0. 25	0. 25	0. 25	0. 25	0. 25	0. 25	0. 25	0. 25	0. 25	0. 25	0. 25
被检血清	0. 25	0. 25	0. 25	0. 25	0. 25	0. 25	0. 25	0. 25	0. 25	0. 25	0. 25	* 0. 25
4 单位抗原	0. 25	0. 25	0. 25	0. 25	0. 25	0. 25	0. 25	0. 25	0. 25	0. 25	0. 25	0. 25
感　作	振荡 3～5 分钟											
0. 5% 红细胞悬浮液	0. 25	0. 25	0. 25	0. 25	0. 25	0. 25	0. 25	0. 25	0. 25	0. 25	0. 25	0. 25
感　作	振荡 2～3 分钟混匀　18～20℃　静置 15～60 分钟观察结果											
结果举例	–	–	–	–	–	–	–	–	+ +	+	+	–

注：（1）第 11 孔混匀后弃去 1 滴；第 12 孔“＊”表示该孔不加血清，做抗原对照。

（2）“–”为红细胞凝集完全抑制、“+ +”为红细胞部分凝集。

表 9－4 红细胞凝集试验 HA（微量）操作术式表（单位：毫升）

管号	1	2	3	4	5	6	7	8	9	10	11	12
效价（滴度）	2	4	8	16	32	64	128	256	512	1 024	2 048	/
PBS 液	0. 05	0. 05	0. 05	0. 05	0. 05	0. 05	0. 05	0. 05	0. 05	0. 05	0. 05	0. 05
待检抗原（或鸡胚尿囊液）	0. 05	0. 05	0. 05	0. 051	0. 05	0. 05	0. 05	0. 05	0. 05	0. 05	0. 05	0. 05 *
0. 5% 红细胞悬浮液	0. 05	0. 05	0. 05	0. 05	0. 05	0. 05	0. 05	0. 05	0. 05	0. 05	0. 05	0. 05
作用时间及温度	振荡 2 ~ 3 分钟混匀				18 ~ 20℃			静置 15 ~ 60 分钟观察结果				
结果举例	+ + + +	+ + + +	+ + + +	+ + + +	+ + + +	+ + + +	+ + + +	+ +	+ +	－	－	+

弃 0.05

注：（1）第 11 孔混匀后弃去 1 滴；第 12 孔“ * ”表示该孔不加抗原，做红细胞对照。

（2）“ + + + + ”为红细胞完全凝集、“ + + ”为红细胞部分凝集、“ － ”为红细胞自然沉淀。

（3）抗系毒株后收获的鸡胚尿囊液提取，加入 0. 1% 的福尔马林，37℃20 小时灭活使用。第 1 管中的抗原与生理盐水充分混匀后，取出 0. 05 毫升加入第 2 管，混匀后取出 0. 05 毫升加入第 3 管，……依次至第 9 管，取出 0. 05 毫升弃去。

表 9－5　红细胞凝集试验 HI（微量法）操作术式表（单位：毫升）

孔号	1	2	3	4	5	6	7	8	9	10	11	12
（滴度）效价	2	4	8	16	32	64	128	256	512	1 024	2 048	阳性对照
PBS 液	0. 025	0. 025	0. 025	0. 025	0. 025	0. 025	0. 025	0. 025	0. 025	0. 025	0. 025	0. 025
被检血清	0. 025	0. 025	0. 025	0. 025	0. 025	0. 025	0. 025	0. 025	0. 025	0. 025	0. 025	*0. 025
4 单位抗原	0. 025	0. 025	0. 025	0. 025	0. 025	0. 025	0. 025	0. 025	0. 025	0. 025	0. 025	0. 025
感　作	振荡 3～5 分钟											
0. 5% 红细胞悬浮液	0. 05	0. 05	0. 05	0. 05	0. 05	0. 05	0. 05	0. 05	0. 05	0. 05	0. 05	0. 05
感　作	振荡 2～3 分钟混匀　18～20℃　静置 15～60 分钟观察结果											
结果举例	－	－	－	－	－	－	－	－	＋＋	＋	＋	－

弃 0.025

注：（1）第 11 孔混匀后弃去 1 滴；第 12 孔“＊”表示该孔不加抗原，做红细胞对照。

（2）“＋＋”为红细胞部分凝集、“－”为红细胞自然沉淀。

（3）第 1 管中被检血清与生理盐水充分混匀后，吸出 0. 025 毫升加入第 2 管，在充分混匀后取出 0. 025 毫升加入第 3 管，……依次至第 8 管，从第 8 管取出 0. 025 毫升弃去。此结果被检血清效价为 1∶64 倍。

第十章 蛋鸡场的管理

一、蛋鸡场经济核算与管理

（一）蛋鸡生产成本的构成

蛋鸡生产成本一般分为固定成本和可变成本两大类。

固定成本由固定资产（蛋鸡场的房屋、鸡舍、饲养设备、运输工具、动力机械、生活设施、研究设备等）折旧费、土地税、基建贷款利息等组成，在会计账面上称为固定资金。特点是使用期长，以完整的实物形态参加多次生产过程；并可以保持其固有物质形态。随着养鸡生产不断进行，其价值逐渐转入到禽产品中，并以折旧费用方式支付。全固定成本除上述设备折旧费用外，还包括土地税、利息、工资、管理费用等。固定成本费用必须按时支付，即使禽场不养禽，只要这个企业还存在，都得按时支付。

可变成本是蛋鸡场在生产和流通过程中使用的资金，也称为流动资金，可变成本以货币表示。其特点是仅参加一次养鸡生产过程即被全部消耗，价值全部转移到禽产品中。可变成本包括饲料、兽药、疫苗、燃料、能源、临时工工资等支出。它随生产规模、产品产量而变化。

在成本核算账目计入中，以下几项必须放入账目中：工资、饲料费用、兽医防疫费、能源费、固定资产折旧费、种鸡摊销费、低值易耗品费用、管理费、销售费、利息。

对于成本分析的结果可以看出，提高蛋鸡生产企业的经营业绩的效果，除了市场价格这一不能由企业决定的因素外，成本控制则应完全由企业控制。从规模化集约化养蛋鸡的生产实践看，首先应降低固定资产折旧费，尽量提高饲料费用在总成本中所占比重，提高每只鸡的产蛋量、降低死亡率，其次是料蛋价格比控制全成本。

（二）生产成本支出项目的内容

根据蛋鸡生产特点，禽产品成本支出项目的内容，按生产费用的经济性质，分直接生产费用和间接生产费用两大类。

1. 直接生产费用　即直接为生产禽产品所支付的开支。具体项目如下：

（1）工资和福利费：指直接从事养鸡生产人员的工资、津贴、奖金、福利等。

（2）疫病防治费：指用于鸡病防治的疫苗、药品、消毒剂和检疫费、专家咨询费等。

（3）饲料费：指鸡场各类鸡群在生产过程中实际耗用的自产和外购的各种饲料原料、预混料、饲料添加剂和全价配合饲料等的费用，自产饲料一般按生产成本（含种植成本和加工成本）进行计算，外购的按买价加运费计算。

（4）种鸡摊销费：指生产每千克蛋或每千克活重所分摊的种鸡费用。

种鸡摊销费（元/千克）=（种鸡原值 - 种鸡残值）/只鸡产蛋重

（5）固定资产修理费：指为保持鸡舍和专用设备的完好所发生的一切维修费用，一般占年折旧费的5%～10%。

（6）固定资产折旧费：指鸡舍和专用机械设备的折旧费。房屋等建筑物一般按10～15年折旧，鸡场专用设备一般按5～8年折旧。

（7）燃料及动力费：指直接用于养鸡生产的燃料、动力和

水电费等，这些费用按实际支出的数额计算。

(8) 低值易耗品费用：指低价值的工具、材料、劳保用品等易耗品的费用。

(9) 其他直接费用：凡不能列入上述各项而实际已经消耗的直接费用。

2. 间接生产费用　即间接为禽产品生产或提供劳务而发生的各种费用。包括：经营管理人员的工资、福利费；经营中的办公费、差旅费、运输费；季节性、修理期间的停工损失等。这些费用不能直接计入到某种禽产品中，而需要采取一定的标准和方法，在养鸡场内各产品之间进行分摊。

除了上两项费用外，禽产品成本还包括期间费。所谓期间费用，就是养禽场为组织生产经营活动发生的、不能直接归属于某种禽产品的费用。包括企业管理费、财务费和销售费用。企业管理费、销售费是指鸡场为组织管理生产经营、销售活动所发生的各种费用。包括非直接生产人员的工资、办公费、差旅费和各种税金、产品运输费、产品包装费、广告费等。财务费主要是指贷款利息、银行及其他金融机构的手续费等。按照我国新的会计制度，期间费用不能进入成本，但是养鸡场为了便于各群鸡的成本核算，便于横向比较，都把各种费用列入来计算单位产品的成本。

以上项目的费用，构成蛋鸡场的生产成本。计算蛋鸡场成本就是按照成本项目进行的。产品成本项目可以反映企业产品成本的结构，通过分析考核找出降低成本的途径。

(三) 生产成本的计算方法

生产成本的计算是以一定的产品对象，归集、分配和计算各种物料的消耗及各种费用的过程。蛋鸡场生产成本的计算对象一般为种蛋、种雏和商品蛋等。

1. 种蛋生产成本的计算

每枚种蛋成本 = （种蛋生产费用 - 副产品价值）/入舍种鸡

出售种蛋数

种蛋生产费用为每只入舍种鸡自入舍至淘汰期间的所有费用之和。种蛋生产费用包括种鸡育成费、饲料、人工、房舍与设备折旧、水电费、医药费、管理费、低值易耗品费用等。副产品价值包括期内淘汰鸡、期末淘汰鸡、鸡粪等的收入。

2. 种雏生产成本的计算

种雏只成本=(种蛋费+孵化生产费-副产品价值)/出售种雏数

孵化生产费包括种蛋采购费、孵化生产过程的全部费用和各种摊销费、雌雄鉴别费、疫苗注射费、雏鸡发运费、销售费等。副产品价值主要是未受精蛋、毛蛋和公雏等的收入。

3. 雏鸡、育成鸡生产成本的计算 雏鸡、育成鸡的生产成本按平均每只每日饲养雏鸡、育成鸡费用计算。

雏鸡(育成鸡)饲养只日成本=(期内全部饲养费-副产品价值)/期内饲养只日数

期内饲养只日数=期初只数×本期饲养日数+期内转入只数×自转入至期末日数-死淘鸡只数×死淘日至期末日数

期内全部饲养费用是上述所列生产成本核算内容中9项费用之和，副产品价值是指鸡粪、淘汰鸡等项收入。雏鸡（育成鸡）饲养只日成本直接反映饲养管理的水平。饲养管理水平越高，饲养只日成本就越低。

4. 商品蛋生产成本的计算

每千克鸡蛋成本=(蛋鸡生产费用-副产品价值)/入舍母鸡总产蛋量(千克)

蛋鸡生产费用指每只入舍母鸡自入舍至淘汰期间的所有费用之和。

(四) 经济核算的成本临界线

1. 鸡蛋生产成本临界线

鸡蛋生产成本临界线=(饲料价格×日耗料量)/(饲料费占

总费用的百分比×日均产蛋重）

如某鸡场每只蛋鸡日均产蛋重为48克，饲料价格为每千克2.1元，饲料消耗110克/（天·只），饲料费占总成本的比率为65%。该鸡场每千克鸡蛋的生产成本临界点为：

鸡蛋生产成本临界线=(2.1×110)÷(0.65×48)=7.40

即表明每千克鸡蛋平均价格达到7.40元，鸡场可以保本，市场销售价格高于7.40元/千克时，该鸡场才能盈利。根据上述公式，如果知道市场蛋价，也可以计算鸡场最低日均产蛋重的临界点。鸡场日均产蛋重高于此点即可盈利，低于此点就会亏损。

同理也可判断肉鸡日增重的保本线。

2. 临界产蛋率分析

临界产蛋率=(每千克蛋的枚数×饲料单价×日耗饲料量)/(饲料费占总费用的百分比×每千克鸡蛋价格)×100%

鸡群产蛋率高于此线即可盈利，低于此线就要亏损，可考虑淘汰处理。

二、管理制度建设

（一）一般管理制度

1. 养鸡场生产安全制度

（1）要定期对员工进行安全生产教育，提高全体人员对生产安全重要性的认识。

（2）鸡场各部门领导是该部门生产人员和场所、设备安全的第一责任人，必须把安全生产放在第一位。

（3）电工、司机、维修工、锅炉工等高风险工种的从业人员必须持证上岗。

（4）电力设施和线路的设计安装必须由电工落实，其他人员不得私自拉接，电工要定期巡查重要的用电安全部位，及早排除隐患。

（5）鸡舍内消毒前必须切断总电源，防止漏电事故发生。

（6）各用电场所必须安装漏电保证装置，保证用电安全。

（7）水沟、水池、粪池、变压器等危险场所和设备周围要有围挡设施并有警示标志。

（8）门卫要对进出鸡场的人员、车辆进行登记，对运载物品出场的车辆要检查。

（9）实行夜间安全巡视制度，鸡场领导轮流带班巡视。

（10）关键部位要安装监控摄像头。

2. 鸡场门卫管理制度

（1）大门必须关闭，一切车辆、人员不准擅自入内，办事者必须到传达室登记、检查，经同意后必须经过消毒池消毒后方可入内；自行车和行人须从小门经过脚踏消毒池消毒后方准进入。

（2）不准带进任何畜禽及其畜禽产品，特殊情况由门卫代为保管并报场部。

（3）进入场内的人员、车辆必须按门卫指示地点和路线停放和行走。

（4）搞好大门内外和传达室卫生，做到整洁、整齐，无杂物。

3. 仓库管理

（1）仓管员应把好质量关，对数量不符、质量低劣物品，应拒绝验收入库。要建立入库、出库明细账，入出库明细定期结算。

（2）物品仓贮明晰有条理，为企业提供购物与公用经费开支参考依据。

（3）按部门及鸡舍建立物品签领档案。

（4）各部门领取物品要由部门负责人签字；管理人员、技术负责人也应做好物品出库使用情况登记。

（二）卫生防疫制度

1. 防疫制度　认真贯彻《动物防疫法》，坚持“预防为主，防治结合，防重于治”的原则，严格按照国家、省、市的有关规定认真做好动物疫病的免疫监测工作。

养殖场（小区）法人为动物防疫主要责任人，应认真组织抓好各项动物防疫措施的落实。必须经动物卫生监督机构进行动物防疫条件审核、审批并验收合格，颁发动物防疫条件合格证后，方可投入使用。

动物强制免疫工作由场方兽医负责完成，使用的疫苗必须是正规厂家生产，并由动物疫病预防控制机构逐级供应的合格产品，要严格按照疫苗使用说明进行操作。要按照国家规定的强制免疫病种和程序进行，保持免疫密度达到100%。定期进行监测，确保免疫抗体合格率常年保持国家规定的标准。对于自定的免疫病种，要制定合理的免疫程序。

建立完整的免疫档案，认真登记相关信息，动物免疫后要加施畜禽标识。

另外，病畜要及时隔离、治疗，病死动物要进行无害化处理。

2. 疫情报告制度　发现一般动物疫情时要按照有关规定的程序和时限逐级上报。发生一类或疑似一类动物疫病，二类、三类或其他动物疫情呈暴发性流行，已经消灭又发生的动物疫病，新发现的动物疫病，必须快报，并由动物疫病预防控制机构有关技术人员到现场进行核实。

动物疫情报告的内容主要包括疫情发生的时间、地点，染疫、疑似染疫动物的数量，同群数量、免疫情况、死亡数量、临床症状、病理变化、诊断情况，流行病学和疫源追踪情况，已采取的控制措施，疫情报告的单位、负责人、报告人及联系方式等。

场方兽医发现异常情况后，立即通知监管兽医，监管兽医到场，马上报告县级动物疫病预防控制机构。重大动物疫情需由省级以上兽医行政部门认定，任何单位和个人不得确认疫情并对外公布。对重大动物疫情不得瞒报、谎报、迟报，也不得授意他人瞒报、谎报、迟报，不得阻碍他人报告。

3. 消毒制度 严格按照消毒规程进行定期消毒。至少备有两种以上消毒药物，不同品种的消毒药物应交替使用。

正门要设有消毒池或铺垫浸有消毒药液的草垫，进出车辆、人员等要进行消毒。

生活区（办公室、宿舍、食堂及其周围环境等）每天清扫1次，每月用消毒药喷洒消毒1次。

更衣室每天消毒1次，采用紫外线照射法。工作服每星期消毒1次，采用药物浸泡法。

生产区和圈舍每天至少清扫1次，每周用消毒药喷洒消毒1次；运动场地每星期清理1次，每2周用消毒药喷洒消毒1次；清理的垫料、粪便进行堆积发酵处理。进入生产区的人员必须脚踏消毒池消毒。

4. 投入品管理制度 对规模养殖场（户）实行官方兽医监管责任制，饲料添加剂、预混料、生物制品、生化制品的采购、使用要在兽医的监督指导下进行。使用的饲料原料和饲料产品应来源于非疫区，无霉烂变质，未受农药或某些病原体污染，符合GB 13078—2001《饲料卫生标准》。

严格按照国家有关规定合理使用兽药及饲料药物添加剂，严禁采购、使用未经兽医药政部门批准的或过期、失效的产品。严禁使用盐酸克伦特罗、莱克多巴胺、沙丁胺醇等国家明令禁止的违禁产品和药品用于猪只促生长剂。

实施处方用药，处方内容包括用药名称、剂量、使用方法、使用频率、用药目的，处方需经过执业兽医签字审核。确保不使

用禁用药和不明成分的药物，领药者凭用药处方领药使用，并接受畜牧兽医管理部门的检查和指导。

加强对生产环境、水质、饲料、用药等生产环节有害物质残留的管理和监控，通过定期接受政府部门的抽检、送检或有条件的自检等方式，严格控制或杜绝违禁物品、有毒有害物质和药物残留。

投入品仓库专仓专用、专人专管。在仓库内不得堆放其他杂物，药品按剂量或用途及贮存要求分类存放，陈列药品的货柜应保持清洁和干燥。地面必须保持整洁，非相关人员不得进入。库内禁止放置任何药品和有害物质，饲料必须隔墙离地分品种存放。饲料调配间、搅拌机及用具应保持清洁，做到不定时的消毒，调配间禁止放置有害物品。

采购的药品及疫苗必须是有 GMP（药品生产质量管理规范）的批文，符合国家认证厂家生产的药品、疫苗。不向无兽药经营许可证的销售单位购买，不购进禁用、无批准文号、无成分的药品。采购时要严格质量检查，查验相关证明，防止购入劣质投入品。

建立完整的投入品购进、使用记录，购进记录主要包括名称、规格（剂型）、数量、有效期、生产厂商、供货单位、购货日期。出库时要详细填写品种、规格（剂型）、数量、使用日期、使用人员、使用去向。拌料用的药品或添加剂，需在执业兽医的指导下使用，并做好记录，严格遵守停药期。药品的使用应做到先进先出，后进后出，防止人为造成的过期失效。投入品购进、使用记录应当真实，并保存不得少于 2 年。

5. 无害化处理制度　规模养殖场（小区）应具备无害化处理设施、设备，对养殖过程中病死动物及其排泄物、污染物进行无害化处理。对病死动物的处理要严格遵循“四不准一处理”的原则，即不准宰杀、不准销售、不准食用、不准转运，全部进行无害化处理。病死或死因不明动物的无害化处理工作应在当地动物防疫机构的监督下进行。

无害化处理应严格按照《病害动物和病害动物产品生物安全处理规程》进行，以焚烧、掩埋、化制、消毒和发酵处理式为主。并建立无害化处理档案，对无害化处理情况做详细记载。

无害化处理措施以尽量减少损失，保护环境，不污染空气、土壤和水源为原则。采取掩埋的方式进行无害化处理时，掩埋场所应在饲养场内或附近，远离居民区、水源、泄洪区和交通要道。对污染的饲养料、排泄物等物品，也应喷洒消毒剂后与尸体共同深埋。采用焚烧的方式进行无害化处理时，应符合环境要求。

6. 检疫申报制度 动物检疫工作实行检疫申报制，场方兽医具体负责动物、动物产品的检疫申报工作。动物出栏、动物产品出售前场方兽医应向当地动物卫生监督机构申报检疫。跨省调入乳用、种用动物及其精液、胚胎、种蛋的场方兽医应当调用前办理检疫审批手续，同意后方可调用。种用、乳用动物提前 15 天，供屠宰或育肥的动物提前 3 天，因生产、生活特殊需要出售、调用的随时申报检疫。

检疫申报可以采用的方式有现场申报、电话申报、寄送书面信函申报、传真申报。接到检疫申报后，当地动物卫生监督机构对动物、动物产品实施现场检疫，合格后出具检疫证明，凭证出售和运输。跨省调用的种用、乳用动物，经过潜伏期的隔离观察，经当地动物卫生监督机构检疫合格后方可混群饲养。

7. 档案管理制度 养殖场应当建立养殖档案，内容包括畜禽的品种、数量、繁殖记录、标识情况、来源和进出场日期，饲料、饲料添加剂等投入品和兽药的来源、名称、使用对象、时间和用量等有关情况，检疫、免疫、监测、消毒情况，畜禽发病、诊疗、死亡和无害化处理情况，畜禽养殖代码。

饲养种畜应当建立个体养殖档案，注明标识编码、性别、出生日期、父系和母系品种类型，以及母本的标识编码等信息。种

畜调运时应当在个体养殖档案上注明调出和调入地，个体养殖档案应当随同调运。

8. 畜禽标识管理制度　新出生畜禽，在出生后30天内加施畜禽标识；30天内离开饲养地的，在离开饲养地前加施畜禽标识。猪、牛、羊在左耳中部加施畜禽标识，需要再次加施畜禽标识的，在右耳中部加施。畜禽标识严重磨损、破损、脱落后，应当及时加施新的标识，并在养殖档案中记录新标识编码。

养殖场不得销售、收购、运输、屠宰应当加施标识而没有标识的畜禽。畜禽标识不得重复使用。

9. 卫生管理制度

（1）保持生活区、生产区的环境卫生，及时清除一切杂草、树叶、羽毛、粪便、污染的垫料、包装物、生活垃圾等，定点设立垃圾桶并及时清理。

（2）保持工作人员个人卫生，每人至少有三套可供换洗的工作服，饲养员坚持每1~2天洗一次澡，保持工作服整洁。

（3）保持餐厅、厕所卫生，定期冲刷、擦洗，做到无油污、无烟渍、无异味。杜绝食用外来禽类产品（禽肉、禽蛋），禁止食用本场的病死家禽。

（4）保持道路卫生，不定期清扫，定期消毒。净道和污道要硬化，便于交通运输、便于内部人员日常操作、便于冲刷消毒。

（5）保持宿舍、被褥的整洁卫生，每个人至少有两套床上用品（床单、被套、枕巾），做到每批鸡出栏以后彻底换洗，必要时熏蒸消毒后在阳光下暴晒。

（6）消毒池的管理，保持进入生活区、生产区大门的消毒池内干净，定期（4~6天）更换消毒液1次，特殊情况可以随时更换。

（7）要求鸡场配备兽医室、剖检室、焚尸炉，能对病死鸡剖检、鸡病诊断和病鸡、病料的无害化处理提供条件和方便。

（8）养殖用水最好是自来水或深井水，定期检测饮水的卫生标准，确保卫生无污物，大肠杆菌污染指数符合国家规定的饮用水的卫生指标。

（9）在场区配备粪便生物发酵处理设施确保鸡场作为肥料的鸡粪和垫料不会对本场环境及周边环境造成危害。

（10）养殖所用饲料要保持新鲜和干净，饲料车间、散装料罐、养殖场、散装料仓，都要避免人为的接触和污染。在鸡群发病时期特别要注意剩料的处理。

10. 隔离管理制度

（1）在思想上一定要有“全程独立”的养殖观念，隔离从开始到结束，来不得半点马虎。

（2）对外来人员的隔离，在养殖场周围除了必要的净道和污道的门之外，要有能够阻挡人员和大的野生动物出入的篱笆等作为防护屏障。

（3）减少养殖过程中的一切对外交往，每一次外出购物、残鸡处理、拉鸡粪、垫辅料等都是有风险的。

（4）必要的散装料车进入鸡场要经过严格的冲刷消毒，尤其是轮胎和底盘的消毒，司机原则上不允许随便下车。

（5）在养殖过程中遇有特殊情况需要外出，如采购药物、疫苗、生活用品等的，回来后要经过严格的更衣、沐浴消毒手续才能允许再次进入生产区，正常情况下可联系供应商送货上门。

（6）在养殖区内定期灭鼠、灭蝇：在鸡舍通风窗上安装防止野鸟进入的铁丝网，必要的警卫用的家犬要拴养或圈养，不能到处乱跑，更不能喂食病死鸡。

（7）饲养人员不能相互串舍，鸡舍门口必设消毒盆以供进入鸡舍的必要消毒之用。

（8）各个鸡舍内日常所用的工具和用具要严格管理、配套使用，不能相互转借。

（9）通过政府干预或依照《中华人民共和国畜牧法》的相

关规定禁止在鸡场周围2～4千米发展同类养殖场或相关的养殖场（养猪场、养鸭场、蛋鸡养殖场）屠宰场等。

（10）在养殖过程中应谢绝同行业组织的参观、考察和访问。一切观摩活动可安排在出栏过程中或出栏后进行，有条件的养殖场也可以设置并安装鸡舍内的监控系统。

三、生产档案管理

从保证食品安全角度出发，养殖生产过程中逐步实行产品质量追溯制度，其中建立养殖档案是重要的措施。

（一）档案资料管理制度

1. 畜禽养殖场应当建立健全养殖档案　包括：引种、转群、死淘、饲料、饲料添加剂、兽药等投入品采购和使用、检疫、免疫、消毒、诊疗、检测、无害化处理、繁殖、日生产、饲料消耗、畜禽产品销售等记录以及有关工作计划、总结、报告等文件材料，实行纸质立卷归档，条件许可的前提下，可以实行电脑无纸化档案管理。档案设有专门的存放地点，落实专人管护。

2. 档案的保管期限分永久、长期、短期三种　技术资料档案一般设为长期保管。种畜禽场应有种畜禽生产经营许可证、种畜禽合格证和系谱证，“三证”齐全，归档长期保存。

3. 档案管理应制度化和标志化　各项管理制度应张贴或悬挂上墙，生产管理的各个环节布局应设有标志牌。生产记录能正确反映企业的实际生产水平。

4. 严格实行责任制管理　所有档案不得外借。单位职工因工作需要借阅档案材料须填写借阅手续后，方可查阅，并按期归还。借阅者不得擅自拆卷、复制，严禁在档案文件上随意涂画和丢失档案，对档案保密负责。

5. 档案的销毁　对保管期满的档案，由领导和有关部门技术负责人及档案保管负责人共同进行审查、鉴定后提出存毁意见；

档案销毁前，应编制“档案销毁记录”，经主管领导批准后，指派专人监销。由监督人在销毁记录上签字，作为日后考查的凭据。

（二）养殖场档案的主要内容

根据农业部印制的畜禽养殖档案格式，畜禽养殖档案主要有以下十项内容。

1. 养殖场管理档案 包括养殖场名称，畜禽养殖种类，畜禽标识代码，动物防疫合格编号，种畜禽生产经营许可证编号，养殖场生产计划及养殖场平面图等。

2. 畜禽养殖场免疫程序 根据当地动物疫病流行情况和养殖场动物疫病监测情况科学制定本场的免疫程序。

3. 生产记录 包括畜禽饲养圈、舍、栏的编号或名称，出生、调入、调出和死亡淘汰的时间、数量存栏数等。

4. 饲料、饲料添加剂和兽药使用情况 主要填写饲料、饲料添加剂和兽药的开始使用时间、名称、生产厂家、批号或加工日期、用量、停止使用时间等。

5. 消毒记录 主要填写消毒日期、消毒场所、消毒药名称、用药剂量、消毒方法及操作的人员等。

6. 免疫记录 主要填写免疫的时间、圈舍号、存栏数量、免疫数量、疫苗名称、疫苗批号、免疫方法、免疫剂量及免疫操作人员。

7. 诊疗记录 包括诊疗的时间、畜禽标识编号、圈舍号、动物的日龄、发病数量、发病原因、诊疗人员、用药的名称、用药的方法及诊疗的结果等。

8. 防疫监测记录 主要填写采样日期、圈舍号、采样数量、监测项目、监测单位、监测结果及处理的情况等。

9. 病死畜禽无害化处理记录 包括处理的日期、数量、处理或死亡原因、畜禽标识编码。

10. 种禽个体养殖档案 该档案主要针对有种禽养殖的场。

针对蛋鸡生产中每批鸡所要求的记录资料，其生产档案包括以下内容：

（1）批次记录包括每批鸡的来源、批次、进雏日期、进雏数量、淘汰日期等。

（2）日常记录包括记录日期、鸡龄、存栏数、产蛋量、存活数、死亡数、淘汰数、耗料、蛋重和体重、破次劣蛋率、消毒情况等。有异常情况，应备注说明。

（3）免疫记录包括免疫程序、疫苗来源、疫苗类型、免疫内容、免疫方法、免疫剂量等。

（4）投药记录包括预防性投药时间、药品来源、药物剂型、投药方法、药物名称、剂量、用药效果等。

（5）发病情况记录包括发病日龄，疾病诊断情况、症状、持续时间、死亡状况，以及对生长的影响等。

（6）死亡记录记录每日死亡鸡数，以便分析整个饲养期间的死亡情况。

（7）收益记录统计雏鸡鸡苗支出、饲料支出、药品和疫苗支出、水电支出、人员工资支出、固定资产折旧等支出，以及鸡蛋和淘汰鸡收入，计算每批鸡的经济效益。

（三）卫生防疫档案要求

（1）记录必须及时、准确；建立养殖档案，且要保存2年以上；档案信息要包含整个生产过程。

（2）记录鸡群健康状况、日死亡数和死亡原因等日常健康检查情况。

（3）记录鸡群预防和治疗用药的药物名称、生产单位及批号、使用方法、使用时间、休药期、用量、针对性疾病（症状）、用药效果、执行人，保留药品标签。

（4）免疫接种记录疫苗的日期、种类、型号、免疫鸡数、用量、生产厂家、供应商、批号、剂量、运输与存放方法、免疫方法、稀释倍数、执行人，保留疫苗标签。

（5）记录鸡群相关疫病检测的样品采集情况、检测方法、检测数量、检测结果、检测人。

（6）记录消毒日期、地点、方法、消毒剂名称、生产厂家、批号、用量、稀释倍数、消毒人，保留消毒剂标签。

（7）记录病死鸡及粪便、垫料和污水等无害化处理的日期、数量、地点、方式、执行人等。

（三）档案记录表

这里介绍一些生产记录表，这些表格要如实填写，作为生产档案保存（表 10－1～表 10－12）。

表 10－1　苗鸡购进记录

供雏单位名称			
联系电话		种畜禽生产经营许可证编号	
品　种		引种证书编号	
引雏日期		产地检疫证编号	
引雏数量（羽）		运输消毒证编号	
到场活雏数（羽）		马立克免疫情况	
备注：			
注：所有表、证、合同、单据复印，均粘贴于本记录表背面			

表 10－2　投入品出入库明细

原料、产品名称：

存放地点：　　　　　　　　　　最高存量：　　　　　　　　最低存量：

计量单位：　　　　　规格：　　　　　类别：

年		凭证号	摘要	入库数	出库数	结存数	备注
月	日						
合计							

表 10－3　免疫、用药记录

栋号：　　　　品种：　　　　饲养员：

日期	日龄	栏存数量	疫苗（药物）名称	疫苗（药物）剂型	使用方式	使用剂量	疫苗、药物制造商	生产日期或批号	有效期	使用目的	使用人	反应情况	备注

表 10－4　家禽疾病诊断记录

编号：

日　期		舍　号		饲养员	
品　种		日　龄		栏存数量	
送检数量		发病数量		死亡数量	
临床表现					
用药史					
免疫情况					
剖检变化					
抗体检测					
初步诊断	诊断人：				
治　疗	治疗人：				
效果跟踪					

表10－5　消毒及消毒池液更换记录

日　期	舍号/场地	消毒药名	药液浓度与剂量	消毒方法	操作员签字

表10－6　病死鸡无害化处理记录

日期	死亡数量	周龄	解剖情况或死亡原因	处理方法	处理部门（或责任人）	备注

表 10－7　饲料购入记录

饲料及原料名称	购入日期	供货单位	数量（千克）	价格（元/千克）	金额（元）	备注
合计						

表 10－8　饲料领用记录

日期	舍号	品种	数量（千克）	生产日期	领料人	备注
合计						

表 10－9　疫苗、药品购入记录

疫苗药品名称	生产企业	生产日期与批号	数量（千克）	价格（元/千克）	金额（元）	备注

表 10－10　疫苗、药品领用记录

日期	舍号	鸡群周龄	疫苗药品名称	生产日期批号	领用数量	领用人	备注
合计							

表 10－11　商品蛋销售记录

日期	出售数量（千克）	单价（元/千克）	收入（元）	销售渠道
合计				

表 10－12　鸡场粪便无害化处理记录

日　期	种类	数量	处理方法	处理地点	处理单位（或责任人）

附　录

附录一　无公害食品　蛋鸡饲养管理准则

（NY/T 5043—2001）

1. 范围　本标准规定了生产无公害鸡蛋过程中引种、环境、饲料、用药、免疫、消毒、鸡蛋收集、废弃物处理各环节的控制。

本标准适用于商品代蛋鸡场，种鸡场出售商品鸡蛋可参照本标准执行。

2. 规范性引用文件　下列文件中的条款通过本标准的引用而成为本标准的条款。凡是注日期的引用文件，其随后所有的修改单（不包括勘误的内容）或修订版均不适用于本标准，然而，鼓励根据本标准达成协议的各方研究是否可使用这些文件的最新版本。凡是不注日期的引用文件，其最新版本适用于本标准。

GB 2748 蛋卫生标准

GB 16548 畜禽病害肉尸及其产品无害化处理规程

SB/T 10277 鲜鸡蛋

NY/T 388 畜禽场环境质量标准

NY 5027 无公害食品　畜禽饮用水水质

NY 5040 无公害食品　蛋鸡饲养兽药使用准则

NY 5041 无公害食品　蛋鸡饲养兽医防疫准则

NY 5042 无公害食品　蛋鸡饲养饲料使用准则

3. 术语　下列术语和定义适用于本标准。

3.1　无精蛋 none-fertilized eggs 没有受精的种蛋。

3.2　死精蛋 dead fertilezed eggs 在孵化初期胚胎死亡的种蛋。

3.3　净道 none-pollution road 运送饲料、鸡蛋和人员进出的道路。

3.4　污道 pollution road 粪便、淘汰鸡出场的道路。

3.5　鸡场废弃物 poultry farm waste 主要包括鸡粪（尿）、死鸡和孵化厂废弃物（蛋壳、死胚等）。

3.6　全进全出制 all-in all-out system 同一鸡舍或同一鸡场只饲养同一批次的鸡，同时进场、同时出场的管理制度。

4. 引种

4.1　商品代雏鸡应来自通过有关部门验收的父母代种鸡场或专业孵化厂。

4.2　雏鸡不能带鸡白痢、禽白血病和霉形体病等蛋传疾病，要严格控制。

4.3　不得从疫区购买雏鸡。

5. 鸡场环境与工艺

5.1　鸡场环境。

鸡场周围环境、空气质量除符合 NY/T 388 外，还应符合以下条件：

a）鸡场周围 3 千米内无大型化工厂、矿厂或其他畜牧场等污染源；

b）鸡场距离干线公路 1 千米以上。鸡场距离村、镇居民点至少 1 千米以上；

c）鸡场不得建在饮用水源、食品厂上游。

5.2　禽舍环境。

5.2.1　鸡舍内的温度、湿度环境应满足鸡不同阶段的需求，以降低鸡群发生疾病的机会。

5.2.2　鸡舍内空气中有毒有害气体含量应符合 NY/T 388 的要求。

5.2.3　鸡舍内空气中灰尘控制在 4 毫克/米^3 以下，微生物数量应控制在 25 万/米^3 以下。

5.3　工艺布局。

5.3.1　鸡场净道和污道要分开。

5.3.2　鸡场周围要设绿化隔离带。

5.3.3　全进全出制度，至少每栋鸡舍饲养同一日龄的同一批鸡。

5.3.4　鸡场生产区、生活区分开，雏鸡、成年鸡分开饲养。

5.3.5　鸡舍应有防鸟设施。

5.3.6　鸡舍地面和墙壁应便于清洗，并能耐酸、碱等消毒药液清洗消毒。

6. 饲养条件

6.1　饮水

6.1.1　水质符合 NY 5027 的要求。

6.1.2　经常清洗消毒饮水设备，避免细菌滋生。

6.2　饲料和饲料添加剂。

6.2.1　使用符合无公害标准的全价饲料，建议参考使用饲养品种饲养手册提供的营养标准。

6.2.2　额外添加预防应激的维生素添加剂、矿物质添加剂应符合 NY 5042 的要求。

6.2.3　不应在饲料中额外添加增色剂，如砷制剂、铬制剂、蛋黄增色剂、铜制剂、活菌制剂、免疫因子等。

6.2.4　不应使用霉败、变质、生虫或被污染的饲料。

6.3　兽药使用。

6.3.1　雏鸡、育成鸡前期为预防和治疗疾病使用的药物，应符合 NY 5040 的要求。

6.3.2　育成鸡后期（产蛋前）停止用药，停药时间取决于所用药物，但应保证产蛋开始时药物残留量符合要求。

6.3.3　产蛋阶段正常情况下禁止使用任何药物，包括中草药和抗生素。

6.3.4　产蛋阶段发生疾病应用药治疗时，从用药开始到用药结束后一段时间内（取决于所用药物，执行无公害食品蛋鸡饲养用药规范）产的鸡蛋不得作为食品蛋出售。

6.4　免疫。

鸡群的免疫要符合 NY 5041 的要求。

7. 卫生消毒

7.1　消毒剂。消毒剂要选择对人和鸡安全、对设备没有破坏性、没有残留毒性、消毒剂的任一成分都不会在肉或蛋里产生有害积累的消毒剂。所用药物要符合 NY 5040 的规定。

7.2　消毒制度。

7.2.1　环境消毒。鸡舍周围环境每 2 ~3 周用 2% 火碱液消毒或撒生石灰 1 次；场周围及场内污水池、排粪坑、下水道出口，每 1 ~2 个月用漂白粉消毒 1 次。在大门口设消毒池，使用 2% 火碱或煤酚皂溶液。

7.2.2　人员消毒。工作人员进入生产区要经过洗澡、更衣和紫外线消毒。

7.2.3　鸡舍消毒。进鸡或转群前将鸡舍彻底清扫干净，然后用高压水枪冲洗，再用 0.1% 的新洁尔灭或 4% 来苏儿或 0.2% 过氧乙酸或次氯酸盐、碘伏等消毒液全面喷洒，然后关闭门窗用福尔马林熏蒸消毒。

7.2.4　用具消毒。定期对蛋箱、蛋盘、喂料器等用具进行消毒，可先用 0.1% 的新洁尔灭或 0.2% ~0.5% 过氧乙酸消毒，然后在密闭的室内用福尔马林熏蒸消毒30分钟以上。

7.2.5　带鸡消毒。定期进行带鸡消毒，有利于减少环境中的微生物和空气中的可吸入颗粒物。常用于带鸡消毒的消毒药有0.3%过氧乙酸、0.1%新洁尔灭、0.1%的次氯酸钠等。带鸡消毒要在鸡舍内无鸡蛋的时候进行，以免消毒剂喷洒到鸡蛋表面。

8. 饲养管理

8.1　饲养员。饲养员应定期进行健康检查，传染病患者不得从事养殖工作。

8.2　加料。饲料每次添加量要合适，尽量保持饲料新鲜，防止饲料霉变。

8.3　饮水。饮水系统不能漏水，以免弄湿垫料或粪便。定期清洗消毒饮水设备。

8.4　鸡蛋收集。

8.4.1　盛放鸡蛋的蛋箱或蛋托应经过消毒。

8.4.2　集蛋人员集蛋前要洗手消毒。

8.4.3　集蛋时将破蛋、砂皮蛋、软蛋、特大蛋、特小蛋单独存放，不作为鲜蛋销售，可用于蛋品加工。

8.4.4　鸡蛋在鸡舍内暴露时间越短越好，从鸡蛋产出到蛋库保存不得超过2小时。

8.4.5　鸡蛋收集后立即用福尔马林熏蒸消毒，消毒后送蛋库保存。

8.4.6　鸡蛋应符合蛋卫生标准GB 2748和鲜鸡蛋SB/T 10277的要求。

8.5　灭鼠。定期投放灭鼠药，控制啮齿类动物。投放鼠药要定时、定点，及时收集死鼠和残余鼠药并做无害化处理。

8.6　杀虫。防止昆虫传播传染病，常用高效低毒化学药物杀虫。喷洒杀虫剂时避免喷洒到鸡蛋表面、饲料中和鸡体上。

9. 鸡蛋包装运输

9.1　鸡蛋可用一次性纸蛋盘或塑料蛋盘盛放。盛放鸡蛋的用具使用前应经过消毒。

9.2　纸蛋托盛放鸡蛋应用纸箱包装，每箱10盘或12盘。纸箱可重复使用，使用前要用福尔马林熏蒸消毒。

9.3　运送鸡蛋的车辆应使用封闭货车或集装箱，不得让鸡蛋直接暴露在空气中进行运输。车辆事先要用消毒液彻底消毒。

10. 资料　每批鸡要有完整的记录资料。记录内容应包括引种、饲料、用药、免疫、发病和治疗情况、饲养日记，资料保存期2年。

11. 病、死鸡处理

11.1　传染病致死的鸡及因病扑杀的死尸应按GB 16548要求进行无公害处理。

11.2　鸡场不得出售病鸡、死鸡。

11.3　有救治价值的病鸡应隔离饲养，由兽医进行诊治。

12. 废弃物处理

12.1　鸡场废弃物经无害化处理后可以作为农业用肥。处理方法有堆积生物热处理法、鸡粪干燥处理法。

12.2　鸡场废弃物经无害化处理后不得作为其他动物的饲料。

12.3　孵化厂的副产品无精蛋不得作为鲜蛋销售，可以作为加工用蛋。

12.4　孵化厂的副产品死精蛋可以用于加工动物饲料，不得作为人类食品加工用蛋。

附录二 蛋鸡标准化示范场验收评分标准

申请验收单位：　　　　　　　　验收时间：　　年　　月　　日

必备条件（任一项不符合不得验收）	1. 场址不得位于《畜牧法》明令禁止的区域	可以验收□ 不予验收□
	2. 饲养的蛋鸡有引种证明，并附有引种场的种畜禽生产经营许可证，养殖场有动物防疫条件合格证	
	3. 两年内无重大动物疫病发生，无非法添加物使用记录	
	4. 建立养殖档案	
	5. 产蛋鸡养殖规模（笼位）在1万只以上（含1万只）	

验收项目	考核内容	考核具体内容及评分标准	满分	得分	扣分原因
一、选址与布局（18分）	（一）选址（4分）	距离主要交通干线和居民区500米以上且与其他家禽养殖场及屠宰场距离1千米以上，得1分；符合用地规划得1分	2		
		地势高燥得1分；通风良好得1分	2		
	（二）基础设施（6分）	水源稳定，得1分；有贮存、净化设施，得1分	2		
		电力供应充足有保障，得2分	2		
		交通便利，有专用车道直通到场得2分	2		
	（三）场区布局（8分）	场区有防疫隔离带，得2分	2		
		场区内生活区、生产区、办公区、粪污处理区分开得3分，部分分开得1分	3		
		全部采用按栋全进全出饲养模式，得3分	3		

续表

二、设施与设备（30分）	（一）鸡舍（4分）	鸡舍为全封闭式，分后备鸡舍和产蛋鸡舍得4分，半封闭式得3分，开放式得1分，简易鸡舍不得分	4		
	（二）饲养密度（2分）	笼养产蛋鸡饲养密度≥500厘米^2/只，得2分；380厘米^2/只≤产蛋鸡饲养密度<500厘米^2/只，得1分；低于380厘米^2/只，不得分	2		
	（三）消毒设施（4分）	场区门口有消毒池，得2分，没有不得分	2		
		有专用消毒设备，得2分	2		
	（四）养殖设备（14分）	有专用笼具，得2分	2		
		有风机和湿帘通风降温设备，得5分，仅用电扇作为通风降温设备，得2分	5		
		有自动饮水系统，得3分	3		
		有自动清粪系统，得2分	2		
		有自动光照控制系统，得2分	2		
	（五）辅助设施（6分）	有更衣消毒室，得2分	2		
		有兽医室，得2分	2		
		有专用蛋库，得2分	2		
三、管理及防疫（26分）	（一）管理制度（4分）	有生产管理制度、投入品使用管理制度，制度上墙，执行良好，得2分	2		
		有防疫消毒制度并上墙，执行良好，得2分	2		
	（二）操作规程（4分）	有科学的饲养管理操作规程，执行良好，得2分	2		
		制定了科学合理的免疫程序，执行良好，得2分	2		

续表

三、管理及防疫（26分）	（三）、档案管理（16分）	有进鸡时的动物检疫合格证明，并记录品种、来源、数量、日龄等情况，记录完整得3分，不完整适当扣分	3		
		有完整生产记录，包括日产蛋、日死淘、日饲料消耗及温湿度等环境条件记录，记录完整得4分，不完整适当扣分	4		
		有饲料、兽药使用记录，包括使用对象、使用时间和用量记录，记录完整得3分，不完整适当扣分	3		
		有完整的免疫、用药、抗体监测及病死鸡剖检记录，记录完整得3分，不完整适当扣分	3		
		有两年内（建场低于两年，则为建场以来）每批鸡的生产管理档案，记录完整得3分，不完整适当扣分	3		
	（四）专业技术人员（2分）	有一名或一名以上畜牧兽医专业技术人员，得2分	2		
四、环保要求（14分）	（一）粪污处理（6分）	有固定的鸡粪贮存、堆放设施和场所，贮存场所有防雨、防止粪液渗漏、溢流措施。满分为2分，有不足之处适当扣分	2		
		有鸡粪发酵或其他处理设施，或采用农牧结合良性循环措施。满分为2分，有不足之处适当扣分	2		
		对鸡场废弃物处理整体状态的总体评分，满分为2分，有不足之处适当扣分	2		

续表

四、环保要求(14分)	(二)病死鸡无害化处理(5分)	所有病死鸡均采取深埋、煮沸或焚烧的方式进行无害化处理，满分3分，有不足之处适当扣分	3		
		有病死鸡无害化处理使用记录的，得2分	2		
	(三)净道和污道(3分)	净道、污道严格分开，得3分；有净道、污道，但没有完全分开，适当扣分，不区分净道和污道者不得分	3		
五、生产性能水平(12分)	(一)产蛋率(4分)	饲养日产蛋率≥90%维持4周以下，不得分；饲养日产蛋率≥90%维持4～8周，得1分；饲养日产蛋率≥90%维持8～12周，得2分；饲养日产蛋率≥90%维持12～16周，得3分；饲养日产蛋率≥90%维持16周以上，得4分	4		
	(二)饲料转化率(4分)	产蛋期料蛋比≥2.8∶1，不得分；2.6∶1≤产蛋期料蛋比<2.8∶1，得1分；2.4∶1≤产蛋期料蛋比<2.6∶1，得2分；2.2∶1≤产蛋期料蛋比<2.4∶1，得3分；产蛋期料蛋比<2.2∶1，得4分	4		
	(三)死淘率(4分)	育雏育成期死淘率（鸡龄≤20周）≥10%，不得分；6%≤育雏育成期死淘率<10%，得1分；育雏育成期死淘率<6%，得2分	2		
		产蛋期月死淘率（鸡龄≥20周）≥1.5%，不得分；1.2%≤产蛋期月死淘率<1.5%，得1分；产蛋期月死淘率<1.2%，得2分	2		
总分			100		

验收专家签字：

参考文献

[1] 王宝英，等. 新编禽病诊疗手册. 郑州：中原农民出版社，2006.

[2] 黄炎坤，等. 禽场消毒与防疫. 郑州：中原农民出版社，2009.

[3] 黄炎坤，等. 蛋鸡标准化生产技术. 北京：金盾出版社，2006.

[4] 赵聘，等. 家禽生产技术. 北京：中国农业大学出版社，2011.

[5] 史延平，等. 家禽生产技术. 北京：化学工业出版社，2009.

[6] 黄炎坤，等. 养鸡实用新技术大全. 北京：中国农业大学出版社，2012.

[7] 杨宁，等. 家禽生产学. 北京：中国农业出版社，2009.

[8] 黄炎坤，等. 养蛋鸡关键技术招招鲜. 郑州：中原农民出版社，2012.